国网上海市电力公司
电力专业实用基础知识系列教材

继电保护基础

国网上海市电力公司人力资源部 组编

中国电力出版社
CHINA ELECTRIC POWER PRESS

内 容 提 要

《国网上海市电力公司电力专业实用基础知识系列教材》以“理论够用、工作实用、上海特色”为宗旨，旨在开发一套理论知识与电力生产实际相融合的实用型教材，以期帮助电力企业各类生产岗位员工，特别是新进员工，提升电力专业知识水平，助力企业员工成长。

本册教材为《继电保护基础》，全书共九章，主要内容包括电力系统继电保护概述、线路的电流保护、线路的距离保护、线路的纵联保护、线路的自动重合闸、上海电网的线路保护典型配置、变压器保护、母线保护、电力系统安全自动装置。全书内容丰富，尤其注重基本理论、基本原则与生产实际相结合，辅以大量实例、图片作为支撑，论例结合紧密，特色鲜明。

本书可作为电力从业人员通识教育培训教材，也可作为高等院校相关专业师生的教学参考书，还可供从事电力工程领域工作的相关技术人员参考。

图书在版编目（CIP）数据

继电保护基础/国网上海市电力公司人力资源部组编．—北京：中国电力出版社，2022. 11（2024.11重印）

国网上海市电力公司电力专业实用基础知识系列教材

ISBN 978 - 7 - 5198 - 7084 - 3

Ⅰ. ①继…　Ⅱ. ①国…　Ⅲ. ①继电保护-教材　Ⅳ. ①TM77

中国版本图书馆 CIP 数据核字（2022）第 185151 号

出版发行：中国电力出版社
地　　址：北京市东城区北京站西街 19 号（邮政编码 100005）
网　　址：http：//www. cepp. sgcc. com. cn
责任编辑：冯宁宁（010-63412537）　马玲科
责任校对：黄　蓓　李　楠
装帧设计：赵姗姗
责任印制：吴　迪

印　　刷：北京锦鸿盛世印刷科技有限公司
版　　次：2022 年 11 月第一版
印　　次：2024 年 11 月北京第二次印刷
开　　本：710 毫米×1000 毫米　16 开本
印　　张：20. 25
字　　数：285 千字
定　　价：115. 00 元

《国网上海市电力公司电力专业实用基础知识系列教材》

本书编写组

组　长　陈家良　华洁铭

副组长　陈明　傅晓飞　吴蓉　诸谧玮　黄小龙　赵璐
尚芳屹

成　员　熊超英　钱维忠　罗萍萍　徐光　万军　张淳　黄震宇
熊芬芳　朱正一　夏澍　夏世超　周骏

前 言

PREFACE

随着国家电网有限公司“建设具有中国特色国际领先的能源互联网企业”战略目标的实施，对公司员工专业素质的要求不断提高。为进一步提升公司员工，特别是新进员工，对电力专业的基础性认知和必备理论的掌握水平，国网上海市电力公司自2017年起，组织技术技能专家及培训教学专家，历时五年，编撰了“国网上海市电力公司电力专业实用基础知识系列教材”。

该套教材以“理论够用、工作实用、上海特色”为宗旨，在内容编排上，坚持理论与实践的辩证统一，以理论够用为度，特别注重工程实例的融合，以使理论基础更好地服务于电力生产；在写作方式上，深入浅出，阐述简明，可读易懂；在素材收集上，锁定上海特大城市电网的特色，地域特色鲜明。本套教材是技能实训教材的理论基础，是高校理论教材的实践应用，书中每章均以小结对主要内容加以归纳，典型例题指导读者实践基本方法，习题与思考题供读者练习并进一步领会重要理论和方法。

本书编写组负责全书编写、统稿。本书在编写与出版过程中，得到了国网上海市电力公司多位领导、专家的指导与帮助，在此表示衷心的感谢。

限于编者的水平，书中不足之处在所难免，恳请各位读者提出宝贵意见。

编　者

2022年9月

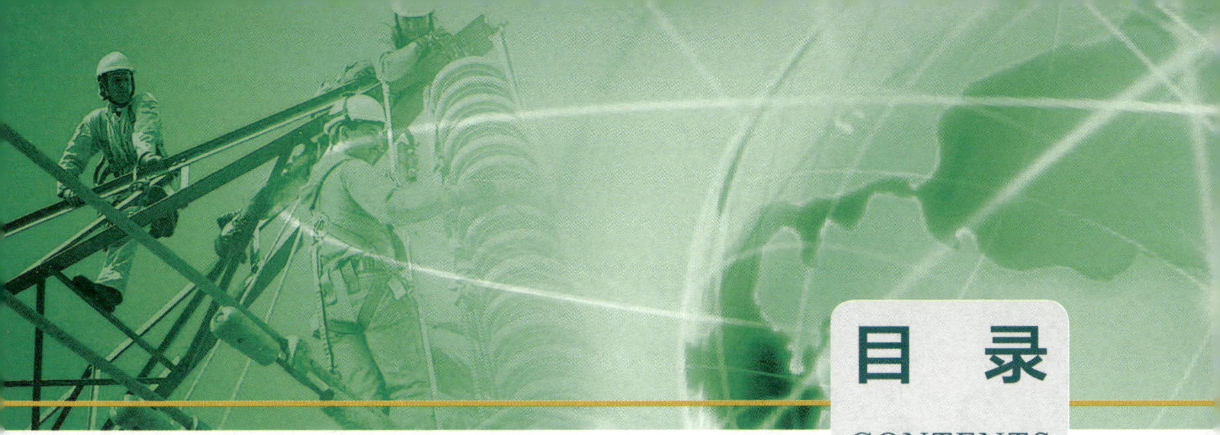

目录

CONTENTS

第 1 章　CHAPTER ONE

电力系统继电保护概述

01

本章主要介绍了电力系统继电保护的基本内容，包含电力系统运行状态及继电保护在电力系统中的重要作用；阐述了对继电保护的基本要求及实现方式；介绍了继电保护装置构成、微机保护基础、二次回路概述；根据电网中性点接地方式的不同，介绍了继电保护配置方面的相关要求；结合继电保护工作特点和电网发展趋势，介绍了继电保护专业近年的发展情况。

国网上海市电力公司电力专业实用基础知识系列教材

继电保护基础

1.1 继电保护的作用

电力系统是电能生产、变换、输送、分配和使用的各种电气设备按照一定的技术与经济要求有机组成的一个联合系统。对发电机、变压器、母线、输电线路等一次设备的运行状态进行监视、测量、控制和保护的设备，称为电力系统的二次设备。当一次设备发生故障时，迅速而有选择地切除故障设备，既能保护电气设备免遭损害，又能提高电力系统运行的稳定性，是保证电力系统安全运行最有效的方法之一。继电保护和安全自动装置就是实现这种功能的重要二次设备。

1.1.1 电力系统运行状态

电力系统运行状态是指在不同运行条件（负荷水平、功率配置、系统接线和故障等）下的系统与设备的工作状况。通常定义的电力系统运行状态分为正常状态、异常状态、故障状态。

1. 正常状态

电力系统中各母线电压在允许偏差范围内、频率的波动在允许范围内，电力系统中各元件均在规定的长期安全工作限额内运行；系统的发电、输变电设备仍有一定的备用容量，能满足负荷随机变化的需要，在保证安全的前提下实现经济运行。

2. 异常状态

异常状态是指电力系统或电力设备的运行状态发生改变，偏离了正常运行允许的范围，但还没有达到故障状态，例如过负荷、设备温升、电力系统振荡、频率异常等。处于异常状态的电力系统或电气设备一般来说可以继续运行或继续运行一段时间，这是由于异常的运行状态对电力系统和电力用户都会有不利影响，甚至导致电力系统或电力设备故障，严重的可能引起事故，如电力设备长期过负荷运行会导致设备绝缘老化，造成短路故障等。

3. 故障状态

电力系统故障是指电力设备或输电线路发生短路或断线。系统中较常见的故障是各种类型的短路故障，包括三相短路、两相短路、两相接地短路、单相接地短路。短路时出现的短路电流会导致故障设备严重损坏；相邻的电力设备由于通过大电流而不能正常运行；母线电压降低导致用户不能正常用电；严重的故障如不及时切除将会影响电力系统运行的稳定性。

故障或异常的运行状态都可能在电力系统中引起事故。事故指系统或其某一部分的正常工作遭到破坏，造成对电力用户少送电、电能质量变坏到不容许的程度甚至人身伤亡和设备损坏以及大面积停电等。造成事故的原因多种多样，可能是自然灾害（雷雨、大风、覆冰等），也可能是设备制造缺陷、设计安装错误、运行维护不当或检修质量问题等。而电力系统大部分事故扩大往往是由于故障切除的速度过慢或保护拒动或设备被错误地切除而引起的。因此，当故障发生后，借助继电保护装置迅速、正确、有选择性地切除故障可以避免故障发展成事故或减小事故范围。

1.1.2 继电保护和安全自动装置的作用

继电保护是指对电力系统中发生的故障或异常情况进行检测，从而自动发出告警信号，或借助断路器直接将故障设备切除、隔离的一种重要措施。实现这种自动化措施的成套设备，通称继电保护装置。

继电保护装置还可以和电力系统中的其他安全自动装置配合，在满足一定条件时，采取预定措施，缩小电网事故停电范围及缩短事故停电时间，提高电力系统运行可靠性。常见的电力系统安全自动装置有自动重合闸、备用电源自动投入、低频低压自动减载等。

继电保护和安全自动装置的作用是在合理的电网结构前提下，反映电力系统的各种故障及异常状态并作用于断路器跳闸或发出信号等，保证电力系统和电力设备的安全稳定运行。

不论继电保护装置技术如何发展，继电保护的实现都应满足以下两点：

（1）自动、迅速、有选择性地将故障元件从电力系统中切除，使故障元件免于继续遭到破坏，保证其他无故障部分迅速恢复正常运行。

（2）反应元件的异常运行状态，并根据运行维护的条件（例如有无经常值班人员），而动作于发出信号、减负荷或跳闸。

继电保护装置本身需要通过电流互感器（TA）、电压互感器（TV）采集电流量、电压量信息，并与断路器配合实现跳闸，因此装置本身只是继电保护系统的一个重要组成部分，其他相关设备以及相互之间的联系（也称为“二次回路”）对于继电保护系统也至关重要。与继电保护装置相关的技术主要涉及继电保护本身的原理设计、配置、整定与调试等技术。本书后续各章节，将以继电保护和常规安全自动装置为切入点，介绍继电保护基本原理及现代电网继电保护配置。

1.2 继电保护的基本要求

继电保护应符合可靠性、选择性、灵敏性和速动性（简称“四性”）的要求。针对不同类型的保护，应对“四性”提出不同要求，同时，继电保护的“四性”之间也是既矛盾又统一的。

1.2.1 可靠性

继电保护的可靠性是对电力系统继电保护的最基本性能要求，它又分为可信赖性和安全性两方面。可信赖性要求继电保护在电力系统出现设计要求它动作的异常或故障状态时，能够可靠动作（不拒动）；安全性要求继电保护在非设计要求它动作的其他情况下，能够可靠地不动作（不误动）。

可靠性主要取决于保护装置本身的制造质量、保护回路的连接和运行维护的水平。一般来说，保护的原理越完善，装置组成元件的质量越高、接线越简单、模拟式保护回路中继电器的触点数量越少，保护装置的工作就越可靠。同时精细的制造工艺、正确的调整试验、良好的运行维护以及丰富的运行经验，对于提高保护的可靠性也有重要的作用。

继电保护的误动和拒动，都会对电力系统造成严重的危害。但是提高其不误动的可靠性和不拒动的可靠性措施常常是互相矛盾的。由于电力系统的结构和负荷性质的不同，误动和拒动的危害程度有所不同。因而提高保护装置可靠性的着重点，在各种具体的情况下也有所不同。例如当系统中有充足的旋转备用容量、输电线路很多、各系统之间和电源与负荷之间的联系很紧密时，由于继电保护装置的误动作，使发电机、变压器或输电线路被切除失电，而给电力系统造成的影响可能较小。但如果发电机、变压器和输电线路故障，继电保护装置拒动，将会造成设备的损坏或系统稳定的破坏，损失是巨大的。超高压系统的拒动比低压系统的拒动损失会更大，在此情况下，提高继电保护不拒动的可靠性比提高不误动的可靠性更为重要。但在系统中旋转备用容量小及各系统之间和电源与负荷之间的联系比较薄弱的情况下，由于继电保护装置的误动作，将发电机、变压器或输电线路切除时，会引起对负荷供电的中断，甚至造成系统稳定的破坏，其损失是巨大的。而当某一保护装置拒动时，其后备保护可以动作而切除故障，因此在这种情况下，提高保护装置不误动的可靠性比提高其不拒动的可靠性更为重要。由此可见提高保护装置的可靠性，应根据电力系统和负荷的具体情况而采取适当的措施。

1.2.2 选择性

继电保护的选择性是指电力系统中有故障时，应由距故障点最近的保护装置动作，仅将故障元件从电力系统中切除，使停电范围尽量缩小，以保证系统中的无故障部分仍能继续安全运行。在实际应用中，为了保证尽可能缩小停电范围，首先由主保护优先启动切除故障，还应该同时考虑到保护装置和断路器拒动的可能性，通过近后备保护（本元件另一套保护作后备）和远后备保护（相邻元件保护作后备）的方式实现保护的协调动作，确保故障的切除。

一般情况下，远后备保护动作切除故障时将扩大停电范围，当在技术上实现远后备保护有困难时，应采用近后备保护。例如，在220kV及以上电压等级的电网中，由于接线复杂所带来的具体困难，在继电保护技术上往往难以做到对紧邻下一级元件的完全后备保护作用，相应采取的通用对策是：每一电力元件都装设至少两套各自独立工作、可以分别对被保护元件实现充分保护作用的继电保护装置，即实现双重化配置；同时，设置一套断路器拒动的保护，当断路器拒动时，使同一母线上的其他断路器跳闸，以切除故障。

1.2.3 灵敏性

继电保护的灵敏性，是指对其保护范围内发生任何故障、异常运行状态的反应能力。满足灵敏性要求的保护装置，在事先规定的保护范围内部故障时，不论短路点的位置、短路的类型以及短路点是否有过渡电阻，都能敏锐感觉、正确反应。保护装置的灵敏性通常用灵敏系数来衡量，它主要取决于被保护元件和电力系统的参数和运行方式。

1.2.4 速动性

快速地切除故障可以提高电力系统运行的稳定性，减小对故障设备的损害，避免故障扩大和次生灾害发生，减少用户在电压降低情况下的工作时间。因此，在发生故障时，应力求保护装置能迅速动作切除故障。

对于保护速动性的要求，需要根据电网客观实际需求和保护动作可靠性、选择性等方面综合考虑。在一些情况下，中低压系统及短路电流相对较小的系统，如中性点非直接接地系统中，考虑线路间歇性接地故障可靠切除，允许保护装置带有一定的延时（或反时限）动作。所以，对继电保护速动性的具体要求，应根据电力系统的接线以及被保护元件的具体情况来确定。以下列举一些必须快速切除的故障：

（1）根据维持系统稳定的要求，必须快速切除高压输电线路上发生的故障。

（2）为了限制特高压线路的过电压持续时间，必须快速从两端同时切除的故障。

（3）使发电厂或重要用户的母线电压低于允许值以下的故障。

（4）大容量的发电机、变压器等内部发生的故障。

（5）1~10kV 线路导线截面过小，为避免过热不允许延时切除的故障。

1.2.5 总体要求

可靠性由继电保护装置的合理配置、本身的技术性能和质量及正常的运行维护来保证；速动性由配置的全线速动保护、相间和接地故障的速动段保护及电流速断保护等来保证；通过继电保护运行整定，实现选择性和灵敏性的要求，并满足运行中对快速切除故障的特殊要求。

继电保护装置的配置、整定应与系统稳定性、设备安全性、供电可靠性的要求相适应。当确定保护配置和构成时，应当综合考虑以下几个方面，结合具体情况处理好上述“四性”的关系：

（1）电源、电网结构和厂站主接线的要求。

（2）电力设备和电网的运行特性与灵活性。

（3）故障出现的概率和可能造成的后果。

（4）电力系统的近期发展规划。

（5）相关专业的技术发展状况。

（6）经济上的合理性。

（7）国内外的经验。

为满足系统稳定、设备安全、供电可靠要求，继电保护装置的配置应遵循“强化主保护、优化后备保护、适当补充辅助保护”的原则。

1.3 继电保护的实现方式

为了保证电力系统可靠安全运行，需要对被保护对象（电气元件）实现继电保护，主要包含两方面的内容：

（1）确定被保护对象在正常运行状态和被保护设备在异常或故障状态下，有哪些物理量发生了可供进行状态判别的量、质或量与质的重要变化，这些用来进行状态判别的物理量（例如通过被保护电力元件的电流大小等），称为状态判别输入量（或简称输入量）。

（2）将反应输入量的一个或多个元件按规定的逻辑结构进行编排，实现状态判别，发出警告信号或断路器跳闸命令的硬件设备。

随着科学技术的不断发展，继电保护功能的实现正逐步由传统模拟方式向数字方式迈进，但是仍然离不开最基本的状态判别输入量和硬件结构。

1.3.1 状态判别输入量

继电保护的状态判别输入量可分为电气量和非电气量，电气量主要有电流、电压、功率、频率等；非电气量主要有温度、压力、流速等。用于继电保护状态判别的输入量，随被保护对象而异，也随所处电力系统的周围条件而异。最普遍使用的是工频电气量，最基本的是通过电力元件的电流和电压，以及由这些量演绎出来的其他量，如功率、相序量、阻抗、频率等，从而构成电流保护、电压保护、阻抗保护、频率保护等。例如，在最简单的辐射形供电网络中，可以用反应被保护元件通过的电流显著增大而动作的过电流保护来实现对线路的保护；而在复杂电网中，除电流大小外，还必须配以继电保护装置安装处电压的变化进行综合判断，才能实现线路保护，而最为常用的是可以正确地反应故障点到继电保护装置安装处电气距离（阻抗）的距离保护。对于主要输电线路，还需借助连接两侧变电站的通信通道相互传输继电保护判据信息，来实现对线路的保护。还有根据“电路中流入节点电流的总和等于零”的原理，判别被保护元件内部是否出现故障的电流差动保护，其广泛应用于线路、母线、变压器等保护中。对于电力系统安全自动装置，简单的例如以反应母线电压的频率绝对值下降或频率变化率为负，来判断电力系统是否已开始走向频率崩溃的低频减载或系统振荡解列装置等；复杂的如在一个厂站设立中心站，通过通信通道连续收集相关变电站的信息，进行综合判断，及时向相应厂站发出操作命令的系统自愈装置及安全稳定装置等，以保证电力系统的安全运行。

1.3.2 硬件结构

继电保护装置的硬件结构构成，一般包含反应一个或多个输入量而动作的继电器元件、组成逻辑回路的时间元件和扩展输出回路数的中间元件等。

传统继电保护装置由单个继电器或继电器及其附属设备的组合构成，包含测量比较元件、逻辑判断元件、执行输出元件。继电保护装置组成框图如图 1-1 所示。

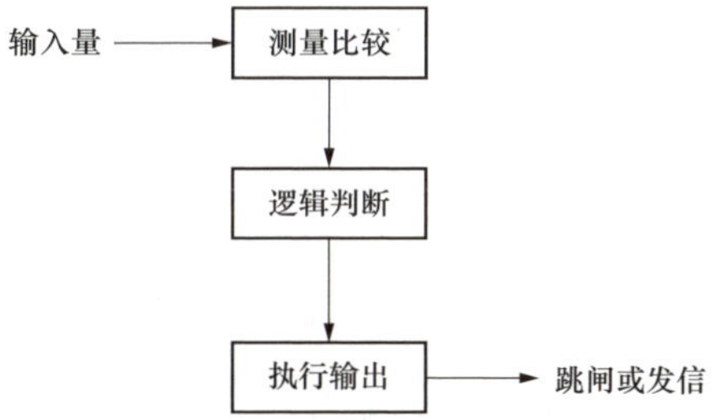

图 1-1 继电保护装置组成框图

继电器的发展以电磁型、感应型（交流元件）继电器为基础，随着半导体器件的发展，利用二极管构成的整流型（直流元件）和由半导体分立元件组成的晶体管保护继电器陆续被推广。20 世纪 70 年代以后，集成电路装置在电力系统继电保护中得到广泛运用。到 20 世纪 80 年代，微机型装置在继电保护和安全自动装置中逐渐应用。进入21世纪，继电保护技术不断发展，主网保护配置从进口保护与国产保护组合配置逐步向全国产保护配置过渡。国产微机型继电保护装置也经历了第一代国产保护、第二代国产保护（四统一）、国网标准化（六统一）、国网新六统一等几个阶段。近年来，针对继电保护装置的功能配置、定值格式、组屏方式、报告输出、接口标准、回路设计等方面不断进行规范。随着新技术、新工艺的采用和标准化设计的推广，继电保护硬件设备的可靠性、运行维护方便性也不断得到提高。

1.3.3 微机保护基础

微机型继电保护装置实际上就是一个具有继电保护功能的微机系统，具有一般微机系统的基本结构，为了实现继电保护功能也有自己特殊的地方。从功能上划分，微机保护装置可以分成数据采集系统、数据处理系统、开关量输入/输出系统、人机接口、通信、电源六个部分，如图1-2所示。

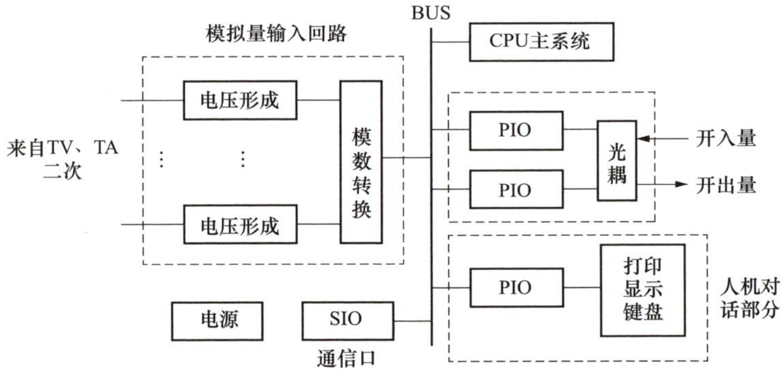

图1-2 微机保护装置结构

数据采集系统的主要功能是采集由被保护设备的电流、电压互感器输入的模拟信号，并将此信号经过适当的处理，转换为所需的数字量。数据处理系统由微处理器CPU（或DSP）、只读存储器、随机存储器及定时器等组成。开关量输入/输出系统由并行口、光电耦合电路及有触点的中间继电器等组成，以完成各种保护的外部输入、信号报警、出口跳闸等工作。人机接口部分包括打印、显示、键盘、各种面板开关等，主要用于人机对话，如调试、定值设定和调整、人对机器工作状态的干预等。考虑到机间通信及远动的要求，还应有通信接口。电源回路则提供整个装置所需要的直流稳压电源，以保证整个装置的可靠供电。

在微机保护中，继电保护功能是通过软件实现的，其中采样和数字滤波、保护动作判据及逻辑等功能的实现需要进行算法编程，常用的微机保护算法有半周傅里叶法、全周傅里叶法、解微分方程法等。微机保护装置中采用的各类数字滤波器，将采样得到的离散数列经过一定的数学运算，滤除直流分量及部分谐波，或抑制数据采集系统引入的各种电子噪声。差分滤波器、加法滤波器、积分滤波器是几种基本的数字滤波器。

1.3.4 二次回路概述

二次回路，有时也称作二次接线，一般指二次设备之间相互连接的电气回路。二次回路通常包括交流电压回路、交流电流回路、控制回路及信号回路等，这些回路分别作用于采集电气量、控制操作一次设备及异常情况告警，是确保电力系统安全生产、经济运行和可靠供电不可或缺的组成部分。

为了便于设计、制造、安装、调试以及运行维护，通常需要在图纸上使用各种图形及文字符号按照一定的规则连接来对二次回路进行描述，人们把这类图纸称为二次回路接线图。按照图纸的作用，可以分为原理图和安装图，接线如图 1-3 与图 1-4 所示。

二次回路的接线正确，直接关系到继电保护装置能否按照其设计的功能实现对被保护对象的可靠正确动作。《国家电网有限公司十八项电网重大反事故措施》继电保护部分有专门章节明确了“二次回路应注意的问题”。继电保护工作需要在设计、制造、安装、调试及运行维护各环节保证二次回路的完整正确。一直以来，继电保护专业开展的标准化工作从设计制造层面规范了二次回路接线，大大提升了继电保护正确动作率。

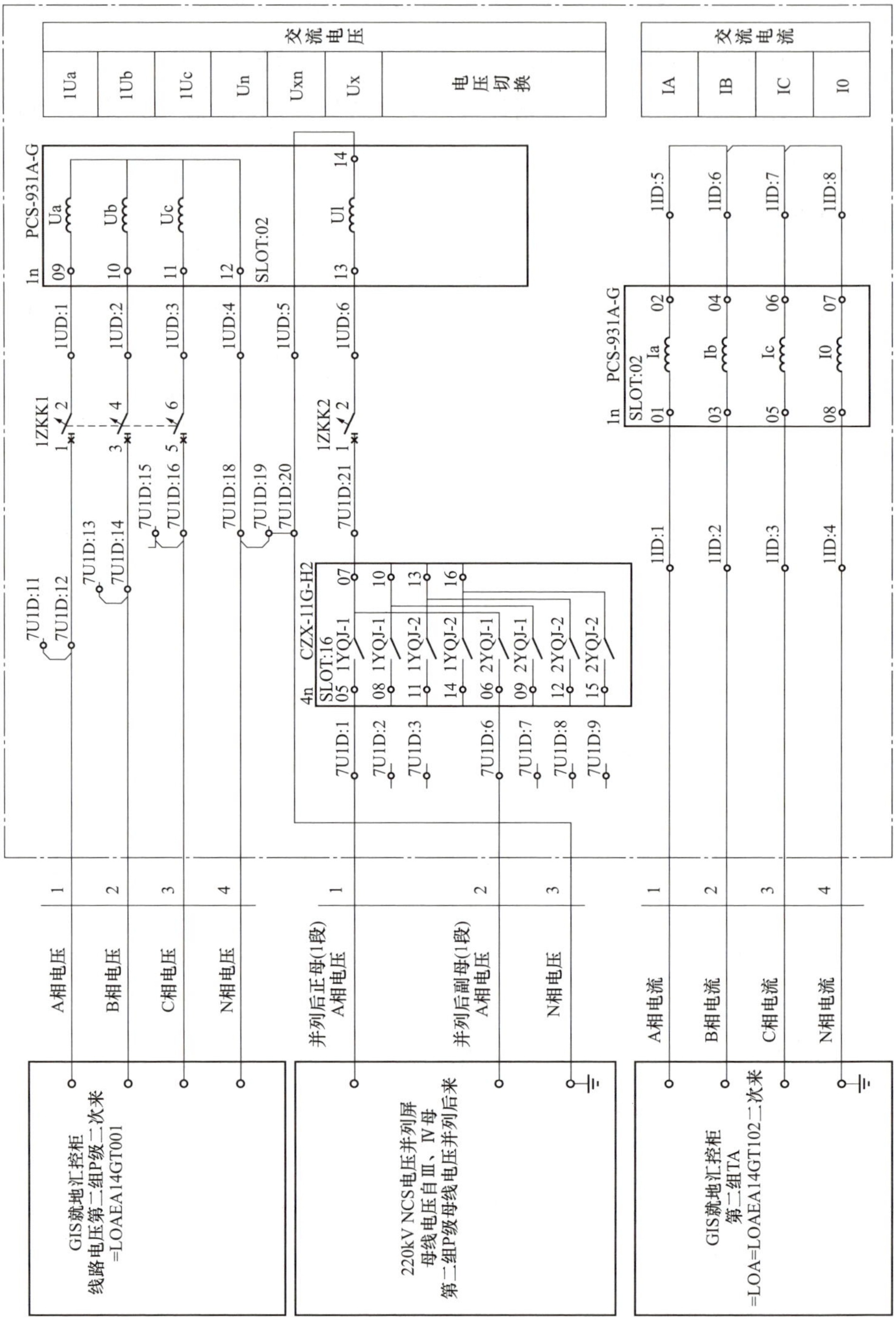

图 1-3 二次回路原理接线图例

220kV系统故障录波器屏（LOCEJ02）

ZD直流电源段（标记座）			
说明	端子内侧	序号	端子外侧
+KM输入	ZK1-3	1	
	ZK2-3	2	
		3	
		4	
		5	
		6	
−KM 输入	ZK1-1	7	
	ZK2-1	8	
		9	
		10	
		11	
		12	

ND内部转接段(标记座)			
说明	端子内侧	序号	端子外侧
−KM	ZK2-2	1	
	D1-J4-1/D4-J4-1	2	
	D2-J4-1/D5-J4-1	3	
	D3-J4-1	4	
		5	
DC24V+	1n-PWR-P1-2	6	
	D1-J2-1/D4-J2-1	7	
	D2-J2-1/D5-J2-1	8	
	D3-J2-1	9	
	3n-Y12-DB9-1	10	
		11	
DC24V−	1n-PWR-P1-4	12	
	D1-J2-3/D4-J2-3	13	
	D2-J2-3/D5-J2-3	14	
	D3-J2-3	15	
	3n-Y12-DB9-6	16	

1BD备用段(标记座)			
说明	端子内侧	序号	端子外侧
		1	
		2	
		3	
		4	
		5	
		6	
		7	
		8	
		9	
		10	

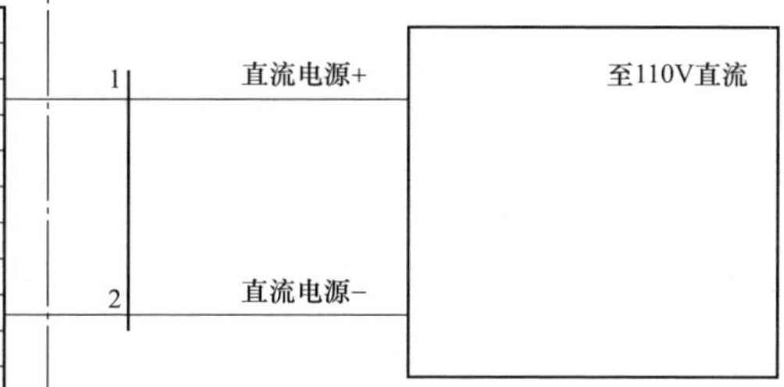

图 1-4　二次回路安装接线图例

1.4 中性点接地方式

电网中性点接地方式的选择需要综合多方面因素，继电保护专业主要以接地保护的配置与整定要求出发，提出相关要求。在不同电压等级的电网中，若采用不同的中性点接地方式，则对相关保护配置也有不同要求。

1.4.1 中性点接地方式分类

中性点接地方式有很多种分类方法，按单相接地短路时接地电流的大小，分为大接地电流系统和小接地电流系统两类。大接地电流方式包括中性点直接接地和中性点经小电阻接地，小接地电流方式包括中性点不接地和中性点经消弧线圈接地。大接地电流系统也称为有效接地系统，小接地电流系统也称为非有效接地系统。

中性点采用何种接地方式主要取决于供电可靠性（是否允许单相接地时继续运行）和限制过电压两个因素；不同接地方式对继电保护配置、整定要求也有不同。GB/T 14285—2006《继电保护和安全自动装置技术规程》中对于不同中性点接地方式电网中，保护的配置提出了明确的要求。DL/T 559—2018《220kV～750kV 电网继电保护装置运行整定规程》和 DL/T 584—2017《3kV～110kV 电网继电保护装置运行整定规程》对于各电压等级不同接地方式下，保护的整定原则和配合要求做了详细的规范。我国电网一般 110kV 及以上电压等级的系统，采用中性点直接接地方式；35kV 及以下的系统，可采用中性点不接地或经消弧线圈接地，对城市电缆供电网络可采用经小电阻接地方式。

1.4.2 110kV 及以上电网中性点接地方式及相关要求

GB/T 50064—2014《交流电气装置的过电压保护和绝缘配合设计规范》明确规定："110kV～750kV 系统应采用有效接地方式。在各种条件下系统的零序与正序电抗之比（X_0/X_1）应为正值并且不应大于 3，而其零序电阻与正序电抗之比（R_0/X_1）不应大于 1。110kV 及 220kV 系统中变压器中性点可直接接地，部分变压器中性点也可不接地。330kV～750kV 系统变压器中性点应直接接地或经低阻抗接地。"

由于 500kV 主变压器一般均为自耦变压器，因此其绝缘要求主变压器中性点接地运行。主变压器接线组别高/中压侧为星形，低压侧为三角形。正（负）序阻抗、零序阻抗基本均衡的 500kV 系统，经主变压器等值到 220kV 母线的零序阻抗小于正（负）序阻抗。在 220kV 正（负）序、零序阻抗的综合作用下，当 220kV 母线故障时，单相故障电流超过三相故障电流，单相短路电流数值严重超标。所以《上海电网若干技术原则》规定：为限制 220kV 电网单相短路电流，可采取在 500kV 主变压器中性点接小电抗等措施。

220kV 系统作为上海电网主网，三相短路电流一般按照 50kA 标准控制（主要受断路器开断容量限制）。作为标准的大接地电流系统，可以使用 220kV 及以上的自耦变压器，但当 220kV 电网的单相接地短路电流接近上述极限值时应考虑限制自耦变压器的使用，同时 220kV 主变压器有条件时中性点应尽量不接地。在正常系统运行中，每条母线上的零序综合阻抗尽量维持不变，以使零序电流保护的保护范围保持稳定。因此接在母线上的多台变压器的中性点采用部分接地。当中性点接地的变压器检修时，中性点不接地的变压器再将中性点接地，保持零序综合阻抗不变。针对系统中中性点不接地的变压器，需配置中性点间隙保护。

1.4.3 35kV 及以下电网中性点接地方式及相关要求

35kV 和 10kV 两个电压等级的早期配电网中性点接地方式采用不接地和

经消弧线圈接地。伴随着电网不断发展，电缆线路大量应用，配电网系统的电容电流不断增长。实际运行经验表明，配电网中接地故障占总故障的60%以上，而每次接地故障极有可能引发弧光接地过电压或铁磁谐振过电压。这种过电压对系统的危害很严重，比一般的短路故障危害性要大得多，因此，抑制这种过电压对保障配电网系统的安全运行非常重要。

中性点不接地方式下，由于电容电流不能得到有效的补偿，所以电网经受过电压的威胁最大。中性点经消弧线圈接地方式下，使用的经验比较多，但是合理的补偿是一个比较复杂的技术问题，补偿不良的情况时有发生，其对配电网的过电压威胁与不接地的情况相似。中性点经小电阻接地方式下，电网经受过电压的威胁最小，其过电压的数量级一般情况下不会超过2.5倍额定电压的水平，对电网的安全运行最有利。小电阻接地电流的控制（接地电阻阻值选择）还要考虑接地保护级差配合的满足和考虑接地电流对通信的干扰影响。

《上海电网若干技术原则》规定："新建、改扩建变电站35kV和10kV系统应采用小电阻接地方式，现有接地容性电流大于10A的不接地、经消弧线圈接地系统应逐步改造为小电阻接地方式。""35kV和10kV系统采用小电阻接地方式时，系统接地故障的$3I_0$电流取1000A。"中性点经小电阻接地的变压器，应配置零序过电流保护。

1.5 继电保护的发展趋势

1.5.1 继电保护的工作特点

继电保护的最终任务是保证电力系统的安全稳定和可靠供电，这是一切工作的出发点。继电保护专业管理的核心目标，是落实继电保护"四性"要求，确保处于电网运行的每一台继电保护和安全自动装置的可靠运行。为实现核心目标，继电保护专业有四大基础工作，包括整定计算、运行管理、设备管理和技术管理。

电力系统是由很多复杂的一次主设备和二次保护、控制、调节、信号等辅助设备组成的一个有机整体。每个设备都有其特有的运行特性和故障时的工况，任何设备的故障都将立即引起系统正常运行状态的改变或破坏，给其他设备以及整个系统造成不同程度的影响。因此，继电保护的工作涉及每个电气主设备和二次辅助设备。这就要求继电保护工作者对所有这些设备的工作原理、性能、参数计算和故障状态的分析等有深刻的理解，还要有广泛的生产运行知识。此外对于整个电网的规划设计原则、运行方式制订的依据、电压及频率调节的理论、潮流及稳定计算的方法以及经济调度、安全控制原理和方法等，继电保护工作者都要掌握其基本的概念。

继电保护的工作稍有差错，就可能对电力系统的运行造成严重的影响，给国民经济和人民生活带来不可估量的损失。近年来国内、外几次大停电事故，常常是与继电保护装置不正确动作相关的。因此，继电保护工作者对电力系统的安全运行肩负着重大的责任。这就要求继电保护工作者具有高度的责任感、严谨细致的工作作风，在工作中牢固树立“安全第一”的思想。此外，还要求有合作精神，主动配合相关规划、设计和运行部门分析研究电网发展和运行情况，了解对继电保护的要求，以便及时采取应有的措施，确保继电保护满足电网运行的要求。

1.5.2 继电保护技术发展

继电保护技术一直伴随着电力系统的发展而发展。继电保护技术的发展最早可追溯到 20 世纪初电磁型继电器的广泛应用。电流增大和电压降低是电力系统中发生短路故障的基本特征，继电保护原理发展的核心始终离不开对故障特征量的研究。同时，构成继电保护装置的元件、材料、结构型式和制造工艺也在不断变革。不论是早期各类继电器（机电式、晶体管式、集成电路式）组成的继电保护装置，还是目前广泛应用的微机型继电保护装置，在科学技术进步的基础上，继电保护技术越来越成熟。微机保护具有巨大的计算、分析和逻辑判断能力，具有存储记忆功能，可以实现任何性能完善且复杂的保护原理。同时，微机保护装置可用同一硬件实现不同的保护原理，使保护装置制造大大简化，也推进了保护装置的标准化。微机保护装置除了实现保护功能外，还兼有故障录波、故障测距、事件顺序记录等辅助功能。

现代电网发展，不仅规模越来越大，电网自动化水平也已得到空前的发展和进步，微机继电保护、自动装置和故障录波器等二次装置在电网中得到了广泛应用。这些设备作为电网自动化系统的智能终端装置，除了实现传统的功能外，都具有强大的事件记录和波形存储功能。从电网调度运行管理的角度出发，对这些二次装置所记录的电网异常或故障信息进行及时、有效的综合运用分析的需求显得尤为迫切；从专业管理的角度讲，充分加强对这些智能化设备的实时在线监测和管理也极为重要。近年来，计算机技术和网络技术在电力系统中的应用和发展，为建立和应用故障信息管理系统提供了必要的技术条件。目前，故障信息管理系统已经在电网中初步建立并运行；区域电网的故障录波器实现了联网运行、数据共享，专业人员能够远程调阅电网故障信息，实现远程故障分析，对提高事故处理速度、及时恢复供电、保障电网安全意义重大。

21 世纪初，随着我国电子式互感器等智能一次设备技术的应用以及 IEC 61850 标准的推广，数字化变电站开始应用于电力系统中。数字化变电站是基于 IEC 61850 标准且实现信息统一建模，以网络通信技术为依托，在变电站的运行过程中实现信息采集、处理、传输部分或整体数字化应用的系统。智能变电站作为数字化变电站发展的高级阶段，在数字化变电站的架构上，建立全站统一的信息采集、传输、分析、处理平台，使变电站具备自动运行控制、设备状态检修、运行状态自适应、智能分析决策等高级应用功能，从而大大提高了管理和运行维护水平。与常规变电站继电保护装置相比，智能变电站的继电保护装置开入光耦、输出继电器相应减少；使用光纤接口/扩展插件替代了交流采样及出口继电器等模拟输入输出插件；大量使用光纤通信的“虚回路”代替传统二次控制电缆构成的二次回路。在数字化变电站中，由于高新技术的大量运用，给常规变电站专业分工带来新的挑战，继电保护专业人员在掌握传统继电保护知识的基础上更要加强对数字通信和一次设备相关知识的了解。运行和检修维护人员对新设备、新技术的消化吸收将大大提升数字化变电站可靠稳定运行水平。

近年来，集成芯片、信息通信、计算机、传感器等领域的技术迅速发展，为继电保护装置技术的发展创造了有利的条件。特别是芯片技术的发展，为继电保护装置硬件集成化、小型化，提升速动性和可靠性奠定了坚实的基础。但是保护设备芯片大量依赖进口的问题在一定程度上存在着安全隐患。为了解决核心技术“卡脖子”问题，保障二次设备供应链安全，基于“自主可控、安全可靠”的全国产芯微机保护装置研制成功并通过专业检测，不久将逐步投入电网运行，如图 1-5 所示。

图 1-5 国网公司组织继电保护和安全自动装置专业检测

随着电力系统的快速发展，如特高压电网建设、大规模新能源接入等给继电保护专业提出了新的要求，主要体现在保护对电网故障特性变化的适应性方面。为了不断适应电网发展新形势，继电保护作为电网的安全卫士，必须坚持“四性”原则、坚持创新引领，破解发展难题，全面构筑现代复杂电力系统的安全运行防线。

小结

继电保护是技术性很强的专业。继电保护装置作为主要二次设备，是为电网一次设备服务的。任何情况下，一次设备不允许无保护运行。电力系统的安全和稳定应当作为服务电网的最高标准，继电保护的最终目的就是要保证设备安全、保证系统安全稳定和可靠供电。继电保护装置除了在故障和异常状态的很短时间内动作外，长期是不动作的，素有“养兵千日，用兵一时”的特点。继电保护装置投入运行后，正常情况下没有任何反应，所以装置的某些缺陷可能不易被察觉，从而变成发生故障时不正确动作的隐患。根据继电保护在电力系统中的重要作用和技术特点，对继电保护提出了可靠性、选择性、灵敏性和速动性四点要求。继电保护的“四性”要求是由几代电力工作者根据几十年的电网运行经验总结提炼得来的，是制造、设计、建设及运行各环节必须坚持的基本原则。在不同的历史时期，针对不同的电网结构，对“四性”的要求会有不同的侧重，但均以保障电网安全为根本目标。科学技术不断发展，电网特性也在不断变化，随之发展的继电保护各种技术创新也必须站在保障电网安全角度，始终坚持“四性”原则，牢记“保电网安全、保设备安全”的使命初心。

习题与思考题

1-1　继电保护装置在电力系统中的作用是什么？

1-2　继电保护的可靠性包含哪些方面的内容？

1-3　大接地电流系统、小接地电流系统的划分标准是什么？

1-4　大接地电流系统中，变压器中性点有的接地、有的不接地，取决于什么因素？

第 2 章 CHAPTER TWO

线路的电流保护 02

输配电线路的保护是电力系统最常用的保护，以上海电网为例，线路保护数量约占保护总数量的 80%以上。输电线路和配电线路在电力系统中发挥着输送电能的作用，输配电线路架设在公共走廊，架设环境各异，输电线路往往距离很长，因此，运行中的线路发生故障的概率非常高（气候、异物等引发故障），所以输配电线路的保护显得非常重要。根据电压等级和线路的类型（联络线、终端线）而配置不同类型的线路保护，其中电流保护因其原理简单，动作判据较少，可靠性较高，在配电线路中得到了广泛的应用。本章将介绍反应相间故障的阶段式电流保护、反时限电流保护、方向电流保护以及反应接地故障的零序电流保护的原理。

2.1 单侧电源相间短路的电流保护

当线路发生相间短路故障时，其特征是故障线路故障相中流过的电流增大，故障相间电压降低。因同一母线的线路，其电压相差无几，显然单独利用相间电压降低这一故障特征无法区分故障线路和非故障线路，因此相间电压降低只能作为辅助判据。采用相电流增大这一特征，来区分故障与否，该保护称为线路的电流保护。电流保护反应两相短路故障、两相接地短路故障、三相短路故障和异地异名相两点接地故障。目前上海电网常用的线路电流保护有电流速断保护、电流电压速断保护、限时电流速断保护、定时限过电流保护及反时限过电流保护。

2.1.1 瞬时电流速断保护

1. 保护概念的说明

过去在电磁型继电器保护的时代，所有的保护功能均由继电器构成，所有的保护功能都有其对应的实体。因此保护既可以指保护功能，也可以指实现该保护功能的继电器。如电流速断保护既可以指保护功能，又可以指实现速断功能的继电器。但微机保护出现后，可以通过同一台微机保护装置实现多种保护功能，保护功能已无对应的实体，只有算法构成的保护元件。实际工作中沿用过去的习惯，常将保护元件和保护装置都简称为保护，令初学者产生混淆。特此说明本章的保护指的是保护元件，而非保护装置。

2. 工作原理

电流速断保护是反应相电流增大而瞬时动作的电流保护。因其瞬时动作，又称瞬时电流速断保护，简称电流 I 段。

对于像电流速断保护一样因线路故障时输入量（电流）增大而动作的保护，称为过量保护，而能使过量保护动作的最小一次电流值称为过量保护的整定电流，用 I_{set} 表示。由于电流速断保护没有动作延时，所以必须保证只有在被保护线路上发生短路时才动作，例如图 2-1 中，[1]、[2]、[3]为装设在线路始端的线路保护装置，保护装置 1 的电流速断保护必须只反应线路 L1 上的短路，而对 L1 以外的短路故障均不应动作。这就是保护的选择性要求，电流速断保护是通过对最小动作电流 I_{set} 的合理整定来保证选择性的。为合理整定电流速断保护，首先需了解在相间短路故障下线路短路电流的变化情况。

短路电流与短路类型有关，根据正序等效定则可知：相同运行方式下同一故障点 k，两相短路电流 $I_k^{(2)}$ ≤两相接地短路电流 $I_k^{(1,1)}$ <三相短路电流 $I_k^{(3)}$，即 $I_k^{(1,1)}$ 介于 $I_k^{(2)}$ 和 $I_k^{(3)}$ 之间。因此只需要了解 $I_k^{(2)}$ 和 $I_k^{(3)}$ 的变化情况即可。$I_k^{(3)}$ 和 $I_k^{(2)}$ 计算公式分别如下：

$$I_k^{(3)} = \frac{E_\varphi}{Z_s + Z_k} \tag{2-1}$$

$$I_k^{(2)} = \frac{E_\varphi}{Z_s + Z_k} \times \frac{\sqrt{3}}{2} \tag{2-2}$$

式中：E_φ 为系统等效电源的相电动势；Z_s 为系统电源到保护安装点的阻抗；Z_k 为保护安装点到短路点的阻抗，即短路阻抗；Z_s+Z_k 为电源至短路点的总阻抗。

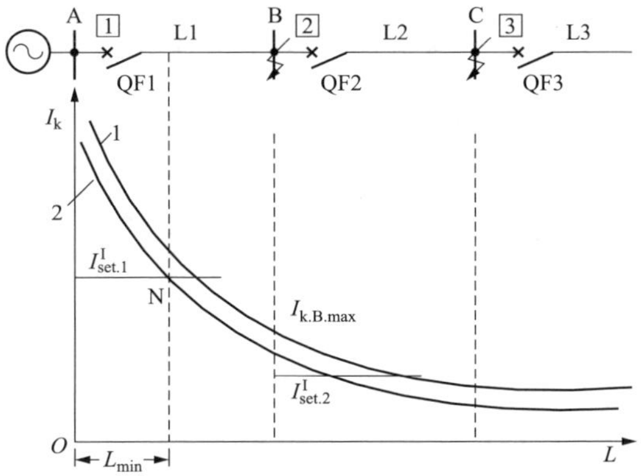

图 2-1 电流速断保护工作原理示意图

由式（2-1）、式（2-2）可知，当短路点距离保护装置安装点越远时，Z_k越大，短路电流越小；当系统阻抗越大时，短路电流越小，当系统阻抗取最大值 $Z_{s.max}$ 时，流过保护安装处电流值最小，该运行方式称为最小运行方式。同理短路电流最大值的运行方式称为最大运行方式。

综上所述，短路电流与短路点的关系如图 2-1 的 $I_k=f(L)$ 曲线，曲线 1 为最大运行方式下三相短路故障时的 $I_{k.max}^{(3)}=f(L)$，曲线 2 为最小运行方式下两相短路故障时的 $I_{k.min}^{(2)}=f(L)$，其余情况下短路电流值介于曲线 1 和曲线 2 之间。

3. 整定计算原则

（1）动作电流的整定。为了保证电流速断保护动作的选择性，应按躲过下级线路始端最大短路电流来整定计算。对于图 2-1 保护装置 1 的电流速断保护的动作电流，应大于线路 L2 始端短路时的最大短路电流。实际上，线路 L2 始端短路与线路 L1 末端短路时反应到保护装置 1 的短路电流几乎没有区别，因此，线路 L1 的电流速断保护动作电流的整定原则为：躲过本线路末端短路时可能出现的最大短路电流。线路 L1 的电流速断保护整定值 $I_{set.1}^{I}$ 计算公式如下：

$$I_{set.1}^{I} \geqslant K_{rel}^{I} I_{k.B.max}^{(3)} \tag{2-3}$$

式中：K_{rel}^{I} 为电流速断保护的可靠系数，取 $K_{rel}^{I} \geqslant 1.3$，引用可靠系数是考虑非周期分量的影响、短路电流会大于计算值、电流互感器的测量误差、保护装置的动作误差等因素，并留有一定裕量；$I_{k.B.max}^{(3)}$ 为线路末端最大短路电流，即最大运行方式下，线路 L1 末端（母线 B）发生三相短路时流过保护装置 1（即线路 L1）的短路电流。

$I_{k.B.max}^{(3)}$ 的计算公式如下：

$$I_{k.B.max}^{(3)} \geqslant \frac{E_{\varphi}}{Z_{s.min}+z_1 l_{AB}} \tag{2-4}$$

式中：$Z_{s.min}$ 为最大运行方式时的系统阻抗；z_1 为线路单位长度阻抗；l_{AB} 为线

路 L1 的长度。

一次电流经电流互感器转换为二次电流送入保护装置采样回路，因此在实际工作中使用的整定值，都以二次值表示。因为式（2-3）中的可靠系数 K_{rel}^{I} 已考虑到电流互感器的测量误差，所以在二次动作电流 I_{op} 计算时无须再考虑电流互感器的测量误差，可认为是理想电流互感器，线路 L1 的电流速断保护二次整定值 $I_{op.1}^{I}$ 计算公式如下：

$$I_{op.1}^{I}=\frac{I_{set.1}^{I}}{n_{TA}}K_{con} \tag{2-5}$$

式中：n_{TA} 为电流互感器的变比；K_{con} 为电流互感器的接线系数。

K_{con} 与电流互感器二次侧接线方式有关，当电流互感器二次侧为三相星形接线或者两相星形接线时，其值取 1；当电流互感器二次侧为三角形接线时，其值取$\sqrt{3}$。在上海电网中线路保护的电流互感器通常采用星形接线，即 $K_{con}=1$。

（2）动作时限的整定。电流速断保护因其瞬时动作，所以动作时限整定为 0s。

（3）灵敏系数的校验。在整定保护的动作电流后，当线路上发生故障时，只要流过保护装置的故障电流大于保护的整定电流，该故障点就在保护范围内。保护的范围随系统运行方式、故障类型的变化而变化，对于反应相间故障的电流速断来说，在各种系统运行方式下发生各种相间短路时保护都能动作切除故障的短路点位置的集合称为最小保护范围。例如保护装置 1 的电流速断保护最小保护范围 L_{min} 为线路起始至图 2-1 中直线 $I_{set.1}^{I}$ 与曲线 2 的交点 N 所对应的线路部分，即保护在系统最小运行方式下发生两相短路时所能保护的范围。一般情况下，应按这种运行方式和故障类型来校验电流保护的最小范围，继电保护教材常要求电流速断保护范围大于被保护线路全长的 15%～20%，但在实际工程应用中，仅要求在常见最大运行方式线路始端发生三相短路时，速断能动作即可。保护对指定故障点故障类型的反应能力通常用灵敏系数 K_{sen} 来衡量。对过量保护元件，灵敏系数的含义是：

$$K_{sen}=\frac{\text{校验处指定故障类型的故障量计算值}}{\text{保护元件的动作值}} \tag{2-6}$$

因此该要求也可以表述为：常见最大运行方式，线路始端发生三相短路，电流速断灵敏系数 K_{sen} 不小于 1。

电流速断保护的优点是简单可靠、动作迅速，缺点是通常不可能保护线路的全长，并且保护范围直接受运行方式变化的影响。

2.1.2 电流电压速断保护

电流速断保护为保证选择性按最大运行方式整定，当运行方式变化较大时，在极端情况下可能无保护范围。而电压元件在运行方式变小时，其保护范围反而扩大，因此可引入电压元件与电流速断保护协同工作，称为电流电压速断保护。

1. 电压元件原理

使用电压元件前，首先需了解线路在相间短路故障下故障相间线电压的变化情况。发生三相短路时的保护装置安装处的故障相间线电压 $U_{k\varphi\varphi}^{(3)}$ 和发生两相相间故障时的保护装置安装处的故障相间线电压 $U_{k\varphi\varphi}^{(2)}$ 计算公式均为式（2-7）。$U_{k\varphi\varphi}^{(3)}$、$U_{k\varphi\varphi}^{(2)}$ 简称为保护装置安装处电压。

$$U_{k\varphi\varphi}^{(3)}=U_{k\varphi\varphi}^{(2)}=E_{\varphi\varphi}\left(1-\frac{1}{1+\dfrac{Z_k}{Z_s}}\right) \tag{2-7}$$

式中：$E_{\varphi\varphi}$ 为故障相间的电动势；Z_s 为系统电源到保护安装点的阻抗；Z_k 为保护安装点到短路点的阻抗，即短路阻抗。

由式（2-7）可知与电流不同，同一故障点同一运行方式，保护装置安装处电压与故障类型无关；当在同一系统运行方式下，Z_k 越大，保护装置安装处电压就越大；同一故障点，当系统阻抗 Z_s 越大时，保护装置安装处电压就越小。保护装置安装处电压与短路点的关系如图 2-2 所示的 $U_{k\varphi\varphi}=f(L)$ 曲线，曲线 1 为最大运行方式下相间短路时的 $U_{k\varphi\varphi.max}=f(L)$，曲线 2 为最小运行方式

下相间短路时的 $U_{k\varphi\varphi.\min}=f(L)$。由于故障时电压下降，因此电压保护是欠量保护，当 Z_s 变大，即运行方式变小时，其保护范围反而扩大，与电流保护正好相反。

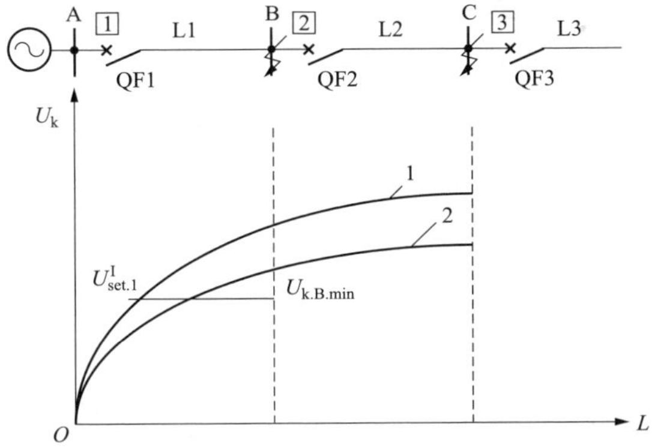

图 2-2　电压保护工作原理示意图

2. 工作原理

电流电压速断保护的电流元件与电压元件构成“与门”，两者都动作，电流电压速断保护才动作，任一元件不动作，电流电压速断保护不动作。电流电压速断保护根据测量元件与闭锁元件的不同有三种方式：电流元件作为测量元件、电压元件作为闭锁元件；电压元件作为测量元件、电流元件作为闭锁元件；电流元件与电压元件均为测量元件。三种方式的整定原则略有区别，参见 DL/T 584—2017《3kV～110kV 电网继电保护装置运行整定规程》。

现以电流元件与电压元件均为测量元件为例说明：

电流速断保护为保证选择性，保护不因运行方式改变而使保护范围伸长，选择以最大运行方式整定。而电流电压速断保护以正常运行方式整定电流元件和电压元件，同一运行方式下，电流电压速断保护的保护范围比电流速断保护大。当运行方式变大时，电流元件保护范围伸长，但电压元件保护范围缩短，电流电压速断保护范围缩短；当运行方式变小时，电压元件保护范围伸长，但电流元件保护范围缩短，电流电压速断保护范围还是缩短。因此无论运行方式怎样变化，保护范围总是缩短，不会延伸到下级元件，保证了选择性。

2.1.3 限时电流速断保护

电流电压速断保护虽然保护范围比电流速断保护大，但其也是躲过线路末端短路电流，因此当运行方式改变时，线路末端的故障有可能不在保护范围内，因此需要增设一个无论运行方式如何变化均能保护线路全长的保护，该保护带时限动作，用来保护线路末端，当电流速断保护因故拒动时也可以作为电流速断保护的后备保护，称为限时电流速断保护，简称电流Ⅱ段。

1. 工作原理

如图 2-1 中所示的线路 L1 的限时电流速断保护，因为要求保护线路的全长，所以它的限时电流速断保护的保护范围必然要延伸到下级线路 L2 中去，这样当下级线路 L2 出口处发生短路时，限时电流速断保护就会动作，是无选择性动作，为了保证动作的选择性，就必须牺牲其速动性，使保护的动作带有一定的时限，此时限的大小与其延伸的范围有关。如果其保护范围不超过下级线路速断保护的范围，动作时限则比下级线路的速断保护高出一个时间阶梯 Δt（电磁型保护一般取 0.5s，微机保护可取 0.3s）。如果与下级线路的速断保护配合后，在本线路末端短路时灵敏性不足，则此时限时电流速断保护必须与下级线路的限时电流速断保护配合，动作时限比下级的限时速断保护高出一个 Δt。

2. 整定计算原则

（1）动作电流的整定。设图 2-3 所示系统，保护装置 2 的电流速断保护的动作电流按式（2-3）计算后为 $I^{\mathrm{I}}_{\mathrm{set.2}}$，它与最小短路电流变化曲线 2 的交点 M 即为保护装置 2 的电流速断保护范围。根据以上分析，保护装置 1 的限时电流速断保护范围不应超出保护装置 2 的电流速断保护的范围。因此它的动作电流 $I^{\mathrm{II}}_{\mathrm{set.1}}$ 就应整定为

$$I^{\mathrm{II}}_{\mathrm{set.1}} > I^{\mathrm{I}}_{\mathrm{set.2}} \tag{2-8}$$

引入可靠系数 K_{rel}^{II}（一般取为1.1～1.2），则得

$$I_{set.1}^{II} = K_{rel}^{II} I_{set.2}^{I} \tag{2-9}$$

二次动作电流 I_{op} 计算公式同式（2-5）。

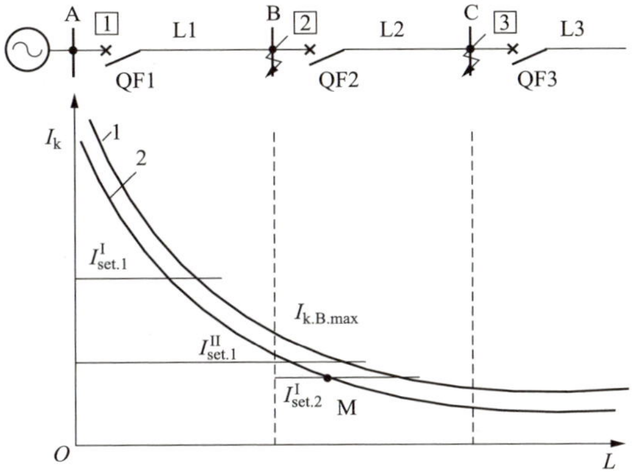

图2-3　限时电流速断动作特性

（2）动作时限的整定。保护装置1的限时速断保护的动作时限 t_1^{II} 应选择比下级线路保护装置2的速断保护的动作时限 t_2^{I} 高出一个时间阶梯 Δt，即

$$t_1^{II} = t_2^{I} + \Delta t \tag{2-10}$$

（3）灵敏性的校验。为了能够保护本线路的全长，限时电流速断保护必须在系统最小运行方式下，线路末端发生两相短路时，保护装置一定能够动作，要求限时电流速断保护在本线路末端两相短路故障时 $K_{sen} \geqslant 1.3 \sim 1.5$。

根据DL/T 584—2017《3kV～110kV电网继电保护装置运行整定规程》的规定，限时电流速断保护的测量元件定值在本线路末端故障时应满足如下灵敏系数的要求：

a）20km以下的线路不小于1.5；

b）20～50km的线路不小于1.4；

c）50km以上的线路不小于1.3。

2.1.4　定时限过电流保护

限时电流速断保护虽能保护线路的全长，但不能作为下一线路保护的后

备。当下级线路的保护或断路器拒动时，为了能从电源点算起就近切除故障，需要增设一个保护，该保护不仅能保护本线路全长，同时也能保护下级线路全长，该保护称为过电流保护，简称电流Ⅲ段。。

1. 工作原理

为防止本线路主保护（电流速断保护、电流电压速保护、限时电流速断保护）拒动及主保护范围的延伸和下一级线路的保护或断路器拒动，装设带时限过电流保护作后备保护。带时限过电流保护有两种：一种是保护启动后出口动作时间是固定的整定时间，称为定时限过电流保护；另一种是出口动作时间与故障电流数值成反比关系，故障电流越大，出口动作时间越短，称为反时限过电流保护。

2. 整定计算原则

（1）动作电流的整定。为保证在正常情况下过电流保护不动作，其动作电流必须大于该线路上出现的最大负荷电流 $I_{load.max}$；同时还必须考虑在外部故障切除后电压恢复，负荷自启动冲击电流作用下保护必须能够返回，其返回电流应大于负荷自启动冲击电流。因此保护装置 1 的定时限过电流保护的整定电流 $I_{set.1}^{III}$ 如下：

$$I_{set.1}^{III}=\frac{K_{rel}^{III}K_{ast}}{K_{re}}I_{load.max} \tag{2-11}$$

式中：K_{rel}^{III} 为可靠系数，一般采用 1.15~1.25；K_{ast} 为自启动系数，数值大于 1，应由网络具体接线和负荷性质确定；K_{re} 为电流元件的返回系数，一般采用 0.85~0.95；$I_{load.max}$ 为线路最大负荷电流。

由这一关系可见，当 K_{re} 越小时，保护装置的动作电流越大，因而其灵敏性就越差，这是不利的。这就是为什么要求定时限过电流元件应有较高的返回系数的原因。

（2）动作时限的整定。如图 2-4 所示，假定在每条线路首端均装有过电流保护，各保护的动作电流均按照躲开被保护线路上各自的最大负荷电流来整定。这样当 k1 点短路时，短路电流远大于负荷电流，当短路电流流过时，保护装置 1~5 的定时限过电流保护都可能启动，为满足选择性要求，应只有保护装置 5 动作切除故障，而保护装置 1~4 在故障切除之后应立即返回。这个要求只有依靠使各保护带有不同的时限来满足。保护装置 5 位于电力系统的最末端，假设其定时限过电流保护动作时间为 t_5^{III}，对保护装置 4 来讲，为了保证 k2 点短路时动作的选择性，则定时限过电流保护应整定其动作时限 $t_4^{\mathrm{III}} > t_5^{\mathrm{III}}$，即 $t_4^{\mathrm{III}} = t_5^{\mathrm{III}} + \Delta t$。

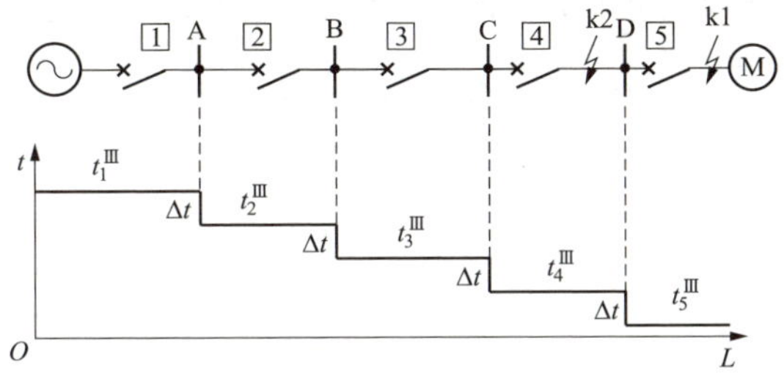

图 2-4　单侧电源放射形网络中过电流保护动作时限选择说明

依次类推，保护装置 3、2、1 的定时限过电流保护动作时限均应比其下一级保护的动作时限高出至少一个 Δt，只有这样才能充分保证动作的选择性。

这种保护的动作时限，经整定计算确定之后不再变化，与短路电流的大小无关，因此称为定时限过电流保护，简称过电流保护。

（3）灵敏系数的校验。过电流保护作为近后备，其灵敏系数的校验仍采用式（2-6）。当过电流保护作为本线路的近后备保护时，要求 $K_{\mathrm{sen}} \geqslant 1.5$；当作为相邻线路的远后备保护时，要求 $K_{\mathrm{sen}} \geqslant 1.2$。

2.1.5　反时限特性的电流保护

在阶段式动作特性的电流保护中，当流入过电流保护装置中的电流大于整定的动作电流时，过电流元件动作。为了有选择地切除故障，必须从最末端保护开始整定，动作时间逐级提高。造成故障点越靠近电源的，其短路电流越大，对电网危害越大，应快速切除，但定时限过电流保护段动作时间反而越长。为克服上述缺点，可以采用动作时间与流过保护装置中电流的大小有关的元件，利用元件的反时限动作特性，构成反时限过电流保护，当短路电流大时，保护的动作时限短，而短路电流小时动作时限长。

1. 反时限动作特性

反时限过电流保护的时限特性（指数曲线）如图 2-5 所示。为了获得这一特性，传统电磁型保护使用电流产生推动力，驱动转动圆盘计时，圆盘转动带动螺杆上升直至触点闭合，通过电流越大圆盘转动越快来实现反时限特性。而微机保护则通过算法来实现。此时电流元件和时间元件的职能由同一个元件来完成，在一定程度下它具有阶段式电流保护的功能，即近处故障时动作时限短，而远处故障时动作时限自动加长（指数曲线），可以同时满足速动性和选择性的要求。

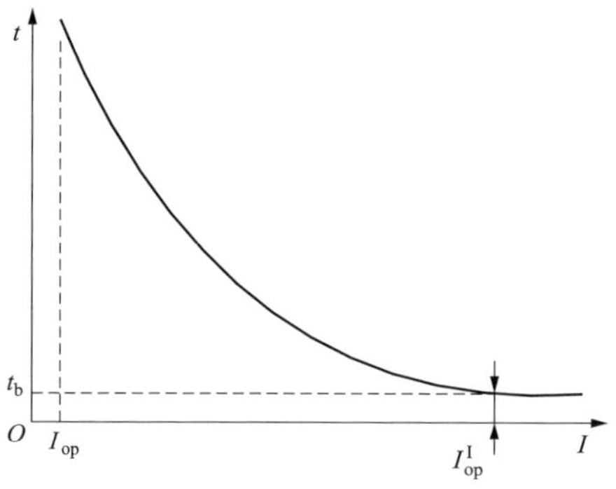

图 2-5 反时限过电流元件的时限特性

对于图 2-5 所示的反时限特性，一般用启动电流 I_{op}、瞬时动作电流 I_{op}^{I}（瞬时动作触点闭合时间 t_b）和反时限特性曲线 $t=f(I)$ 三个参数来描述。但在实际现场应用中经常不用瞬时动作电流 I_{op}^{I}，而是使用时间常数 t_p 来描述，如在 35kV 及以下配电网线路保护装置中一般根据国际电工委员会（IEC 255-4）和英国标准规范（BS142. 1996），使用三种反时限特性方程。$I_{op}^{I}=20I_{op}$ 即电流大于 $20I_{op}$ 时，过电流反时限元件转为定时限，固定以 t_b（$20I_{op}$ 的动作时间）动作，动作特性如图 2-6 所示。

一般反时限：
$$t=\frac{0.14}{(I/I_{op})^{0.02}-1}t_p \tag{2-12}$$

非常反时限：
$$t=\frac{13.5}{(I/I_{op})-1}t_p \tag{2-13}$$

极端反时限：
$$t=\frac{80}{(I/I_{op})^{2}-1}t_p \tag{2-14}$$

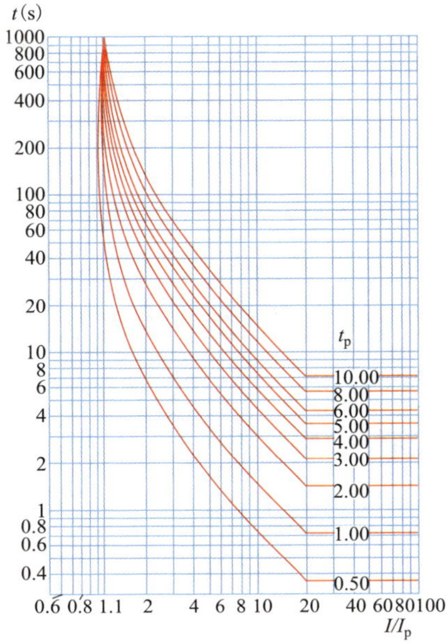

（a）一般反时限

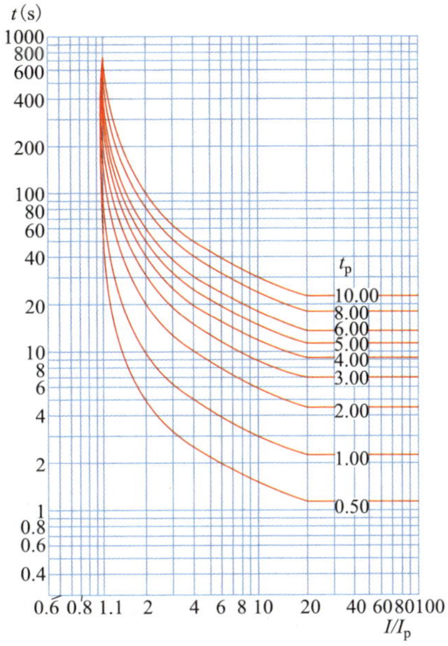

（b）非常反时限

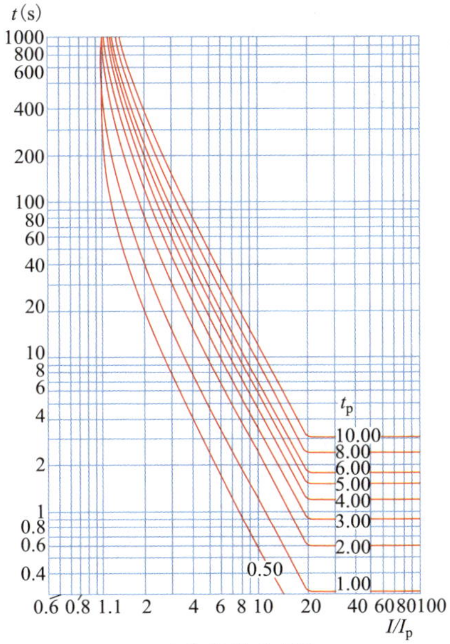

（c）极端反时限

图 2-6 反时限曲线特性

t_p 为时间常数，也有部分装置说明书中用 K 表示时间常数。极端反时限在部分装置说明书中又称为极度反时限。

反时限特性方程可由保护装置中控制字“过电流反时限特性”选择，详见各装置说明书。

当流过过电流反时限元件的电流小于启动电流 I_{op} 时，元件不启动，当电流大于 $20I_{op}$ 时，过电流反时限元件转为定时限，固定以 t_b 时间动作。当电流在 I_{op}~$20I_{op}$ 之间时，电流元件启动后，延时触点的闭合时间与电流比值有关。选择不同的 t_p 值，可以获得不同的动作时间曲线，t_p 值越大，动作时间越长。

由式（2-12）~式（2-14）可得：当动作时间为 $10t_p$ 时，一般反时限、非常反时限和极端反时限的电流分别为 $2I_{op}$、$2.35I_{op}$ 和 $3I_{op}$，这三个特殊点日常整定校验工作经常要使用。

2. 反时限过电流保护的整定配合

（1）反时限特性上下级间的配合。反时限过电流保护元件的启动电流仍应按照躲过最大负荷电流的原则进行整定，见式（2-11）。同时为了保证各保护之间动作的选择性，其动作时限也应该逐级配合确定。图 2-7（b）为最大运行方式下的短路电流分布曲线，假设在每条线路的始端（k5、k4、k3、k2 点，也称配合点）短路时的最大短路电流分别为 $I_{k5.max}$、$I_{k4.max}$、$I_{k3.max}$ 和 $I_{k2.max}$，则在此电流的作用下，各线路自身的保护装置的动作时限均应为最小。为了在各线路保护装置之间保证动作的选择性，各保护可按下列步骤进行整定配合。

在配合范围内要求上下级反时限曲线不得相交，因此为简化整定，通常选定一种反时限特性，如上海电网 10kV 使用一般反时限特性。确定好反时限特性后，反时限曲线只剩启动电流 I_{op} 和时间常数 t_p 两个未知量。首先从距电源最远的保护 5 开始整定，其启动电流按式（2-11）整定为 $I_{op.5}$。当 k5 点短路时，在 $I_{k5.max}$ 的作用下，保护 5 可整定为继电器的固有动作时间 t_b，从而确定 b 点。这样保护 5 的时限特性曲线即可根据以上两个条件确定，如图 2-7（c）中的曲线⑤所示。

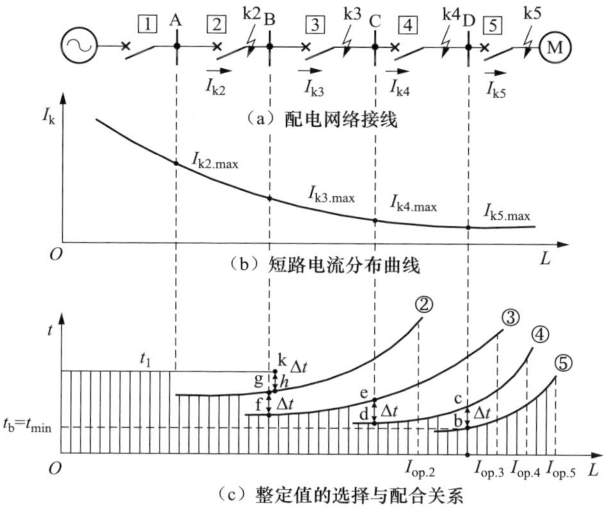

图 2-7 反时限过电流保护的整定和配合

根据保护 5 的整定再来整定保护 4，其启动电流仍按式（2-11）整定为 $I_{op.4}$；当 k5 点短路时（保护 5、4 的配合点），为保证动作的选择性，就必须选择当电流为 $I_{k5.max}$ 时，保护 4 的动作时限比保护 5 高出一个时间阶梯 Δt，即 $t_c=t_b+\Delta t$（反时限时 $\Delta t=0.5\sim0.7s$），因此保护 4 的时限特性曲线应通过 c 点，如图 2-7（c）中的曲线④所示，该曲线即为保护 4 的特性曲线。这样选择之后，当被保护线路始端 k4 点短路时，在短路电流 $I_{k4.max}$ 的作用下，其动作时间为 t_d，此时间小于 t_c，因此能较快地切除近处的故障，这是反时限保护的最大优点。

保护 3 的整定，可按类似以上的原则进行，即首先按式（2-11）算出其启动电流 $I_{op.3}$，然后按照在 k4 点短路时与保护 4 相配合的原则，选取当电流为 $I_{k4.max}$ 时的动作时间为 $t_e=t_d+\Delta t$，即确定了特性曲线的 e 点，如图 2-7（c）中的曲线③所示，当被保护线路始端 k3 短路时，其动作时间为 t_f，仍小于 t_e。同理可以整定保护 2，得出图 2-7（c）中的曲线②。

显然，在以上的整定计算中以保证配合点的动作时间配合，使得任意点短路时动作时间取得了配合，这是以不同地点的反时限保护元件都具有式（2-12）表达的特性曲线保证的。

（2）下级反时限与上级定时限之间的配合。在工作中常遇到在变电站中10kV线路使用反时限过电流保护，而上级电源如主变压器后备保护使用定时限过电流保护。按定时限过电流保护范围，末端故障时，计算流过下一级本线路反时限过电流保护的电流并查出对应的动作时间，定时限过电流保护动作时间比它高出一个时间阶梯 Δt。

2.1.6 阶段式电流保护

电流速断保护、电流电压速断保护、限时电流速断保护和定时限过电流保护都是反应电流升高而动作的保护。它们之间的区别在于当“四性”不能兼顾时，权衡利弊，按照不同的原则来整定动作电流与动作时间。电流速断保护和电流电压速断保护是为保证选择性与速动性，牺牲线路末端故障的灵敏性，按照躲开本线路末端的最大短路电流来整定；限时速断保护是为保证选择性与灵敏性，牺牲速动性，按照躲开下级各相邻线路电流速断保护的最大动作范围来整定，并抬高动作时限；而过电流保护是为了灵敏性和可靠性（兼顾相邻元件的后备保护），按照躲开本元件的最大负荷电流来整定，通过牺牲速动性，逐级抬高动作时限来保证选择性。

由于电流速断保护和电流电压速断保护不能保护线路全长，限时电流速断保护不能作为相邻元件的后备保护，过电流保护又不能迅速切除故障，因此，为保证迅速而有选择性地切除故障，常常将电流速断保护、电流电压速断保护、限时电流速断保护和过电流保护组合在一起，构成阶段式电流保护。具体应用时，可以只采用速断保护加过电流保护，或限时速断保护加过电流保护，也可以三者同时采用。

对于微机保护装置来说，电流速断保护、电流电压速断保护、限时电流速断保护和过电流保护的电流元件都是反应电流升高而动作的保护元件，仅仅是电流和动作时间不一样，因此上海电网保护标准化设计中要求35/10kV线路保护装置配置三段式过电流和反时限保护，即过电流Ⅰ段保护、过电流

Ⅱ段保护、过电流Ⅲ段保护和过电流反时限保护，其中前三者的逻辑相同，三者电流值和动作时间均能分别整定，而且能通过控制字（类似开关，控制字设置“1”投入该功能，控制字设置“0”不投入该功能）投入电压元件，实现电流电压保护功能。

上海电网35kV以及部分110~220kV线路保护使用三段式过电流保护，分别对应电流速断保护、电流电压速断保护和定时限过电流保护，或电流电压速断保护、限时电流速断保护和定时限过电流保护（当电流速断保护和电流电压速断保护配合整定时对线路末端故障不能灵敏反应时）。10kV线路保护通常使用两段式过电流保护，分别对应电流速断保护和定时限过电流保护，或者一段式过电流保护，即电流速断保护和反时限过电流保护。

2.2 双侧电源相间短路的方向电流保护

前文介绍了适用于单侧电源的相电流保护，但在双侧电源和单电源环形的电网中，相电流保护往往不能满足选择性，因此本节将介绍双侧电源和单电源环形电网故障引起的方向问题，并提出方向电流保护以解决此类问题。

2.2.1 方向问题的提出

上节所讲的三段式电流保护是仅利用相间短路后电流幅值增大的特征来区分故障与正常运行状态的，在多侧电源组成的复杂网络中已不能满足系统对于保护要求。例如采用图2-8所示的两侧供电辐射状电网或单电源环形电网可以提高供电可靠性，但必须在线路两侧都装设断路器和保护装置，以便在线路故障时，两侧断路器可以跳闸切除故障。当在图2-8（a）、（b）中的k1点发生相间短路时，要求只有保护装置3和4动作，断开QF3和QF4两个断路器，即切除故障线路，保证其余非故障设备继续运行。在这种电网中，如果还采用一般的电流保护作为相间短路保护，往往不能满足选择性的要求。

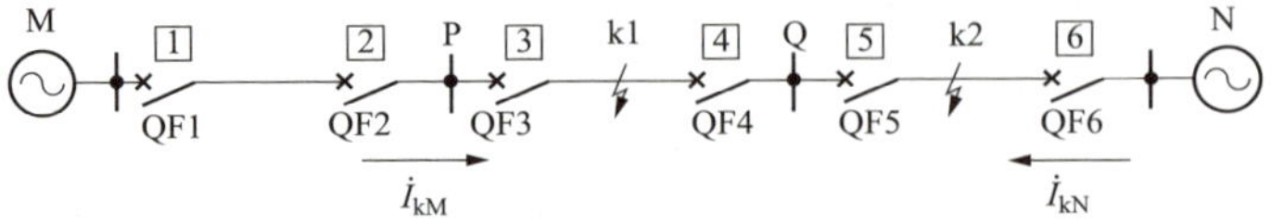

（a）双侧电源供电的辐射状电网

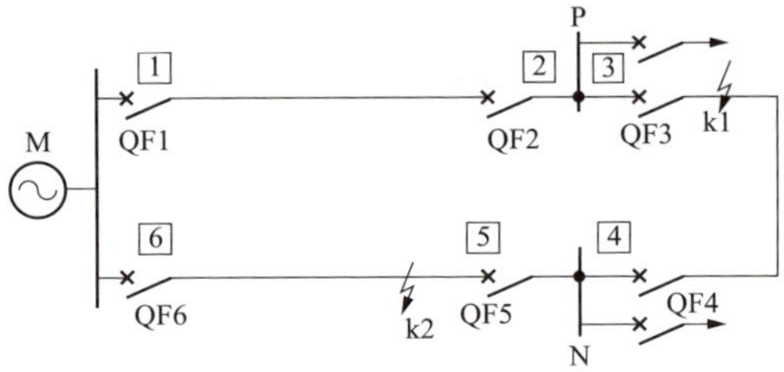

（b）单侧电源的环形电网

图 2-8　电网示意图

在图 2-8（a）中，从 M 侧往 N 侧看，保护装置 5 在保护装置 3 的下级。其电流速断保护定值必定要小于保护装置 3 的电流速断保护定值，即 $I^{\mathrm{I}}_{\mathrm{set.5}} < I^{\mathrm{I}}_{\mathrm{set.3}}$，当保护装置 3 和 4 的电流速断保护范围内 k1 点短路，若 N 侧电源供给的短路电流大于 M 侧电源供给的短路电流，则保护装置 3、4 和 5 的电流速断保护同时动作，错误地将断路器 QF5 跳开，造成母线 Q 全部停电。同理当 M 侧电源供给的短路电流大于 N 侧电源供给的短路电流时，母线 P 全部停电。所以对电流速断保护来说，在双电源线路上难以满足选择性的要求。

对定时限过电流保护而言，k1 点短路故障时，为保证选择性，要求保护 5 的时限大于保护 4 的时限，即 $t_5 > t_4$；而当 k2 点短路故障时，又要求 $t_4 > t_5$，显然这是无法整定的。

为此，应在 k1 点短路时，保护 2、5 不反应，而在 k2 点短路时，保护 4 不反应。通常是根据 k1 点、k2 点短路时，流经保护的短路功率方向不同来实现的。k1 点短路时，保护 2、5 不应该动作，流经保护的短路功率方向是被保护线路流向母线；而保护 3、4 应该动作，流经保护的短路功率方向是母线流向被保护线路。所以若在过电流保护 2、3、4、5 上各加一功率方向元件，则只有当短路功率是由母线流向线路时，才允许保护动作，反之不动作。这样，就解决了保护动作的选择性问题。这种在过电流保护中加一方向元件的保护称为方向电流保护。图 2-8（b）为单侧电源环形电网，读者可根据图 2-8（a）的分析类推。

图 2-9 所示为一双侧电源辐射状电网，电网中装设了方向过电流保护，图中所示箭头方向，即为各保护的动作方向，这样就可将两个方向的保护拆开看成两个单电源辐射状电网的保护。其中，保护 1、3、5 为一组，保护 2、4、6 为另一组，如各同方向保护的时限仍按阶梯原则来整定，它们的时限特性如图 2-9（b）所示。以定时限过电流保护为例，当 L2 上发生短路时，保护 2 和 5 处的短路功率方向是由线路流向母线，功率为负，保护不动作。而保护 1、3、4、6 处短路功率方向为由母线流向线路，即功率为正，故保护 1、3、4、6 都启动，但由于 $t_1>t_3$，$t_6>t_4$，故保护 3 和 4 先动作跳开相应断路器，短路故障消除，保护 1 和 6 返回，从而保证了保护动作的选择性。

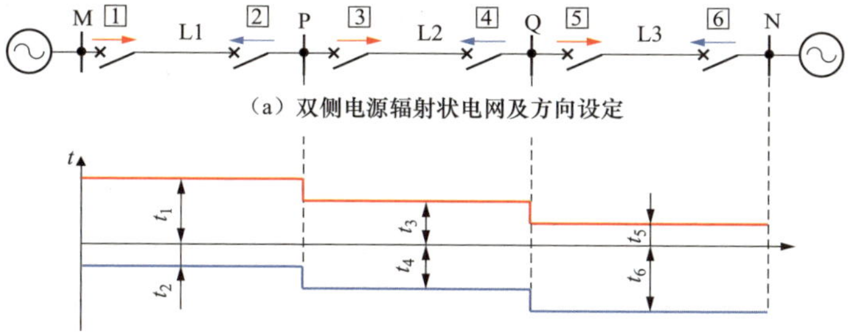

（b）保护时限特性

图 2-9　双侧电源辐射状电网方向设定及其保护时限

以方向电流保护 I 段为例，某线路保护的 A 相方向电流保护 I 段逻辑框图如图 2-10 所示。$I_a>I_{set}^{I}$ 为电流测量元件，用来判别短路故障是否在保护范围内，电流大于定值，置“1”。当“过电流 I 段经方向”控制字置 1 时，使用方向元件；A 相正方向元件，用来判别短路故障方向，判断为正方向时置“1”；时间元件延时 t_1 动作，用来建立过电流保护动作时限。当“过电流 I 段经方向”控制字置 0 时，变为纯过电流保护，不经方向判断。

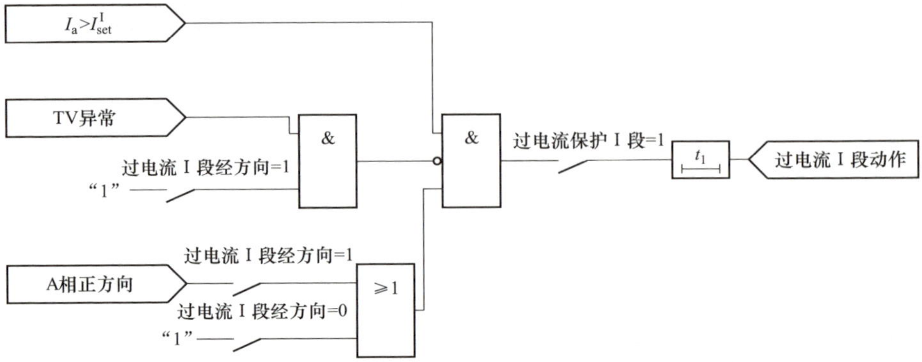

图 2-10 某线路保护的 A 相方向电流保护Ⅰ段逻辑框图

2.2.2 功率方向判别元件

1. 原理

如果规定从母线指向线路的电流方向为正，在图 2-11（a）所示的网络接线中，对保护装置 1 而言，当正方向 k2 点三相短路时，流过保护装置 1 的电流 $\dot{I}_r$ 即为短路电流 $\dot{I}_{k2}$，滞后于该母线电压 $\dot{U}$ 一个相角 φ_{k2}（φ_{k2} 为从母线至 k2 点之间的线路阻抗角），其值为 $0° < \varphi_{k2} < 90°$，如图 2-11（b）所示。当反方向 k1 点短路时，通过保护装置 1 的短路电流是由电源 $\dot{E}_s$ 供给的，此时流过保护装置 1 的电流是 $-\dot{I}_{k1}$（负号是指电流流向与保护 1 正方向相反，即由线路流向母线），滞后于母线电压 $\dot{U}$ 的相角将是 $180°+\varphi_{k1}$（φ_{k1} 为从该母线至 k1 点之间的线路阻抗角），其值为 $180° < (180°+\varphi_{k1}) < 270°$，如图 2-12（c）所示。如以母线电压 $\dot{U}$ 作为参考相量，并设 $\varphi_{k1}=\varphi_{k2}=\varphi_k$，则流过保护安装处的电流 $\dot{I}_r$，在以上两种短路情况下相位相差 180°。

利用判别短路功率的方向，即判别短路后电流、电压之间的相位关系，就可以判别发生故障的方向，该元件称为功率方向元件，简称方向元件。由于它反应加入元件中电流和电压之间的相位，因此用相位比较方式来实现最为简单。对 A 相的功率方向元件，加入电压 $\dot{U}_r$（如 $\dot{U}_A$）和电流 $\dot{I}_r$（如 $\dot{I}_A$），则当正方向短路时，方向元件中电压、电流之间的相角为

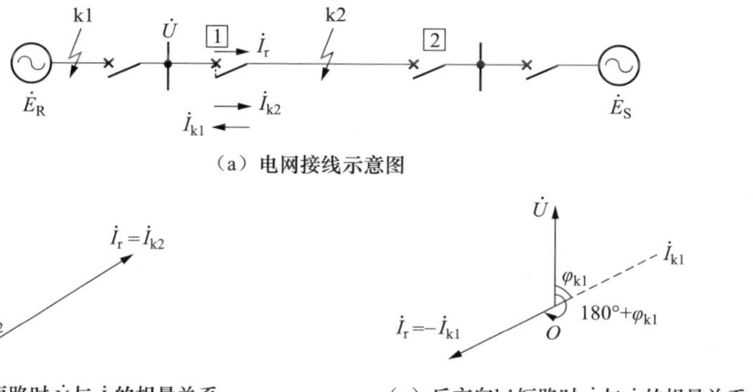

（a）电网接线示意图

（b）正方向k2短路时 $\dot{U}$ 与 $\dot{I}_r$ 的相量关系　　（c）反方向k1短路时 $\dot{U}$ 与 $\dot{I}_r$ 的相量关系

图 2-11　方向元件工作原理的分析

$$\varphi_{rA}=\arg\frac{\dot{U}_A}{\dot{I}_{k2A}}=\varphi_{k2} \tag{2-15}$$

反方向短路时，为

$$\varphi_{rA}=\arg\frac{\dot{U}_A}{-\dot{I}_{k1A}}=180°+\varphi_{k1} \tag{2-16}$$

式中，符号 arg 表示取相量 $\frac{\dot{U}_A}{\dot{I}_{k1A}}$ 的幅角，即取 $\dot{U}_A$ 超前 $\dot{I}_{k1A}$ 的角度。

如果取 $\varphi_k=60°$，相量关系如图 2-12 所示。

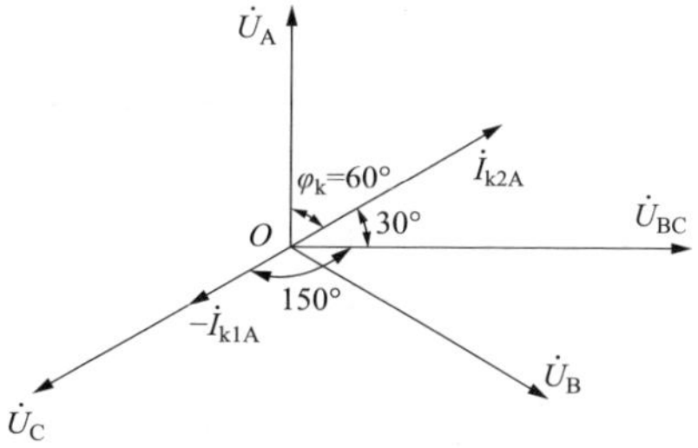

图 2-12　正反方向短路时输入功率方向元件的电压和电流

一般的功率方向元件，当输入电压和电流的幅值不变时，其输出值随两者相位差的大小而改变，为了在最常见的短路情况下使方向元件动作最灵敏，采用上述接线的功率方向元件应实现最大灵敏角 $\varphi_{sen}=\varphi_k=60°$。又为了保证当短路点有过渡电阻、线路阻抗角 φ_k 在 0°～90° 范围内变化情况下正方向故障时，元件都能可靠动作，功率方向元件动作的角度应该是一个范围，这个范围通常取为 $\varphi_{sen}\pm90°$。此动作区域在复数平面上是直线右下阴影部分，如图 2-13（a）所示（以 $\dot{U}_r$ 为基准，$\dot{I}_r$ 为变量）。其动

作方程可表示为

$$90° \geqslant \arg \frac{\dot{U}_r e^{-j\varphi_{sen}}}{\dot{I}_r} \geqslant -90° \tag{2-17}$$

或

$$\varphi_{sen} + 90° \geqslant \arg \frac{\dot{U}_r}{\dot{I}_r} \geqslant \varphi_{sen} - 90° \tag{2-18}$$

2. 接线

采用这种特性和接线的功率方向元件时，在其正方向出口附近短路接地，故障相对地的电压很低时，功率方向元件不能动作，称为“电压死区”。为了减小和消除死区，在实际应用中广泛采用非故障的相间电压作为接入功率方向元件的电压参考相量，判别故障相电流的相位。如采用 $\dot{I}_A$ 和 $\dot{U}_{BC}$，$\dot{I}_B$ 和 $\dot{U}_{CA}$，$\dot{I}_C$ 和 $\dot{U}_{AB}$ 的接线方式，因当 $\cos\varphi=1$ 时，$\dot{I}_A$ 超前 $\dot{U}_{BC}$ 90°，所以这种接线方式的功率方向元件叫作 90°接线功率方向元件。以 A 相为例分析，A 相的功率方向元件加入电流 $\dot{I}_A$ 和电压 $\dot{U}_{BC}$。此时，$\varphi_{rA}=\arg\dot{U}_{BC}/\dot{I}_{Ar}$，当正方向短路时，$\varphi_{rA}=\varphi_k-90°=-30°$，当反方向短路时，$\varphi_{rA}=150°$，相量关系也示于图 2-12 中。因此，90°接线功率方向元件的最大灵敏角设计为 $\varphi_{sen}=\varphi_k-90°=-30°$，动作特性如图 2-13（b）所示，动作方程为

$$90° \geqslant \arg \frac{\dot{U}_r e^{j(90°-\varphi_k)}}{\dot{I}_r} \geqslant -90° \tag{2-19}$$

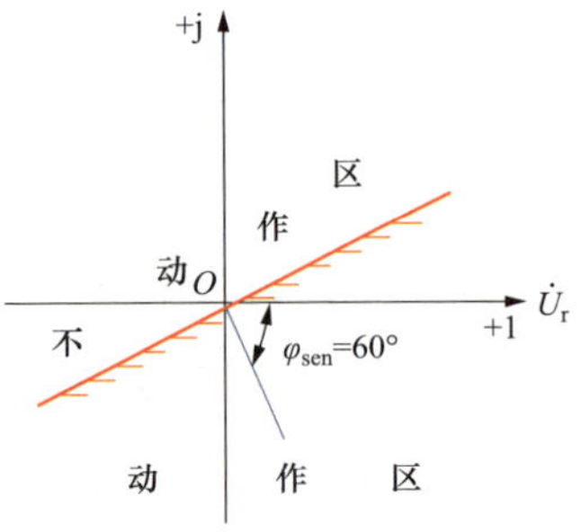

（a）0°接线动作区

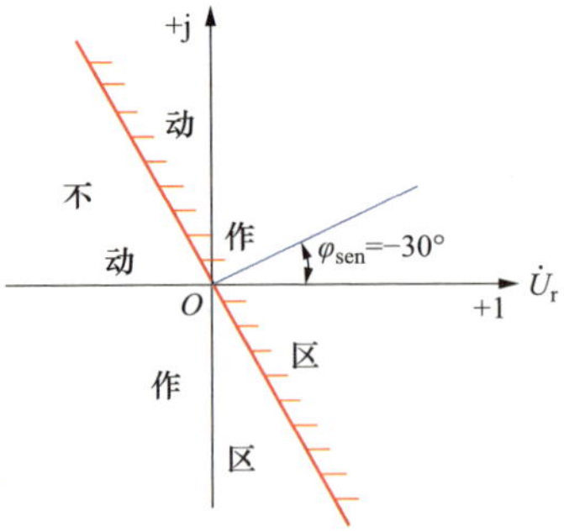

（b）90°接线动作区

图 2-13　功率方向元件的动作特性（阴影部分表示动作区）

习惯上称 $\alpha=-\varphi_{sen}=90°-\varphi_k$ 为功率方向元件的内角，则式（2-19）可变为

$$90° - \alpha \geqslant \arg\frac{\dot{U}_r}{\dot{I}_r} \geqslant -90° - \alpha \tag{2-20}$$

除正方向出口附近发生三相短路时，$\dot{U}_{BC}\approx 0$，方向元件具有很小的电压死区以外，在其他任何包含A相的不对称短路时，I_A 的电流很大，U_{BC} 的电压很高，因此方向元件不仅没有死区，而且动作灵敏度很高。采用 $\dot{I}_A$、$\dot{U}_{BC}$，$\dot{I}_B$、$\dot{U}_{CA}$，$\dot{I}_C$、$\dot{U}_{AB}$ 的接线方式叫作90°接线。

90°接线方式的主要优点是：①对各种两相短路都没有死区，因为方向元件加入的是非故障的相间电压，其值很高；②选择方向元件的内角 $\alpha=90°-\varphi_k$ 后，对线路上发生的各种故障，都能保证动作的方向性。

3. 对功率方向元件的评价

由于90°接线引入了非故障相电压，对于两相短路功率方向元件，能识别正方向短路和反方向短路，不存在死区，但当三相短路发生在正方向出口附近时存在死区。当选用微机保护时，因保护装置带有存储记忆功能，为消除死区，方向元件可记录故障前电压，当电压低于一定值时，进入低电压判断逻辑，采用记忆电压。与过电流保护只有电流量作为判据不同，由于其使用电压、电流量作为判据，TV断线时由于保护测量电压异常，会导致其误动。因此保护装置检测到TV断线后闭锁方向过电流保护，并自动投入TV断线过电流保护。

【例2-1】 已知某线路保护装置过电流方向元件为90°接线方式，正方向动作区为 $-90°\leqslant\arg(\dot{U}/\dot{I})\leqslant 30°$，如图2-14所示，其过电流Ⅰ段定值为8A、0s，经方向元件闭锁。模拟A相校验过电流Ⅰ段保护，应输入电流、电压的幅值和相位。

解： 依据DL/T 478—2017《继电保护和安全自动装置通用技术条件》的规定，保护装置动作准确度误差不大于5%，因此在现场工作中，输入整定值的95%和105%，校验保护装置的动作情况。

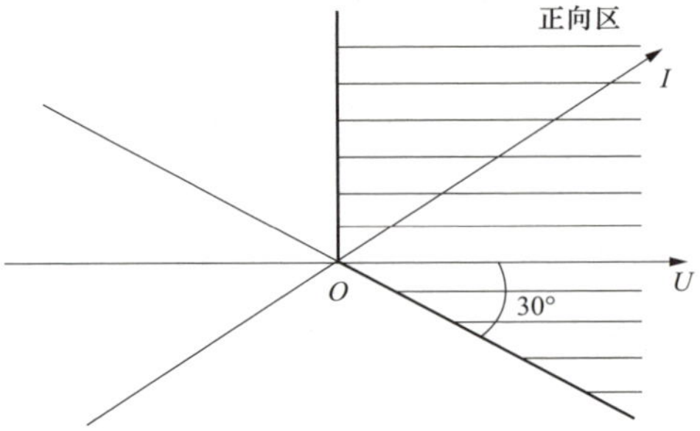

图 2-14　过电流方向元件动作区图

当 $I_A=8\times1.05=8.4(A)$ 时，过电流 Ⅰ 段电流元件动作。

当 $I_A=8\times0.95=7.6(A)$ 时，过电流 Ⅰ 段电流元件不动作。

系统正常时

$$\dot{U}_B=100/\sqrt{3}=57.735\angle240°(V)$$

$$\dot{U}_C=100/\sqrt{3}=57.735\angle120°(V)$$

$$\dot{U}_{BC}=\dot{U}_B-\dot{U}_C=100\angle270°(V)$$

$\because\ -90°\leqslant\arg(\dot{U}/\dot{I})\leqslant30°$

$\therefore\ \dot{I}_A$ 相位为 $270°-(-90°+30°)/2=300°$，A 相方向元件最灵敏动作。

同理：$\dot{I}_A$ 相位为 $300°-180°=120°$，A 相方向元件不动作。

综上所述，输入电流、电压的幅值和相位见表 2-1。

表 2-1　输入电流、电压的幅值和相位

输入电压	输入电流	保护动作情况	目的
$\dot{U}_B=57.735\angle240°$（V） $\dot{U}_C=57.735\angle120°$（V）	$\dot{I}_A=8.4\angle300°$（A）	动作	校验保护装置动作准确度误差不大于 5%
	$\dot{I}_A=7.6\angle300°$（A）	不动作	
	$\dot{I}_A=8.4\angle120°$（A）	不动作	校验反方向故障，保护不动作

2.2.3　方向保护在电网中的应用

在双电源的网络或环网中必须采用方向性保护才能保证各保护之间动

作的选择性。但在传统电磁型保护中应用方向元件后将使接线复杂、投资增加，同时当三相短路发生在正方向出口附近时存在“死区”。微机保护克服了上述缺点，但从提高可靠性（元件使用越少越可靠）、便于运维的角度考虑，也力求少用方向元件。实际上，能否取消方向元件而同时又不失去动作的选择性，将根据线路情况、电流保护的配置情况和具体的整定计算来确定。

（1）对于电流速断保护，以图2-8（a）的保护1为例。若反方向线路出口处短路，由电源E_N供给的最大短路电流小于本保护装置的整定电流$I^{1}_{set.1}$，则反方向任何地点短路，由电源E_N供给的短路电流都不会引起保护1误动作，这实际上已经从整定值上躲过了反方向故障，因此可以不用方向元件。

（2）对于定时限过电流保护，由于其电流整定值为躲过线路最大负荷电流，因此从电流整定值上很难躲过反向短路的最大短路电流，但可以以动作时限的快慢来决定是否需要方向元件。以图2-8（a）的保护3和保护2为例，如果保护3的定时限过电流保护动作时间$t_3^{Ⅲ} \geqslant t_2^{Ⅲ}+\Delta t$，其中$t_2^{Ⅲ}$为保护2的定时限过电流保护动作时间，当保护3发生反方向短路时，保护2的定时限过电流会先于保护3动作切除故障，则保护3的定时限过电流保护可以不用方向元件，但保护2的定时限过电流保护必须要用方向元件。

2.3 线路的接地电流保护

前文已介绍两相短路接地，其故障相电流不小于两相短路电流，因此电流保护能动作。但当发生单相接地故障时，其故障电流将随着系统接地方式不同而大相径庭，对电力系统的影响也有所不同。本节将分别介绍在中性点直接接地、不接地和经小电阻接地的系统中单相接地对系统的影响及保护配置。

2.3.1 中性点直接接地系统的接地保护

对于中性点直接接地系统，当单相接地故障电流较小时，相电流保护为了躲过最大负荷电流可能无法动作。从对称分量角度分析，发生不对称接地故障时会出现很大的零序电流，而正常运行时零序电流几乎没有，因此相较于采用相电流增大作为故障判据，采用零序电流增大作为故障判据对接地故障有着更高的灵敏度，采用零序电流增大作为故障判据的保护称为零序电流保护。要配置零序电流保护必定要先了解中性点直接接地系统发生接地故障时的零序分量。

1. 中性点直接接地系统发生接地故障时的零序分量

（1）零序分量分析。设在图 2-15（a）所示网络中 k 点分别发生 A 相接地、BC 两相接地，则故障点的零序电压 $\dot{U}_{k0}$ 均有

$$\dot{U}_{k0}=-\dot{I}_{k0}\times Z_{\Sigma 0} \tag{2-21}$$

式中：$\dot{I}_{k0}$ 为故障点的零序电流；$Z_{\Sigma 0}$ 为零序综合阻抗。

设零序综合阻抗角为 φ_{k0}，由式（2-21）可做图 2-15（f），则 $3\dot{I}_0$ 超前 $3\dot{U}_0$（$180°-\varphi_{k0}$）。

由短路计算可知，故障点越远零序电压越低，变压器接地中性点处零序电压为零。故障点零序功率 P 为

$$P=|3\dot{I}_0|\times|3\dot{U}_0|\times\cos(180°-\varphi_{k0}) \tag{2-22}$$

零序功率为负值，因为 $3\dot{I}_0$ 与 $3\dot{U}_0$ 的夹角（$180°-\varphi_{k0}$）为钝角。

而图 2-15（a）中保护装置 1 感受到的零序功率 P 为

$$P=|3\dot{I}_0|\times|3\dot{U}_0|\times\cos(180°-\varphi_{ks0}) \tag{2-23}$$

式中：φ_{ks0} 为保护 1 到变压器中性点的零序阻抗角。

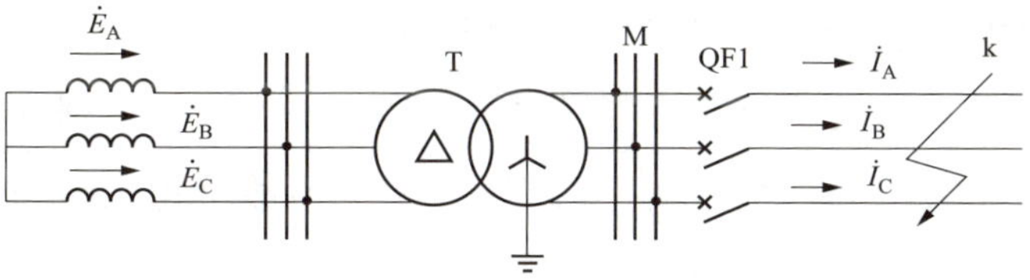

（a）网络图

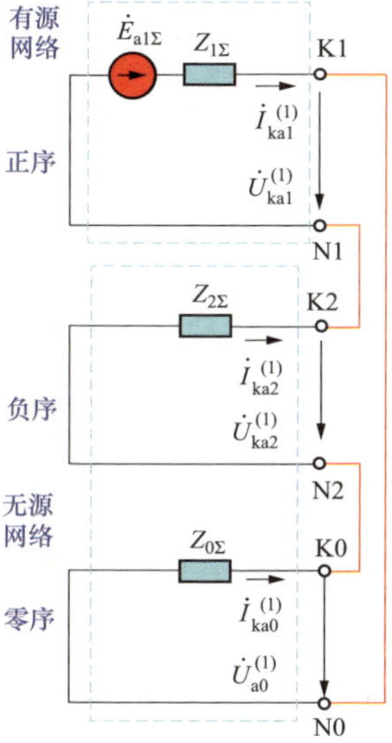

（b）单相接地序网图

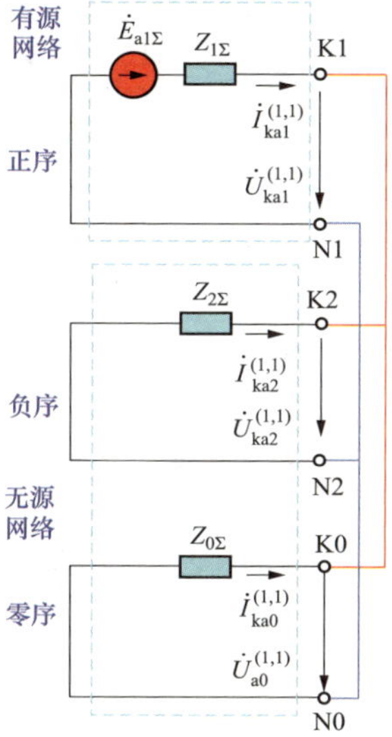

（c）两相接地序网图

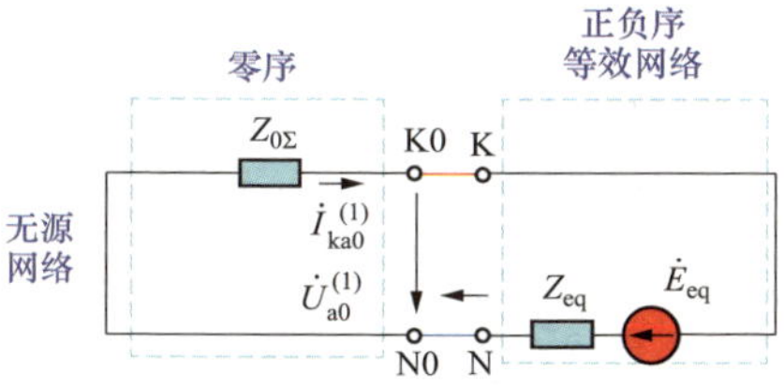

（d）单相接地等效序网图

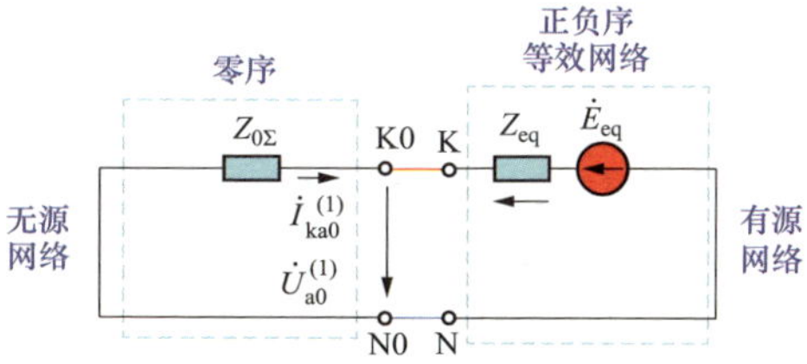

（e）两相接地等效序网图

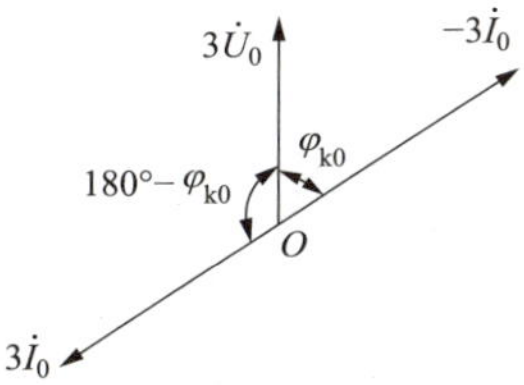

（f）接地故障零序电压电流相位图

图 2-15 零序分量分析示意图

从序网图的角度分析，可以将图 2-15（b）、（c）接地故障序网图中正负序的序网等效为一个有源网络，与零序网络串联。由于零序网络为无源网络，只能消耗功率，无法提供功率，所以零序功率由故障点流向变压器接地中性点。

从故障叠加的角度分析，可以将故障等效成正常状态叠加上故障点的不对称电动势，该不对称电动势可分解为正序、负序、零序电动势，如图 2-16 所示。由于只在故障点存在零序电动势，所以零序功率由故障点流向变压器接地中性点。因此对保护装置 1 来说零序功率为负值。

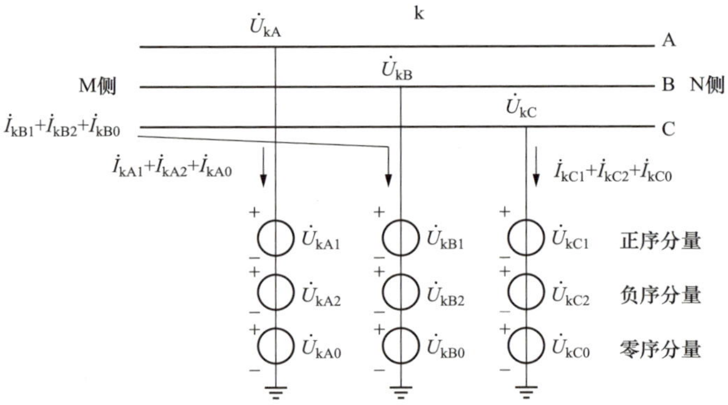

图 2-16　故障叠加示意图

图 2-15（a）中保护装置 1，零序电流与零序电压的相位差只与背后的零序阻抗角有关［在图 2-15（a）中为保护装置 1 到变压器中性点的零序阻抗角］，不受过渡电阻影响。

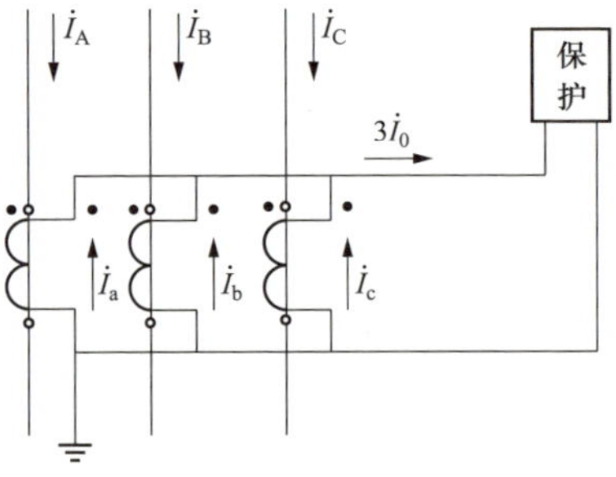

图 2-17　零序电流滤过器

（2）零序电流滤过器。零序电流滤过器输入端加三相电流而输出端只有零序电流能通过，滤去了正序、负序电流。保护装置是通过零序电流滤过器来取得零序电流的。将三相电流互感器极性相同的二次端子分别连接在一起，就组成了零序电流滤过器，如图 2-17 所示。流入保护的电流为

$$3\dot{I}_0 = \dot{I}_a + \dot{I}_b + \dot{I}_c \tag{2-24}$$

对于线路只装设 A、C 两相电流互感器，无法通过零序滤过器来取得零序电流的，可以采用零序电流互感器获得零序电流。如图 2-18 所示，此电流互感器套在电缆的外面，它的一次绕组是从其铁芯中穿过的电缆，即这个互感器的一次电流是 $\dot{I}_A+\dot{I}_B+\dot{I}_C=3\dot{I}_0$，只有当一次侧出现零序电流时，在互感器二次侧才有相应的零序电流输出，故称它为零序电流互感器。图 2-18（a）中，电缆外壳接地一定要穿越铁芯，否则电缆外屏蔽层杂散电流会引起保护误动。以上两种方式获取的零序电流均称为外接零流；与之相对应的是使用微机保护采集三相电流，并按照 $3\dot{I}_0=\dot{I}_a+\dot{I}_b+\dot{I}_c$ 计算，装置实时计算出的零序电流称为保护装置自产零序电流，简称自产零流。通常线路保护装置使用外接零流较多。但也有例外，如上海电网保护标准化设计要求 110/35kV 变压器高压侧零序电流保护采用自产零流。

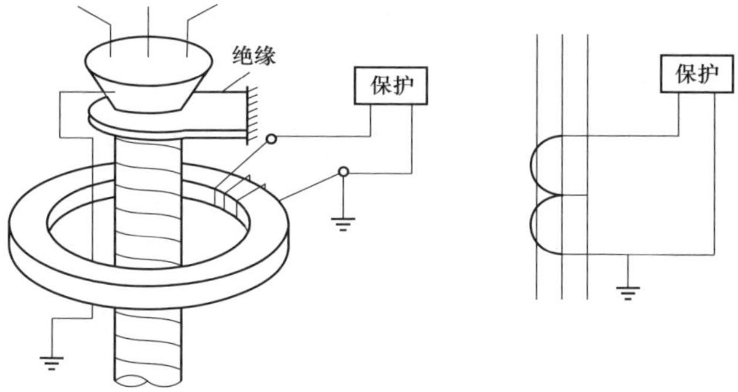

（a）结构图　　（b）接线图

图 2-18　零序电流互感器的结构及接线

（3）零序电压滤过器。零序电压滤过器输入端加三相电压而输出端只有零序电压能通过，滤去了正序、负序电压。常采用三个单相式电压互感器或三相五柱式电压互感器，如图 2-19 所示。为取得零序电压，电压互感器一次绕组接成星形并且中性点接地，二次绕组接成开口三角形，从开口三角形 1、n 端子得到的输出电压 $\dot{U}_{ln}$ 为

$$\dot{U}_{ln} = \dot{U}_a + \dot{U}_b + \dot{U}_c = 3\dot{U}_0 \tag{2-25}$$

即零序电压滤过器只输出零序电压。

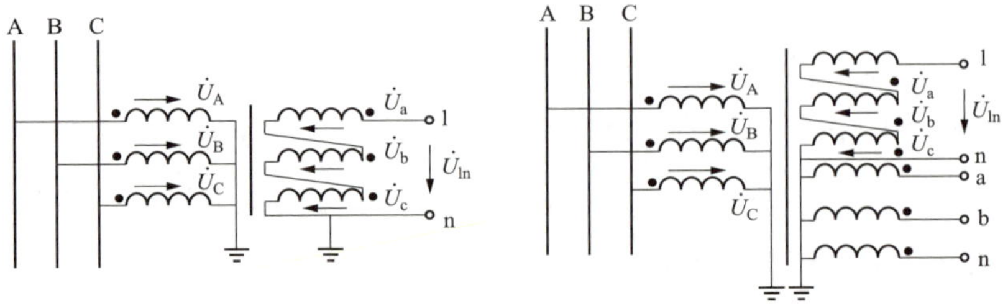

（a）由三个单相式电压互感器组成　　（b）三相五柱式电压互感器

图 2-19　零序电压滤过器

与零序电流一样，这种方式获得的零序电压称为外接零压，与之相对应的是使用微机保护采集三相电压，并按照 $3\dot{U}_0=\dot{U}_a+\dot{U}_b+\dot{U}_c$ 计算，装置实时计算出的零序电压称为保护装置自产零压，简称自产零压。这里需要注意：由于外接零压和自产零压的变比不同，定值将会不一样。如变压器零序电压保护使用外接零压时定值为 180V，使用自产零压时定值为 120V。由于外接零压，正常运行时基本为零，因此无法检测是否断线以及 l、n 端子是否接反。Q/GDW 1161—2014《线路保护及辅助装置标准化设计规范》5.2.1（a）要求 220kV 及以上电压等级保护装置中的零序功率方向元件应采用自产零序电压。

2. 零序电流保护

零序电流保护通常采用三段式或四段式。110kV 及以下一般采用三段式，220kV 及以上一般采用四段式，但根据电网的实际运行情况和应用可以适当简化，选择使用部分零序电流保护。以下以三段式为例，三段式零序电流保护由零序电流速断保护（零序过电流Ⅰ段）、限时零序电流速断保护（零序过电流Ⅱ段）、零序过电流保护（零序过电流Ⅲ段）组成。

（1）零序电流速断保护（零序过电流Ⅰ段）。零序电流速断保护的整定原则如下：

1）零序Ⅰ段的动作电流应躲过被保护线路末端发生单相或两相接地短路时可能出现的最大零序电流 $3\dot{I}_{0.\max}$。

2）躲过由于断路器三相触头不同时合闸（三相不同期）所出现的最大零

序电流。

3）对于终端线路，可按躲过变压器中、低压侧最大穿越性故障产生的不平衡电流整定。即保护范围伸进变压器，但不伸出变压器中、低压侧。

2014年前有些制造厂考虑到在220kV及以上电网中有线路纵联保护，又配有保护接地短路的三段式接地距离保护，并有双重化的保护配置，所以生产了一种保护装置，省略了零序电流保护的第Ⅰ段而只配置零序电流保护Ⅱ、Ⅲ段。

Q/GDW 1161—2014《线路保护及辅助装置标准化设计规范》5.2.4（a）规定220kV及以上电压等级线路保护装置零序电流保护应设置二段定时限（零序电流Ⅱ段和Ⅲ段），零序电流Ⅱ段固定带方向，零序电流Ⅲ段方向可投退。TV二次回路断线后，零序电流Ⅱ段退出，零序电流Ⅲ段退出方向。因此近几年上海新投运220kV及以上电压等级的线路保护均无零序Ⅰ段保护。但110kV线路保护仍有零序Ⅰ段保护。

（2）限时零序电流速断保护（零序过电流Ⅱ段）。零序Ⅱ段能保护线路全长，以较短时限切除接地故障。其动作电流与下一线路的零序Ⅰ段配合。零序Ⅱ段的动作时限比下一线路零序Ⅰ段的动作时限大一个时限级差Δt，Δt为0.5s。

零序Ⅱ段的灵敏系数，按本线路末端接地短路时的最小零序电流来校验，要求$K_{sen}\geqslant1.5$。

（3）零序过电流保护（零序过电流Ⅲ段）。零序过电流保护在正常运行及外部相间短路时不应动作，而此时零序电流滤过器有不平衡电流输出并流过本保护，所以零序Ⅲ段的动作电流应按躲过最大不平衡电流来整定。零序Ⅲ段作为三段式零序电流的最末一段，考虑到在可能的高电阻接地故障情况下动作的灵敏系数要求，定值不应大于300A（一次电流值）。

零序过电流保护的灵敏系数，按保护范围末端接地短路时的最小零序电流来校验。作为近后备时，校验点取本线路末端，要求$K_{sen}\geqslant1.5$；作为下一线路的远后备时，校验点取下一线路末端，要求$K_{sen}\geqslant1.25$。

（4）零序反时限保护。Q/GDW 1161—2014《线路保护及辅助装置标准化设计规范》中要求 220kV 及以上的零序电流保护增设反时限保护。零序反时限保护兼作后备保护。零序电流保护反时限特性采用 IEC 标准反时限特性限曲线，即

$$t = \frac{0.14}{(3I_0/I_{op})^{0.02} - 1} t_p \tag{2-26}$$

同时要求：零序反时限保护启动时间超过 90s 应发告警信号，并重新启动开始计时。零序反时限保护启动元件返回时，告警复归。

Q/GDW 1161—2014《线路保护及辅助装置标准化设计规范》对保护装置的型号和功能进行了规范，零序电流反时限作为选配功能，型号后缀为 R，例如＊＊＊-931A-G-R 保护装置有零序电流反时限功能。华东电网要求 500kV 线路保护均选配零序电流反时限功能。

3. 零序方向电流保护

（1）方向性问题的提出。在双侧或多侧电源的电网中，电源处变压器的中性点一般至少有一点接地，以单相接地为例，如图 2-20（a）所示。当在线路上发生接地故障时，零序电流流经各个中性点接地变压器。图 2-20（b）、（c）分别画出了 k1 点与 k2 点短路时的零序等值网络。当在 k1 点短路时，应由保护 1 和 2 动作切除故障，但零序电流 $\dot{I}_{0N}$ 流过保护 2 与 3，保护 3 有可能误动。同理当在 k2 点短路时，保护 2 可能误动。因此，与方向电流保护相同，必须在零序电流保护上增加功率方向元件，判别零序电流的方向，构成零序方向电流保护。

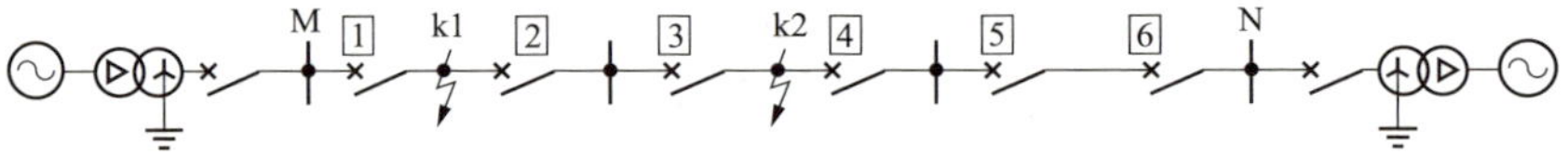

（a）网络图

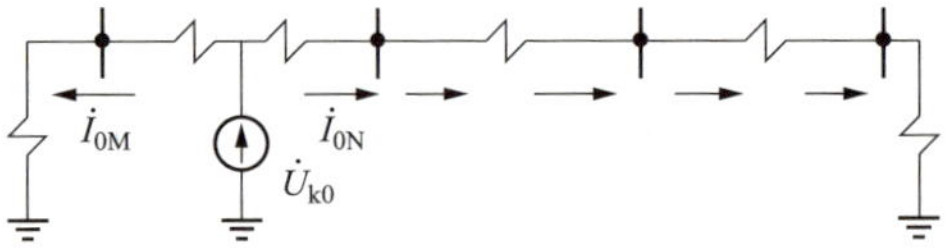

（b）k1点短路的零序等值网络

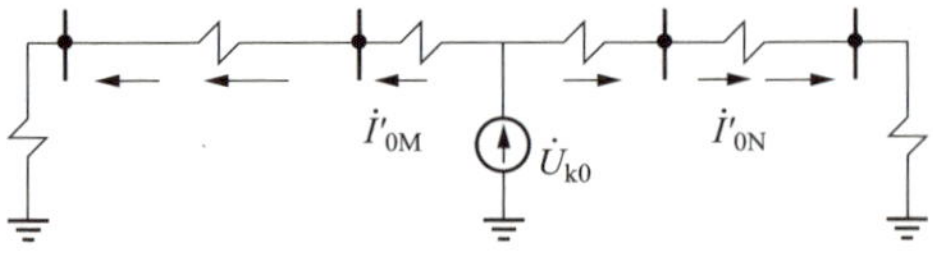

（c）k2点短路的零序等值网络

图 2-20　零序方向电流保护

（2）零序功率方向元件。由以上分析可知，无论是单相接地还是两相接地，正方向发生接地故障时，零序电压都超前零序电流 $\varphi_{k0}-180°$；而反方向发生接地故障时，零序电压超前零序电流 φ_{k0}，两者相差 180°。零序方向元件的实现有以下两种方法：

1）零序电压、零序电流的相位比较法。可以通过测量零序电压和零序电流的夹角，来判断故障是否在正方向。虽然不同保护厂家的动作方程各不相同，但都大同小异，式（2-27）为常用的动作方程，满足则正方向元件动作，反之元件不动作。即

$$-190° < \arg\frac{\dot{U}_0}{\dot{I}_0} < -10° \tag{2-27}$$

2）零序功率的幅值比较法。在正方向发生接地故障时，保护感受的零序功率为负值，因此可令

$$P_0 = 3U_0 \cdot 3I_0 \cdot \cos(\varphi - \varphi_1) \tag{2-28}$$

式中：φ 为 $3\dot{U}_0$ 超前于 $3\dot{I}_0$ 的夹角；φ_1 为线路零序阻抗角。

当正方向短路时，$\varphi=\varphi_1-180°$，因此得 $P_0=-3U_0 \cdot 3I_0$，P_0 为负的最大值。故而正方向的零序方向元件的动作方程可定为

$$\begin{cases} P_0 = 3U_0 \cdot 3I_0 \cdot \cos(\varphi - \varphi_1) < -1(\text{VA}) & 当\ I_N = 5\text{A}\ 时 \\ P_0 = 3U_0 \cdot 3I_0 \cdot \cos(\varphi - \varphi_1) < -0.2(\text{VA}) & 当\ I_N = 1\text{A}\ 时 \end{cases} \tag{2-29}$$

式中：I_N 为电流互感器二次侧的额定电流。

纵向不对称故障和接地故障，对零序方向来说都是正方向。因此当 220kV 及以上电压等级使用单相重合闸非全相期间，零序方向极易误动作。因此 Q/GDW 1161—2014《线路保护及辅助装置标准化设计规范》规定：线路非全相运行时的零序电流保护不考虑健全相再发生高阻接地故障的情况，当线路非全相运行时自动将零序电流保护最末段动作时间缩短 0.5s 并取消方向元件，作为线路非全相运行时不对称故障的总后备保护，并闭锁其余零序电流保护。

（3）阶段式零序方向电流保护。以某保护为例，其四段式零序方向电流保护的逻辑框图如图 2-21 所示。当投入“零序＊段经方向控制字”后该段只

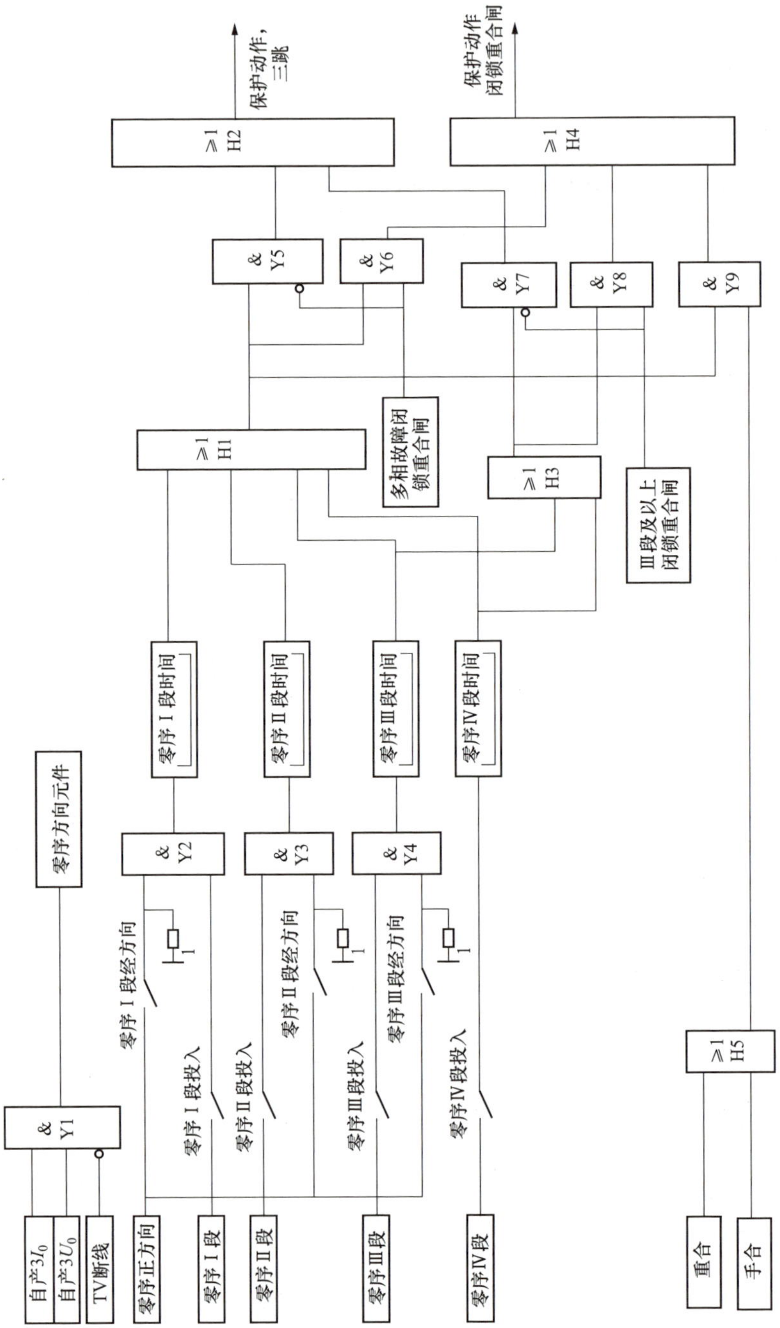

图 2-21 某保护 110kV 四段式零序方向电流保护的逻辑框图

有在零序方向元件动作后，零序电流保护才能动作于跳闸。当发生正方向接地故障时，零序方向元件判别功率方向为正而动作，电流元件流过故障电流动作，故保护跳闸。Ⅰ、Ⅱ、Ⅲ、Ⅳ段零序电流保护共用一个功率方向元件。

2.3.2 中性点不接地系统的接地保护

1. 中性点不接地系统单相接地时的电流和电压

在图2-22所示的中性点不接地电网中，用集中电容表示电网三相的对地电容，并设负荷电流为零，各相对地等值集中电容相等。正常运行时，电源和负荷都是对称的，故系统无零序电压和零序电流。

当在电网中发生单相接地故障时，三相电压不对称，电网出现零序电压。

各相电压相量如图2-22（b）所示，从相量图也可看出，$3\dot{U}_0$ 的大小是正常运行时A相电压的3倍，方向相反，B、C两相对地电压升高$\sqrt{3}$倍。

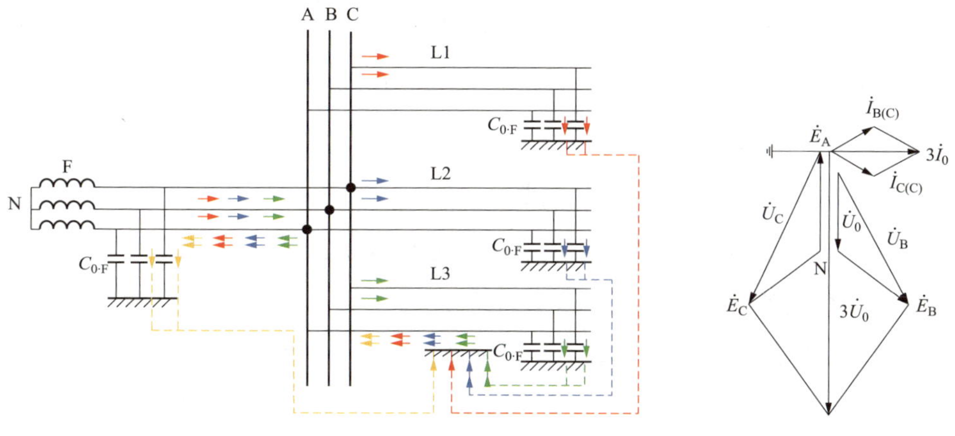

（a）电容电流分布图　　（b）电流、电压相量图

图2-22　中性点不接地系统单相接地

当A相接地时，由于 $\dot{U}_A=0$，各条线路A相对地电容电流 $\dot{I}_{A(C)}=0$，B、C相的电容电流 $\dot{I}_{B(C)}$、$\dot{I}_{C(C)}$ 则经大地、故障点、故障线路和电源构成回路，所以出现零序电容电流，由图2-22可见，非故障线路或元件零序电

容电流数值等于本身的对地电容电流，方向由母线流向线路，零序电流超前零序电压 90°。

故障线路始端的零序电流为整个电网非故障元件的零序电流之和，方向由线路流向母线，$3\dot{I}_0$ 滞后 $\dot{U}_0$90°。根据这些特点可构成各种中性点不接地电网的保护方式。

2. 中性点不接地电网单相接地的保护

中性点不接地电网发生单相接地时，由于故障点电流很小，三相线电压仍然对称，对负荷供电影响小，因此一般情况下允许再继续运行 1~2h，要求保护装置只发信号，而不必跳闸。为有针对性地开展故障线路巡视工作，通常要增设接地选线装置以选出故障线路。上海电网常用的接地选线原理有：

（1）零序功率法。接地选线装置接入电压互感器开口三角形和母线上各个间隔的零序电流，当零序电压大于整定值（通常为 30V）时，判断发生接地故障，保护开始启动选线逻辑，其原理为利用故障线路与非故障线路零序功率方向不同的特点，发生接地故障时，故障线路的零序电流滞后于零序电压 90°，非故障线路的零序电流超前零序电压 90°。若所有间隔的零序电流超前零序电压 90°，则判断为母线接地。

（2）零序电流群体比幅比相法。接地选线装置接入电压互感器开口三角形和母线上各条线路间隔的零序电流，当零序电压大于整定值（通常为 30V）时，判断发生接地故障，保护开始启动选线逻辑，其原理为利用故障线路零序电流最大及故障线路与非故障线路零序电流方向不同的特点。先选出零序电流最大的三个线路间隔，然后比较这三个线路间隔的零序电流相位，当其中一个线路间隔的零序电流相位与另两个相反时，判断该线路发生接地。

其余选线方法有注入信号法、五次谐波法和暂态分量法等，但这些选线方法在上海电网中应用较少，不再赘述，读者可自行查询相关资料。

2.3.3 中性点经小电阻接地系统的接地保护

近年来随着城市化步伐的不断加快，上海电网中电缆线路的比重逐渐上升。电缆的电容电流远大于架空线电容电流，因此需要根据电容电流增长适时改造消弧线圈提高补偿的容量，以适应大的电容电流补偿要求。电缆发生瞬时接地的概率较小，多为永久性接地，同时考虑到设备的绝缘及安全性，因此在上海 35kV 和 10kV 电网中，中性点经小电阻的接地方式得到了广泛应用。按照《国网上海市电力公司生产技术改造原则》规定：对于中性点不接地的变电站，当电容电流接近或超过 10A 时，应采用加装中性点小电阻接地进行改造。对于中性点经消弧线圈接地的变电站，当电容电流接近或超过 80A 时，应将消弧线圈改造为小电阻。而接地电阻的选择，是按照限制单相接地电流不超过 1kA 的原则选择。

经小电阻接地后，由于零序阻抗不再是无穷大，在线路发生单相金属性接地故障时，有较大的接地电流，保护装置可以根据检测到的故障电流，快速切除配电系统中的接地线路，从而不易使故障点发展为两点接地故障，有利于缩短故障线路修复时间。其零序电流保护采用两段式。

1. 零序电流 Ⅰ 段

零序电流 Ⅰ 段的整定原则为对本线路单相接地故障有灵敏度不小于 2，且与相邻元件零序电流保护 Ⅰ 段定值配合。

2. 零序电流 Ⅱ 段

零序电流 Ⅱ 段整定原则为对本线路经电阻单相接地故障有灵敏度、可靠躲过线路的电容电流，且与相邻元件零序电流保护 Ⅱ 段定值配合。

3. 间歇接地保护

近年来，在上海电网的实际应用中发生了多起间歇性接地故障（如绝缘导线断线并接地，由于导线外部包裹着绝缘皮，经常发生间歇性接地）导致中性点接地电阻烧毁的严重事故：当线路发生间歇性接地故障时，由于接地电流较小，并且具有间歇性的特点，传统的继电保护装置对这种现象没有针对性的措施，造成线路零序电流保护虽然启动但未到动作时间故障又间歇性消失，不能快速切除故障线路，使配电网长期处于故障状态。同时中性点小电阻长期处于工作状态，会出现发热严重的现象，甚至烧毁烧断。此时小电阻抑制间歇性接地过电压的优势将会失去，甚至电阻烧毁后配电网成为不接地系统，那么由此产生的弧光过电压将对整个电网产生极大危害。

针对间歇性接地故障，上海电网提出间歇接地保护。逻辑如下：

间歇接地保护采用外接零序电流 $3I_0$ 和自产零序电压 $3U_0$。当 $3I_0$ 达到 150A（一次值）以上时，如果投入 $3U_0$ 闭锁的同时满足 $3U_0$ 大于 10V（二次值），经 20ms 延时（即故障至少持续一个周波），则确认此次故障脉冲的产生，间歇接地保护启动，时间元件开始计数。故障脉冲消失时，启动展宽 1000ms，在展宽的 1000ms 内如果再次有故障脉冲，则在新的故障脉冲消失时再重新展宽 1000ms，以后依次展宽，期间时间元件一直计数，当计时达到整定出口时间（“间歇接地时间”）后，如果“间歇接地投入”控制字投入，则出口跳闸。如果在展宽的 1000ms 以内没有新的故障脉冲出现，则间歇接地保护返回，时间计数器清零。间歇接地保护不启动重合闸，逻辑图如图 2-23 所示。

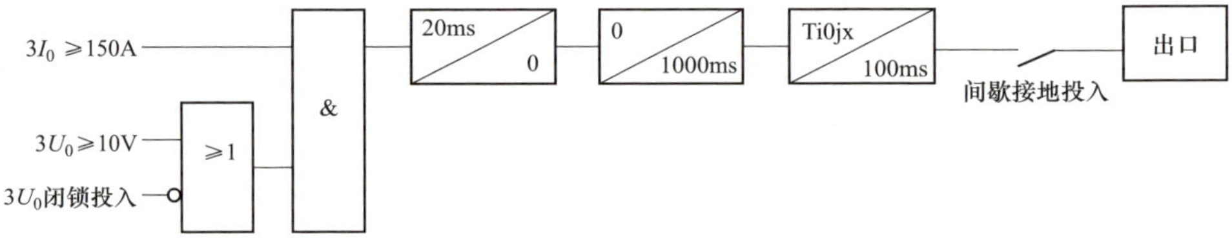

图 2-23　间歇接地保护逻辑图

间歇接地保护零序电流、零序电压定值均为固定值，无须整定。其中零序电流为一次值为 150A，在程序中自动根据系统参数中的零序 TA 额定一次值、额定二次值折算成二次值，因此必须根据实际情况整定零序 TA 额定一次值、额定二次值。因时间元件故障脉冲消失后展宽 1000ms，所以上下级保护时间阶梯 Δt 必须大于 1s，通常取 1.3s。

2.4 上海电网线路电流保护整定原则及实例

2.4.1 上海电网35~110kV线路电流电压保护整定计算原则

1. 电流速断整定计算原则

图2-24所示的系统接线是上海电网中常见的接线方式，母线A通过线路L1、母线B和变压器T1向母线C供电。由于线路L1只向变压器T1传输电能，因此当变压器发生故障时，线路L1的电流速断保护动作，并不会扩大停电范围，因此线路L1的电流速断保护不用躲过线路末端k1处最大三相短路电流，只需要和变压器T1相关保护进行配合整定，保护范围伸进变压器，但不伸出变压器低压侧，并按式（2-5）折算到二次侧。

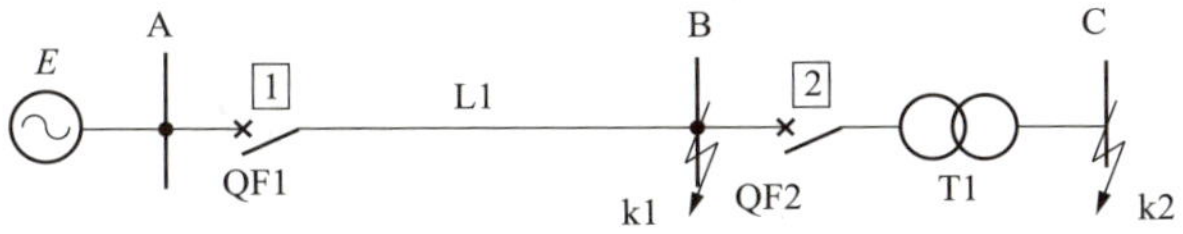

图2-24 接入供电变压器的系统接线图

（1）当变压器配置差动保护为主保护时。当变压器配置差动保护作为主保护时，差动保护有良好的选择性，无须躲过中低压侧母线k2处三相故障，流过变压器最大穿越性电流，差动保护整定值较小。因此线路L1的电流速断保护定值可按躲过最大运行方式下变压器低压侧母线k2处三相短路电流值整定，线路L1的电流速断保护整定值$I^{\mathrm{I}}_{\mathrm{set.1}}$计算公式如下：

$$I^{\mathrm{I}}_{\mathrm{set.1}} \geqslant K^{\mathrm{I}}_{\mathrm{rel}} I^{(3)}_{\mathrm{k.D.max}} \tag{2-30}$$

式中：$I^{(3)}_{\mathrm{k.D.max}}$为最大运行方式下，变压器T1低压母线发生三相短路时流过保护1（即线路L1）的短路电流。

工程应用中，可靠系数取$K^{\mathrm{I}}_{\mathrm{rel}} \geqslant 1.3$。

（2）当变压器配置电流速断保护为主保护时。当变压器仅配置电流速断保护为主保护时，此时线路 L1 的电流速断保护范围应小于变压器 T1 的电流速断保护范围，即按躲过各台变压器中最大速断电流定值配合整定。此时线路 L1 的电流速断保护整定值 $I^{\mathrm{I}}_{\mathrm{set.1}}$ 计算公式如下：

$$I^{\mathrm{I}}_{\mathrm{set.1}} \geqslant K^{\mathrm{I}}_{\mathrm{rel}}{}' I^{\mathrm{I}}_{\mathrm{set.2}} \tag{2-31}$$

式中：$K^{\mathrm{I}}_{\mathrm{rel}}{}'$为线路 L1 电流速断保护与变压器 T1 的速断保护 $I^{\mathrm{I}}_{\mathrm{set.2}}$ 的可靠系数，取 $K^{\mathrm{I}}_{\mathrm{rel}}{}' \geqslant 1.1$；$I^{\mathrm{I}}_{\mathrm{set.2}}$ 为变压器 T1 的电流速断保护一次动作电流。

2. 电流电压速断整定计算原则

上海电网中电流电压速断保护主要用于 35kV 线路。为保证对线路末端的故障灵敏反应，选择以电压元件作为测量元件、电流元件作为闭锁元件的整定方式，其原则如下：

（1）电流整定值。按最小运行方式下，线路末端（最远处）两相短路故障时有足够灵敏度考虑。

$$I^{\mathrm{I}}_{\mathrm{set.1}} \leqslant I^{(2)}_{\mathrm{k.min}} / K_{\mathrm{sen}} \tag{2-32}$$

或者

$$I^{\mathrm{I}}_{\mathrm{set.1}} \leqslant \frac{\sqrt{3}}{2} I^{(3)}_{\mathrm{k.min}} / K_{\mathrm{sen}} = 0.866 I^{(3)}_{\mathrm{k.min}} / K_{\mathrm{sen}} \tag{2-33}$$

式中：K_{sen} 为灵敏系数，一般取 1.25～1.3；$I^{(2)}_{\mathrm{k.min}}$ 为线路末端故障最小两相短路电流；$I^{(3)}_{\mathrm{k.min}}$ 为线路末端故障最小三相短路电流。

（2）电压整定值。

1）按变压器低压侧三相短路电流为动作电流定值 $I^{\mathrm{I}}_{\mathrm{set.1}}$ 时，电压元件不应动作，按躲过保护安装处母线最低残压整定。即电压元件二次侧线电压整定值为 $U^{\mathrm{I}}_{\mathrm{op.1}}$，计算公式如下：

$$U^{\mathrm{I}}_{\mathrm{op.1}} \leqslant 100 \times \frac{I^{\mathrm{I}}_{\mathrm{set.1}}}{I_{\mathrm{B}}} Z_{\mathrm{LT}} / K_{\mathrm{rel}} \tag{2-34}$$

式中：100 为电压互感器线电压二次侧额定电压 100V；Z_{LT} 为线路-变压器组的最小阻抗标幺值；K_{rel} 为可靠系数，一般取 1.2～1.3；I_{B} 为基准电流，按基准容量 $S_{\mathrm{B}} = 100\mathrm{MVA}$ 计算，220kV 为 251A，110kV 为 502A，35kV 为 1650A。

2）按最大运行方式下，线路末端故障，电压有1.2~1.3倍灵敏度考虑。即电压元件二次侧线电压整定值为$U_{op.1}^{I}$，计算公式如下：

$$U_{op.1}^{I} \geqslant K_{sen} \frac{Z_L}{Z_L + Z_s} \times 100 \tag{2-35}$$

式中：Z_L为线路的最大阻抗标幺值；Z_s为系统等值阻抗，取最大运行方式的等值阻抗；K_{sen}为灵敏系数，一般取1.2~1.3，按最大运行方式下，线路末端故障，电压有1.2~1.3倍灵敏度考虑。

（3）当电流速断保护与电流电压速断保护相互配合，不能保证线路末端故障灵敏度时，可将电流速断保护改为限时电流速断保护，电流电压速断保护电流定值改为限时电流速断保护电流定值。具体如下：

1）保证线路末端故障有灵敏度，即

$$I_{set.1}^{II} \leqslant I_{k.min}^{(2)}/K_{sen} \tag{2-36}$$

或者
$$I_{set.1}^{II} \leqslant \frac{\sqrt{3}}{2} I_{k.min}^{(3)}/K_{sen} = 0.866 I_{k.min}^{(3)}/K_{sen} \tag{2-37}$$

式中：K_{sen}为灵敏系数，取$K_{sen} \geqslant 1.3$；$I_{k.min}^{(2)}$为线路末端故障最小两相短路电流；$I_{k.min}^{(3)}$为线路末端故障最小三相短路电流。

2）保护动作时间与下级保护配合。保护动作时间比下级保护高Δt。

3. 定时限过电流保护整定计算原则

以图2-4中保护2为例。

（1）按躲过最大负荷电流整定，即

$$I_{set.2}^{III} \geqslant \frac{K_{rel}^{III}}{K_{re}} I_{load} \tag{2-38}$$

式中：K_{rel}^{III}为可靠系数，一般采用1.3；K_{re}为返回系数，取0.85；I_{load}为各变压器额定电流之和。

（2）按最小运行方式下，线路末端两相短路时有1.5倍灵敏度，有

$$I_{set.2}^{III} \leqslant I_{k.min}^{(2)}/K_{sen} \tag{2-39}$$

或者
$$I_{set.2}^{III} \leqslant \frac{\sqrt{3}}{2} I_{k.min}^{(3)}/K_{sen} = 0.866 I_{k.min}^{(3)}/K_{sen} \tag{2-40}$$

式中：K_{sen} 为灵敏系数，一般取 1.5；$I_{k.min}^{(2)}$ 为线路末端故障最小两相短路电流；$I_{k.min}^{(3)}$ 为线路末端故障最小三相短路电流。

（3）按与上一级元件的定时限过电流保护配合整定，则

$$I_{set.2}^{III} \leqslant I_{set.1}^{III}/K_{rel}^{III} \tag{2-41}$$

式中：$I_{set.1}^{III}$ 为上一级保护 1 的定时限过电流保护一次定值；K_{rel}^{III} 为可靠系数，取 1.1～1.15。

（4）按最小运行方式下，所送主变压器低压侧故障有 1.2～1.3 倍灵敏度。

由于变压器绕组接线不同，分两种情况：

1）当下级主变压器接线方式为 Yd 或 Dy 接线时：

$$I_{set.2}^{III} \leqslant I_{k.min}^{(3)}/K_{sen} \tag{2-42}$$

式中：K_{sen} 为灵敏系数，一般取 1.2～1.3；$I_{k.min}^{(3)}$ 为所送主变压器低压侧故障最小三相短路电流。

2）当主变压器接线方式为 Yy 接线时：

$$I_{set.2}^{III} \leqslant \frac{\sqrt{3}}{2}I_{k.min}^{(3)}/K_{sen} = 0.866I_{k.min}^{(3)}/K_{sen} \tag{2-43}$$

式中：K_{sen} 为灵敏系数，一般取 1.2～1.3；$I_{k.min}^{(3)}$ 为所送主变压器低压侧故障最小三相短路电流。

（5）时间定值与上级保护时间定值配合。保护动作时间比上级保护定时限过电流保护快 Δt。

2.4.2 上海电网 10kV 线路电流保护整定计算原则

1. 速断整定计算原则

（1）躲过断路器合闸时的线路最大励磁涌流。励磁涌流是指变压器空载合闸时的暂态冲击电流，通常 10kV 线路配电变压器均 T 接于线路上，因此线路合闸时的励磁涌流会很大，但会逐渐衰减。由于速断是瞬动，如果整定值小于线路最大励磁涌流，那么线路合闸时极易误动。因此线路 L1 的电流速断

保护整定值 $I^{\mathrm{I}}_{\mathrm{set.1}}$ 考虑此条件的计算公式如下：

$$I^{\mathrm{I}}_{\mathrm{set.1}} \geqslant K^{\mathrm{I}}_{\mathrm{rel}} I_{\mathrm{load.max}} \tag{2-44}$$

式中：$I_{\mathrm{load.max}}$ 为线路最大负荷电流；$K^{\mathrm{I}}_{\mathrm{rel}}$ 为可靠系数，取 3~5。

（2）躲过线路支接配电变压器低压侧三相短路电流。线路支接配电变压器配有熔丝或者柱上断路器，为保证选择性，配电变压器低压侧三相短路应有熔丝或者柱上断路器动作切除故障配电变压器。因此线路 L1 的电流速断保护整定值 $I^{\mathrm{I}}_{\mathrm{set.1}}$ 考虑此条件的计算公式如下：

$$I^{\mathrm{I}}_{\mathrm{set.1}} \geqslant K^{\mathrm{I}}_{\mathrm{rel}} I^{(3)}_{\mathrm{k.max}} \tag{2-45}$$

式中：$I^{(3)}_{\mathrm{k.max}}$ 为线路支接单台配电变压器低压侧最大三相短路电流；$K^{\mathrm{I}}_{\mathrm{rel}}$ 为可靠系数，取 1.3~1.4。

（3）线路始端相间短路有足够的灵敏度，因此线路 L1 的电流速断保护整定值 $I^{\mathrm{I}}_{\mathrm{set.1}}$ 考虑此条件的计算公式如下：

$$I^{\mathrm{I}}_{\mathrm{set.1}} \leqslant I^{(2)}_{\mathrm{k.min}} / K_{\mathrm{sen}} \tag{2-46}$$

式中：$I^{(2)}_{\mathrm{k.min}}$ 为线路始端最小两相短路电流；K_{sen} 为灵敏系数，取 $K_{\mathrm{sen}} \geqslant 2$。

（4）当满足上述三个条件后，再综合考虑线路末端两相短路有灵敏度。线路较长的 10kV 架空线路，当线路后端受雷击后，雷电流经线路阻抗衰减后不足以威胁变电站设备时，可不考虑线路后端相间短路有灵敏度。

2. 过电流保护整定计算原则

（1）躲过线路最大允许负荷电流：

$$I^{\mathrm{III}}_{\mathrm{set.2}} \geqslant \frac{K^{\mathrm{III}}_{\mathrm{rel}}}{K_{\mathrm{re}}} I_{\mathrm{load.max}} \tag{2-47}$$

式中：$K^{\mathrm{III}}_{\mathrm{rel}}$ 为可靠系数，一般采用 1.3；K_{re} 为返回系数，取 0.85 ~ 0.95；$I_{\mathrm{load.max}}$ 为线路最大负荷电流。

（2）线路末端相间短路故障有灵敏度：

$$I^{\mathrm{III}}_{\mathrm{set.2}} \leqslant I^{(2)}_{\mathrm{k.min}} / K_{\mathrm{sen}} \tag{2-48}$$

或者

$$I^{\mathrm{III}}_{\mathrm{set.2}} \leqslant \frac{\sqrt{3}}{2} I^{(3)}_{\mathrm{k.min}} / K_{\mathrm{sen}} = 0.866 I^{(3)}_{\mathrm{k.min}} / K_{\mathrm{sen}} \tag{2-49}$$

式中：K_{sen} 为灵敏系数，一般取 1.5；$I_{k.min}^{(2)}$ 为线路末端故障最小两相短路电流；$I_{k.min}^{(3)}$ 为线路末端故障最小三相短路电流。

1）与相邻变电站 10kV 馈线通过熔丝、杆上闸刀连接，当相邻变电站 10kV 馈线相间故障时，应有足够的灵敏度。

2）长线路的线路末端相间短路，定时限过电流保护没有足够灵敏度时，考虑在第一级熔丝或柱上断路器处相间故障有 1.5 倍灵敏度。

（3）过电流保护之间的配合。

1）上、下级过电流保护的电流定值应配合，配合系数取 1.1~1.2。

2）上、下级过电流保护时间整定应有配合级差：

a）定时限保护之间的配合级差为 0.3~0.5s。

b）反时限保护之间：下一级线路保护安装处故障时分别流过两套反时限过电流保护的最大短路电流所对应的动作时间应配合，配合级差为 0.5~0.7s；上、下级反时限保护之间、熔丝与熔丝之间配合级差的校核，选用下级出口最大短路电流作为校核点。

c）下级反时限与上级定时限之间：求出上一级定时限过电流保护范围末端故障时流过本线路反时限过电流保护的电流，并查出对应的动作时间，此动作时间应小于上一级定时限过电流保护动作时间，配合级差为 0.5~0.7s。

d）下级定时限与上级反时限之间：应求出下一级线路保护安装处故障时流过本线路的最大短路电流，并查出本线路反时限过电流保护对应的动作时间，此动作时间应大于下一级定时限过电流保护动作时间，配合级差为 0.5~0.7s。

e）电磁型保护，上、下级保护之间时间级差应取上限值。

f）反时限级差不满足上述要求的上下级保护属同级。

2.4.3 上海电网线路电流保护整定实例

整定计算原则只限定了可靠系数和灵敏系数的取值范围，实际整定计算时，要根据电网结构和已知的上级保护定值，对于四性要统筹兼顾，不能偏颇。

【例2-2】 某35kV系统接线图如图2-25所示，B变电站35kV母线最大运行方式时，系统正序阻抗标幺值为0.2；最小运行方式下，系统正序阻抗标幺值为0.4（基准 $S_B=100MVA$，$U_B=35kV$）。各变压器阻抗均配置差动保护，其标幺值如图2-25所示。线路各段型号、单位长度阻抗标幺值 z 及长度 l 见表2-2，上级过电流保护定值为1200A，电流互感器变比为400/5，计算该线路电流保护整定值。

表2-2 线路各段参数

导线段	型号	每千米线路阻抗标幺值	长度（km）
①	LGJ-185	0.0139+j0.0298	0.064
②	LGJ-185	0.0139+j0.0298	2.015
③	YJV/35-3×400	0.00443+j0.00806	0.437
④	LGJ-185	0.0139+j0.0298	9.267
⑤	LGJ-185	0.0139+j0.0298	1.987
⑥	YJV/35-3×400	0.00443+j0.00806	0.17
⑦	LGJ-185	0.0139+j0.0298	9.272
⑧	YJV/35-3×400	0.00443+j0.00806	1.88
⑨	LGJ-185	0.0139+j0.0298	0.158

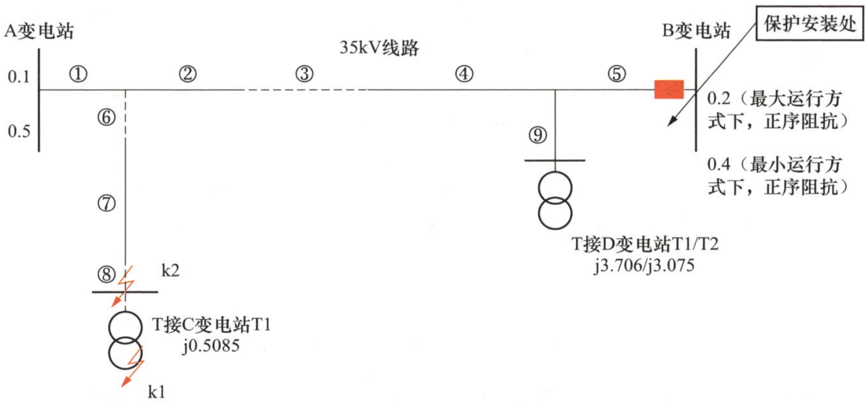

图2-25 系统接线图

解：1. 阻抗参数计算

（1）该35kV线路为架空电缆混合线路，阻抗标幺值 $Z=zl$，计算各段导线阻抗标幺值，结果见表2-3。

表2-3　　线路各段阻抗标幺值

导线段	每千米线路阻抗标幺值	长度（km）	阻抗标幺值
①	0. 0139+j0. 0298	0. 064	0. 00089+j0. 001907
②	0. 0139+j0. 0298	2. 015	0. 028009+j0. 060047
③	0. 00443+j0. 00806	0. 437	0. 001936+j0. 003522
④	0. 0139+j0. 0298	9. 267	0. 128811+j0. 276157
⑤	0. 0139+j0. 0298	1. 987	0. 027619+j0. 059213
⑥	0. 00443+j0. 00806	0. 17	0. 000753+j0. 00137
⑦	0. 0139+j0. 0298	9. 272	0. 128881+j0. 276306
⑧	0. 00443+j0. 00806	1. 88	0. 008328+j0. 015153
⑨	0. 0139+j0. 0298	0. 158	0. 002196+j0. 004708

依据上海电网整定原则，电流速断保护按最大运行方式下躲过变压器低压侧三相短路时的最大短路电流整定，即变压器低压侧到系统短路阻抗最小。按最小三相短路电流校验灵敏度，即线路阻抗最大处。

（2）从B变电站到C变电站的变压器T1，经过导线段②③④⑤⑥⑦⑧。

1）因此，线路BC的阻抗标幺值为导线段②③④⑤⑥⑦⑧的阻抗标幺值之和，即

$$
\begin{aligned}
Z_{BC*} &= (0.028009+j0.060047)+(0.001936+j0.003522) \\
&\quad +(0.128811+j0.276157)+(0.027619+j0.059213) \\
&\quad +(0.000753+j0.00137)+(0.128881+j0.276306) \\
&\quad +(0.008328+j0.015153) \\
&= 0.324337+j0.691767 = 0.764\angle 65^\circ
\end{aligned}
$$

2）由图2-25可知，C变电站的变压器T1阻抗标幺值为j0. 5085。

（3）从B变电站到D变电站T1/T2，经过导线段⑤⑨。

1）因此，线路BD的阻抗标幺值为导线段⑤⑨的阻抗标幺值之和，即

$$Z_{BD*}=(0.027619+j0.059213)+(0.002196+j0.004708)$$
$$=0.029816+j0.063921=0.0705\angle 65°$$

2）由图2-25可知，D变电站的变压器T1/T2阻抗标幺值为j3.075。

（4）从B变电站到A变电站，经过导线段①②③④⑤。

因此，线路BA的阻抗标幺值为导线段①②③④⑤的阻抗标幺值之和，即

$$Z_{BA*}=(0.00089+j0.001907)+(0.028009+j0.060047)$$
$$+(0.001936+j0.003522)+(0.128811+j0.276157)$$
$$+(0.027619+j0.059213)=0.187265+j0.400846=0.442\angle 65°$$

综上所述：

变压器低压侧最小短路阻抗点为C变电站T1低压侧，其电抗值为

$$X_*=X_{BC}+X_{T1}=j0.691767+j0.5085=j1.2$$

线路最大的短路阻抗点为故障点在C变电站母线侧，其阻抗值$Z_{BC*}=0.764$。

2. 短路计算

$$I_B=S_B/(\sqrt{3}U_B)$$
$$=100\times10^3/(\sqrt{3}\times35)$$
$$=1650(A)$$

（1）变压侧低压侧k1处故障时，最大三相短路电流为

$$I_{k.D.max}^{(3)}=I_B\times I_*=I_B\times E_*/(X_{S.min*}+X_{BC*}+X_{T1*})$$
$$=1650\times1/(0.2+0.691767+0.5085)$$
$$=1178(A)$$

（2）线路末端k2处故障时，最小三相短路电流为

$$I_{k.min}^{(3)}=I_B\times I_*=I_B\times E_*/[R_{BC}+j(X_{S.max}+X_{BC})]$$
$$=1650/[0.324337+j(0.4+0.691767)]$$
$$=1448(A)$$

3. 整定计算

（1）电流速断，按最大运行方式下躲过变压器低压侧三相短路时的最大

短路电流 $I_{k.D.max}^{(3)}$ 整定，即

$$I_{op}^{I}=\frac{I_{set}^{I}}{n_{TA}}\geqslant\frac{K_{rel}^{I}I_{k.D.max}^{(3)}}{n_{TA}}$$
$$=1.4\times1178\times5/400$$
$$=20.62(A)$$

说明：计算时可靠系数取 1.4，400/5 为电流互感器变比。

所以电流速断取 21A，0s。

（2）电流电压速断。

1）电流定值按最小运行方式下，线路末端（最远处）两相短路故障时有足够灵敏度整定，即

$$I_{op}^{I}=\frac{I_{set}^{I}}{n_{TA}}\leqslant\frac{0.866I_{k.min}^{(3)}}{K_{sen}n_{TA}}$$
$$=0.866\times1448/1.3\times5/400$$
$$=12(A)$$

说明：灵敏系数取 1.3。

2）电压定值按变压器低压侧三相短路电流为动作电流定值 I_{op}^{I} 时，躲过保护安装处母线最低残压整定，即

$$U_{op}^{I}\leqslant100\times\frac{I_{set}^{I}}{I_{B}}Z_{LT}/K_{rel}$$
$$=100\times\frac{I_{op}^{I}n_{CT}}{I_{B}}Z_{LT}/K_{rel}$$
$$=100\times12\times(400/5)/(1.2\times1650)$$
$$=48(V)$$

说明：可靠系数取 1.2。

所以电流电压速断取 10A，40V，0.3s。

3）按最大运行方式下，线路末端故障，电压有 1.2~1.3 倍灵敏度校验，即

$$U_{op.1}^{I} \geqslant K_{sen}\frac{Z_L}{Z_L+Z_s}\times 100$$

$$=1.2\times(0.324337+j0.691767)/[0.324337+j(0.2+0.691767)]\times 100$$

$$=80(V)$$

说明：灵敏系数取 1.2。

所以电压保护不能保证线路末端故障灵敏度，因此将电流速断改为过电流Ⅱ段。

（3）过电流Ⅱ段。

1）按保证线路末端故障有灵敏度整定，即

$$I_{op}^{II}=\frac{I_{set}^{II}}{n_{TA}}\leqslant\frac{0.866I_{k.min}^{(3)}}{K_{sen}n_{TA}}$$

$$=0.866\times 1448/1.3\times 5/400$$

$$=12(A)$$

说明：纯过电流保护，灵敏系数取 1.3。

2）按与上级过电流定值 1200A 配合整定，即

$$I_{op}^{II}=\frac{I_{set}^{II}}{n_{TA}}\leqslant\frac{I_{set.1}^{II}}{K_{rel}^{II}n_{TA}}$$

$$=1200/(1.15\times 400/5)$$

$$=13(A)$$

说明：配合性可靠系数取 1.15。

所以过电流Ⅱ段取 10A，2s。

（4）过电流Ⅲ段。

1）按躲过最大负荷电流整定，即

$$I_{op}^{III}=\frac{I_{set}^{III}}{n_{TA}}\geqslant\frac{K_{rel}^{III}}{K_{re}n_{TA}}I_{load.max}$$

$$=1.3/0.85\times 5/400\times 400$$

$$=7.65(A)$$

说明：躲过最大负荷电流，最大负荷电流取电流变压器一次额定电流400A，可靠系数取1.3，返回系数取0.85。

2）按最小运行方式下，线路末端两相短路时有1.5倍灵敏度校验，即

$$I_{op}^{III}=\frac{I_{set}^{III}}{n_{TA}}\leqslant\frac{0.866I_{k.min}^{(3)}}{K_{sen}n_{TA}}$$

$$=0.866\times1448/1.5\times5/400$$

$$=10(A)$$

所以过电流Ⅲ段取8A，2.5s。

综上所述，B变电站35kV线路保护（即保护安装处）的整定配置见表2-4。

表2-4　B变电站35kV线路保护的整定配置表

保护装置	变比	继电器型号	整定值	时间
电流电压速断	400/5	CSD-211	10A，40V	0.3s
过电流Ⅱ段			10A	2s
过电流Ⅲ段			8A	2.5s

【例2-3】 以10kV线路保护反时限为例，已知A开关站进线在上级电源站配置过电流反时限保护，其TA变比、电流定值和时间系数分别为600/5、7A、0.19s和400/5、7A、0.15s，均为一般反时限。A开关站出线TA变比为400/5，整定A开关站某出线反时限定值。

解：将A开关站进线在上级电源站配置的过电流反时限保护定值折算到一次侧：

（1）$I=7\times600/5=840$（A），0.19s。

（2）$I=7\times400/5=560$（A），0.15s。

所以，某出线反时限与400/5、7A、0.15s配合。

为使上下级反时限保护配合，A开关站某出线电流定值I_{op}应小于7A，时间系数t_p应小于0.15，同时为下级保护配置留有余地，定值不宜过分降低。所以取$I_{op}=6A$，$t_p=0.1$。

校核反时限配合：

将 $I=2I_{op}$，$I=3I_{op}$，$I=5I_{op}$，$t_p=0.1$ 分别代入 $t=\frac{0.14}{(I/I_{op})^{0.02}-1}t_p$ 可得出线保护在相应电流时的动作时间，见表 2-5。

表 2-5　　A 开关站某出线反时限配合表

开关站出线保护	变比	定值 I_{op}	时间系数 t_p	2 倍时间	3 倍时间	5 倍时间
	80	6A	0.1	1.00s	0.63s	0.43s
上级进线保护	变比	定值 I_{op}	时间系数 t_p	对应时间	对应时间	对应时间
	80	7A	0.15	1.94s	1.10s	0.71s

从表 2-5 可以看出当故障电流为出线反时限的 2 倍动作值时，上下级保护动作时间差，即 2 倍级差为 1.94-1=0.94（s）。类似的可以求出 3 倍级差和 5 倍级差分别为 0.47s 和 0.28s。

随着 A 开关站线路上故障电流逐渐增大，与上级反时限的动作级差越来越小，当一次故障电流达到 5 倍动作值（即 5×6×400/5=2400A）时，动作级差为 0.28s。当故障电流再增大时，上下级反时限保护时间级差小于 0.3s，上下级之间失去配合性，这是反时限过电流保护的一大弊端。

因此，A 开关站某出线反时限过电流取 6A、0.1s。

小结

瞬时电流速断保护又称第Ⅰ段电流保护，它是反应电流升高，不带时限动作的一种电流保护。限时电流速断保护又称第Ⅱ段电流保护。限时电流速断要保护全线路，在线路末端短路时它应动作。定时限过电流保护又称第Ⅲ段电流保护。线路正常运行时它不启动，而在发生短路时启动，并以整定的动作时限的配合来保证动作的选择性，使保护动作于跳闸。在阶段式过电流保护的基础上加装一个方向元件，就构成了方向过电流保护。零序电流保护与相间电流保护类似，也可以构成阶段式保护。对于110kV及以下的网络，三段式或反时限的电流保护可以作为线路相间短路的主保护以及后备保护，能够以较短的时间切除故障，保证电力系统的安全运行；零序电流保护可以作为单相接地故障的保护。对于220kV及以上的输电线路，由于网络结构比较复杂，系统的运行方式变化比较大，三段式相间电流保护的保护范围变化比较大，不一定能够满足对保护“四性”的基本要求，可以考虑三段式距离保护；另外，由于变压器中性点接地位置基本不变，零序网络比较稳定，三段式零序电流保护、方向性零序电流保护仍然可以作为220kV及以上输电线路接地短路的主保护和后备保护，能够有效切除故障，保证电力系统的安全运行。

习题与思考题

2-1　在电流保护整定计算中，为什么要引入可靠系数，其值考虑哪些因素后确定？

2-2　在什么情况下电流保护必须加装方向元件？

2-3　采用 90°接线方式有什么优点？

2-4　相间方向电流保护中，90°接线的功率方向元件一般使用的内角为多少度？为什么？

2-5　中性点直接接地系统发生接地故障时有什么特点？

2-6　零序电流保护为什么要加装方向元件？

2-7　中性点不接地系统单相接地时的电流和电压有什么特点？

2-8　上海电网中性点经小电阻接地系统对于接地故障配置了哪些保护？其整定计算原则有哪些？

2-9　上海电网整定原则中电流电压速断保护，闭锁元件和测量元件分别为什么？

2-10　上海电网过电流反时限使用什么特性？其表达式是什么？

第 3 章 CHAPTER THREE

线路的距离保护 03

线路的电流保护反应的是故障电流，因此保护范围要随系统运行方式的变化而变化，对于长距离、重负荷线路，由于线路的最大负荷电流可能与线路末端短路时的短路电流相差甚微，电流保护的灵敏性不能满足要求，而线路距离保护反应的是故障点至保护安装点的距离，弥补了线路电流保护的不足。距离保护是广泛运用在 110kV 及以上电压等级输电线路中的一种保护。

3.1 距离保护的基本原理

距离保护是反应故障点至保护安装处的距离，并根据距离的远近确定动作时间的一种保护装置。故障点距保护安装处越近，保护的动作时间就越短；故障点距保护安装处越远，保护的动作时间就越长，从而保证动作的快速性和选择性。与电流保护使用受系统运行方式变化影响很大的保护安装处流过的电流作为判据不同，理想的距离保护应使用的是度量数据（故障点距保护安装处的距离）作为判据，因此它的保护范围不受系统运行方式变化的影响。但就目前技术而言，测量故障点至保护安装处的距离很困难，工程上通过测量故障点至保护安装处的阻抗间接反应故障点距保护安装处距离来实现线路距离保护。严格来说，目前距离保护实际是阻抗保护，而测量故障阻抗受多种因素影响（如故障点的过渡电阻、系统振荡等），为能实现正确测量和故障判断，阻抗保护拥有继电保护中最复杂的逻辑。

3.1.1 测量电压和测量电流的选取

1. 测量阻抗

保护安装处母线测量电压与测量电流之比 $Z_m=\dfrac{\dot{U}_m}{\dot{I}_m}$，称为测量阻抗，正常运行时，测量电压是额定电压 $\dot{U}_N$，测量电流是负荷电流 $\dot{I}_{load}$，测量阻抗为负荷阻抗 $Z_m=\dot{U}_N/\dot{I}_{load}=Z_{load}$。负荷阻抗幅值较大，阻抗角为功率因数角，数值较小，如图 3-1 中的 Z_{load} 所示。发生金属性故障时，测量电压是母线处的残压 $\dot{U}_{mk}$，测量电流是故障电流 $\dot{I}_k$，测量阻抗为 $Z_m=\dot{U}_{mk}/\dot{I}_k$，等于保护安装处至故障

点的短路阻抗 Z_k，与故障点至保护安装处的距离成正比（忽略助增、外汲等因素影响），因此可用 Z_m 来反应故障距离。短路阻抗幅值较小，阻抗角为线路阻抗角，数值较大，如图 3-1 中的 Z_k 所示。

2. 保护安装处电压表达式

在三相电力系统中，会发生各种类型的故障，其中大部分是不对称故障，此时三相电流和三相电压均不相等，因此选取合适测量电压与测量电流是实现距离保护的基础。而选取测量电压与测量电流时，首先要了解在各种类型的故障时保护安装处电压和电流的变化情况。某线路如图 3-2 所示，已知线路三相电流分别为 $\dot{I}_A$、$\dot{I}_B$、$\dot{I}_C$，k 点三相电压分别为 $\dot{U}_{kA}$、$\dot{U}_{kB}$、$\dot{U}_{kC}$，单位长度的自阻抗为 Z_S、互阻抗为 Z_M。

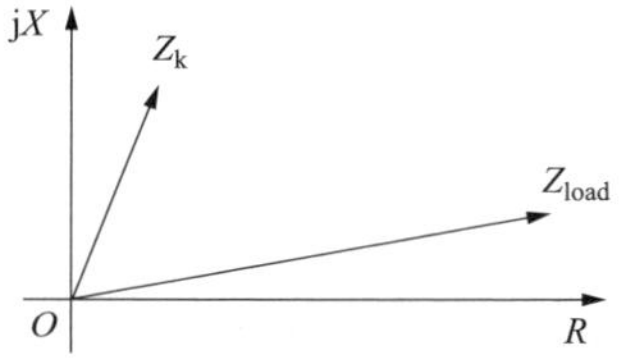

图 3-1　负荷阻抗和短路阻抗

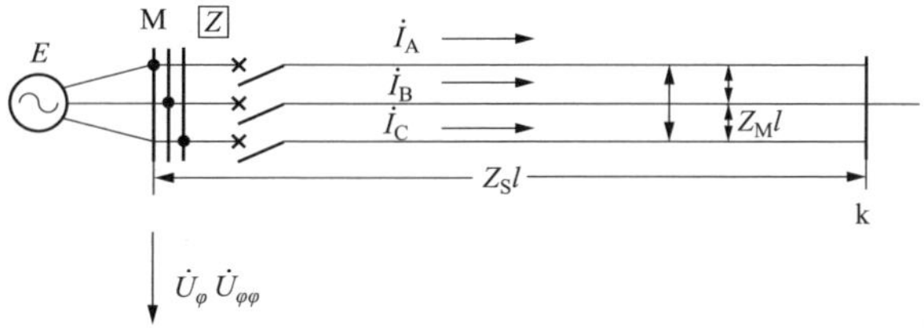

图 3-2　线路示意图

以母线 M 处 A 相电压 $\dot{U}_{MA}$ 为例：

$$\begin{aligned}\dot{U}_{MA} &= \dot{U}_{kA} + \dot{I}_A Z_S l + (\dot{I}_B + \dot{I}_C) Z_M l \\ &= \dot{U}_{kA} + \dot{I}_A (Z_S - Z_M) l + (\dot{I}_A + \dot{I}_B + \dot{I}_C) Z_M l \\ &= \dot{U}_{kA} + \dot{I}_A (Z_S - Z_M) l + 3\dot{I}_0 Z_M l\end{aligned} \tag{3-1}$$

由于保护装置定值设定都使用正序阻抗 Z_1、零序阻抗 Z_0，因此用 Z_1、Z_0 来表示 Z_S、Z_M：

$$Z_S = \frac{2Z_1 + Z_0}{3} \tag{3-2}$$

$$Z_M = \frac{Z_0 - Z_1}{3} \tag{3-3}$$

$$\begin{aligned}\dot{U}_{MA} &= \dot{U}_{kA} + \dot{I}_A Z_1 l + 3\dot{I}_0 \frac{Z_0 - Z_1}{3} l \\ &= \dot{U}_{kA} + \left(\dot{I}_A + \frac{Z_0 - Z_1}{3Z_1} 3\dot{I}_0\right) Z_1 l\end{aligned} \tag{3-4}$$

所以保护安装处的相电压 $\dot{U}_\varphi$ 表达式如下：

$$\dot{U}_\varphi = \dot{U}_{k\varphi} + Z_1 l(\dot{I}_\varphi + 3\dot{I}_0 \dot{K}) \tag{3-5}$$

式中：φ 为某相，φ=A、B、C；$\dot{K}$ 为零序电流补偿系数，$\dot{K}=\frac{Z_0-Z_1}{3Z_1}$。

同理保护安装处的线电压 $\dot{U}_{\varphi\varphi}$ 表达式如下：

$$\dot{U}_{\varphi\varphi} = \dot{U}_{k\varphi\varphi} + Z_1 l \dot{I}_{\varphi\varphi} \tag{3-6}$$

式中：$\varphi\varphi$ 为某相间，$\varphi\varphi$=AB、BC、CA。

零序电流补偿系数也可写为

$$\dot{K} = \frac{Z_0 - Z_1}{3Z_1} = \frac{Z_M}{Z_1} \tag{3-7}$$

式（3-7）表明，$Z_1 l \times 3\dot{I}_0 \dot{K}$ 的物理意义是其余两相的零序电流通过线路相间互感在本相线路上产生的压降。

这里有几点需要说明：

1）只要保护安装处到 k 点没有其他的分支电流（助增电流、外汲电流），例如保护安装处到 k 点没有短路故障（短路故障可以理解为在短路点有一个流出的分支电流——短路电流）以及没有其他线路形成的感应电流（平行双回线，一回线的零序电流会对另一回线形成感应电流）式（3-5）和式（3-6）都是恒成立的。把输电线路某相上的压降仅认为是该相相电流乘以线路的正序阻抗这个概念是片面的和有前提条件的。只有在零序电流为零时，输电线路某相上的压降才是该相相电流乘以线路的正序阻抗。

2）在任何短路故障类型下，对故障相或非故障相的相电压的计算，式（3-5）和式（3-6）都是适用的。例如，当线路上 k 点发生 A 相单相接地短路时，保护安装处的 C 相电压为 $\dot{U}_{MC}=\dot{U}_{kC}+Z_1 l\ (\dot{I}_C+3\dot{I}_0\dot{K})$。

所以式（3-5）和式（3-6）在某些教材中又被称为保护安装处相电压计

算的一般公式。

3. 接地故障

当线路在 k 点发生 A 相金属性接地短路时，$\dot{U}_{kA}^{(1)}=0$，因此保护安装处的 A 相电压 $\dot{U}_{MA}$ 表达式如下：

$$\dot{U}_{MA}=Z_1 l(\dot{I}_A+3\dot{I}_0\dot{K}) \tag{3-8}$$

为了使距离保护的测量阻抗不受运行方式的影响，为 $Z_m=Z_1 l$，所以必须增加补偿电流，使加入阻抗元件的测量电流为

$$\dot{I}_m=\dot{I}_A+3\dot{I}_0\dot{K} \tag{3-9}$$

则阻抗元件的测量阻抗为

$$Z_m=\frac{\dot{U}_m}{\dot{I}_m}=\frac{Z_1 l(\dot{I}_A+3\dot{I}_0\dot{K})}{\dot{I}_A+3\dot{I}_0\dot{K}}=Z_1 l \tag{3-10}$$

可见，反应接地故障的阻抗元件，采用加相电压和补偿后的相电流作为测量电压和测量电流能满足要求。该阻抗元件称为接地阻抗元件。

在发生两相金属性接地短路和三相金属性短路时，由于短路点的故障相电压也为零，按这种接线方式构成的故障相上的阻抗元件的测量阻抗也等于短路点到保护安装处的正序阻抗 Z_1，所以接地阻抗元件可以保护各种接地短路和三相短路。

需要说明的是，阻抗元件的接线方式是针对模拟量继电器保护的说法。在模拟量继电器保护中，每个阻抗继电器都有相应的电流、电压接入判别硬件，这个继电器上接入的电压、电流的矢量关系就称作该继电器的接线方式。在微机保护中，阻抗元件是由软件的算法实现的，它的接线方式实际上指的是阻抗元件在计算时所用到的电压和电流及矢量关系。

4. 相间故障

当线路在 k 点发生 BC 相间短路时，$\dot{U}_{kB}^{(2)}\neq 0$，$\dot{U}_{kC}^{(2)}\neq 0$，显然接地阻抗元件无法正确测量短路阻抗。但 $\dot{U}_{kB}^{(2)}=\dot{U}_{kC}^{(2)}$，即 $\dot{U}_{kBC}^{(2)}=0$，所以保护安装处的相间电压 $\dot{U}_{MBC}$ 表达式如下：

$$\begin{aligned}\dot{U}_{\text{MBC}} &= \dot{U}_{\text{kBC}}^{(2)} + Z_1 l\dot{I}_{\text{BC}} \\ &= Z_1 l(\dot{I}_{\text{B}} - \dot{I}_{\text{C}})\end{aligned} \tag{3-11}$$

因此反应两相短路的阻抗元件可采用线电压和两相电流差的接线方式。因当 $\cos\varphi=1$ 时，线电压和两相电流差的夹角为0°，所以这种接线方式叫作0°接线。阻抗元件的测量电压和测量电流见表3-1。

表3-1　　0°接线时阻抗元件的测量电压和测量电流

阻抗元件相别	$\dot{U}_{\text{m}}$	$\dot{I}_{\text{m}}$
AB	$\dot{U}_{\text{AB}}$	$\dot{I}_{\text{A}}-\dot{I}_{\text{B}}$
BC	$\dot{U}_{\text{BC}}$	$\dot{I}_{\text{B}}-\dot{I}_{\text{C}}$
CA	$\dot{U}_{\text{CA}}$	$\dot{I}_{\text{C}}-\dot{I}_{\text{A}}$

在发生两相接地和三相短路时，由于短路点的故障相间电压也为零，故0°接线也适用。

由上述分析可知，相间阻抗元件采用0°接线方式能在各种相间故障时正确测量短路阻抗。

3.1.2　阻抗元件的原理

在微机保护出现以前的模拟量继电器保护时代，所有的阻抗继电器动作特性都可以用动作方程表示，满足动作方程时继电器就动作。微机保护出现后，阻抗元件（尽管微机保护内部已无阻抗继电器实体，只有算法构成的阻抗元件，但部分教材和保护装置说明书仍沿用阻抗继电器的称呼，读者今后查阅资料需注意。本书的阻抗元件等同于其他资料中的阻抗继电器），其实现方法有两大类，一类沿用过去模拟式保护的相位比较动作方程来实现；另一类是在阻抗复数平面上先固定一个动作区域，又称为阻抗元件的动作特性。短路后利用微机的计算功能（例如微分方程算法）计算出保护装置的测量电抗 X_{m} 和测量电阻 R_{m}，根据 $Z_{\text{m}}=R_{\text{m}}+\text{j}X_{\text{m}}$ 得到测量阻抗 Z_{m}。进而判断测量阻抗向量在阻抗复数平面上是否落在规定的动作区域内，以决定它是否动作。下面介绍按相位比较动作方程实现的阻抗元件的动作方程和动作特性。

1. 圆特性阻抗元件

根据动作特性圆在阻抗复数平面上的不同位置，圆特性阻抗元件可分为全阻抗元件、方向阻抗元件和偏移特性阻抗元件等。

（1）全阻抗元件。若阻抗元件将测量阻抗 Z_m 与整定阻抗 Z_{set}（Z_{set} 对应于预先整定的保护范围）进行幅值比较，当 $|Z_m|<|Z_{set}|$ 时，故障距离小于保护范围，即故障点在保护范围内，保护动作；当 $|Z_m|=|Z_{set}|$ 时，故障距离等于保护范围，即故障点在保护范围上，保护处于临界状态，可动作可不动作；当 $|Z_m|>|Z_{set}|$ 时，故障点在保护范围外，保护不动作。该阻抗元件称为全阻抗元件，其动作方程可以表示为

$$|Z_m|<|Z_{set}| \tag{3-12}$$

式（3-12）称为全阻抗元件幅值比较动作方程。

全阻抗元件的动作特性如图 3-3 所示。由式（3-12）和图 3-3 可知，全阻抗元件与第 2 章的无方向电流保护一样只判断幅值，不判断方向，反方向故障会误动，工程上应用较少。

如图 3-3 所示，当 Z_m 落于圆内时，(Z_m-Z_{set}) 超前 (Z_m+Z_{set}) 90°～270°，因此全阻抗元件动作方程也可以表示为

$$90° < \arg\frac{Z_m - Z_{set}}{Z_m + Z_{set}} < 270° \tag{3-13}$$

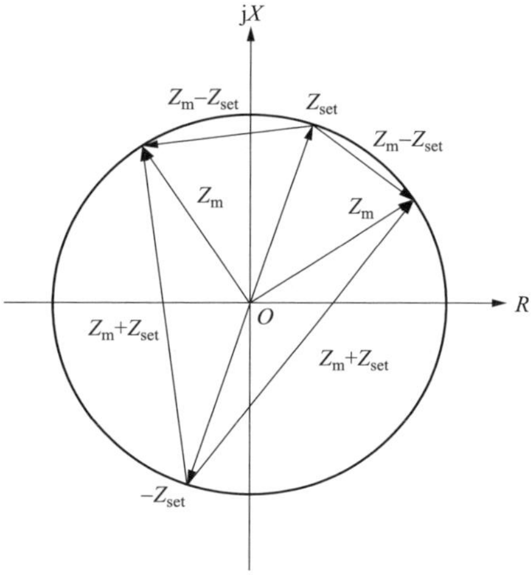

图 3-3 全阻抗元件的动作特性

式（3-13）称为全阻抗元件相位比较动作方程。

过去模拟量继电器只能采集电流、电压。为了得到继电器可用以实现的动作方程，将式（3-13）中的分子、分母同乘以加在继电器上的电流 $\dot{I}_m$，考虑到 $\dot{U}_m=\dot{I}_m Z_m$ 的关系，则式（3-13）演变成：

$$90^\circ < \arg\frac{\dot{U}_m - \dot{I}_m Z_{set}}{\dot{U}_m + \dot{I}_m Z_{set}} < 270^\circ \tag{3-14}$$

式（3-13）称作以阻抗形式表达的动作方程，式（3-14）称作以电压形式表达的动作方程。式（3-14）在阻抗复数平面上对应的动作特性也是如图3-3所示的动作特性圆。式（3-14）中的分子（$\dot{U}_m - \dot{I}_m Z_{set}$）称为阻抗元件的工作电压（$\dot{U}_{op}$），又被称为补偿电压，分母（$\dot{U}_m + \dot{I}_m Z_{set}$）称为参考电压，部分教材中称其为极化电压。

（2）方向阻抗元件。方向阻抗元件在正方向故障时动作，在反方向故障时不动作。当测量阻抗 Z_m 落在第Ⅲ象限时，方向阻抗元件是不动作的。

方向阻抗元件的动作特性如图3-4所示。其相位比较动作方程可以表示为

$$90^\circ < \arg\frac{Z_m - Z_{set}}{Z_m} < 270^\circ \tag{3-15}$$

整定阻抗 Z_{set} 是该动作特性圆的直径，在 Z_{set} 的方向上，元件有最大的保护范围。因此 Z_{set} 的阻抗角（Z_{set} 与 $+R$ 轴的夹角）称作最大灵敏角。通常将最大灵敏角设置成等于线路阻抗角，这样当线路上发生金属性短路时，阻抗元件的保护范围最大。

同理，电压形式表达的动作方程为

$$90^\circ < \arg\frac{\dot{U}_m - \dot{I}_m Z_{set}}{\dot{U}_m} < 270^\circ \tag{3-16}$$

（3）偏移特性阻抗元件。偏移特性阻抗元件由于其圆特性与方向阻抗继电器比较，向第三象限有所偏移，因此，可以消除电压死区。偏移特性阻抗元件的动作特性如图3-5所示。其相位比较动作方程可以表示为

$$90^\circ < \arg\frac{Z_m - Z_{set.1}}{Z_m + Z_{set.2}} < 270^\circ \tag{3-17}$$

电压形式表达的动作方程式如下：

$$90° < \arg \frac{\dot{U}_{\mathrm{m}} - \dot{I}_{\mathrm{m}} Z_{\mathrm{set.1}}}{\dot{U}_{\mathrm{m}} + \dot{I}_{\mathrm{m}} Z_{\mathrm{set.2}}} < 270° \tag{3-18}$$

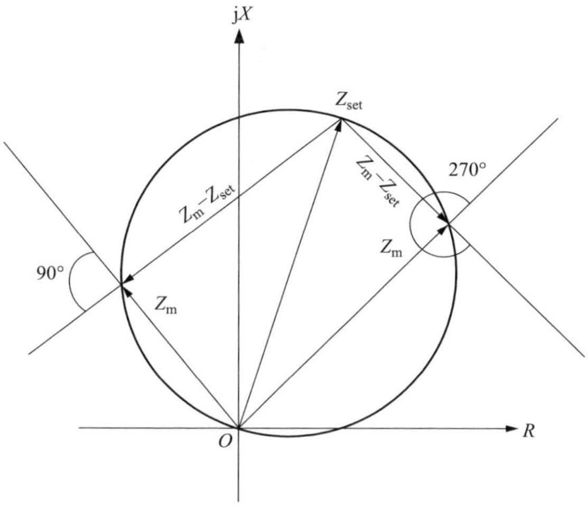

图 3-4　方向阻抗元件的动作特性

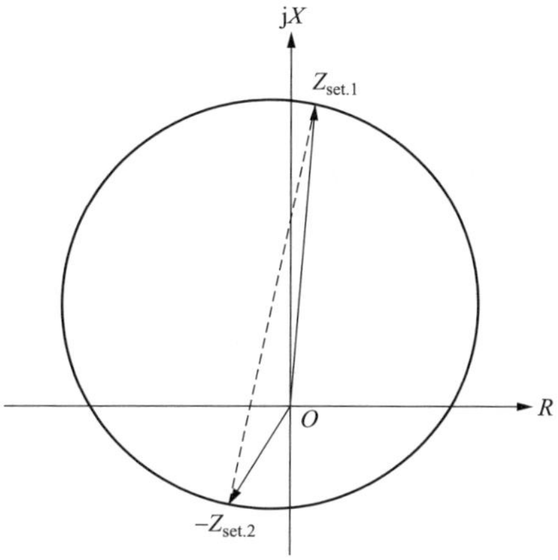

图 3-5　偏移特性阻抗元件的动作特性

2. 直线特性阻抗元件

在重负荷线路中，为了防止保护误动（此时阻抗角为功率因数角，通常较小），可采用直线特性阻抗元件。由多个直线围成的动作区域称为多边形特性阻抗元件。

直线特性阻抗元件可以视作圆特性阻抗元件的特例。当圆特性的圆心在无穷远处，而直径趋于无穷大时，圆特性就变为直线特性了。因此直线特性阻抗元件也可以像圆特性阻抗元件一样用相位比较方程表示。根据直线动作特性在阻抗复数平面上的不同位置，直线特性阻抗元件可分为电抗型阻抗元件和电阻型阻抗元件等。

（1）电抗型阻抗元件。电抗型阻抗元件的动作特性如图 3-6 所示，以测量阻抗 Z_m 为自变量的动作特性是经过 Z_{set} 端点的一条直线，该直线与 R 轴正方向形成的夹角为 θ 角。当 $\theta=0°$时，该直线与 R 轴平行，如图 3-6 中的直线 1 所示；当 $\theta>0°$时，该直线逆时针转动 θ 角，如图 3-6 中的直线 2 所示；当

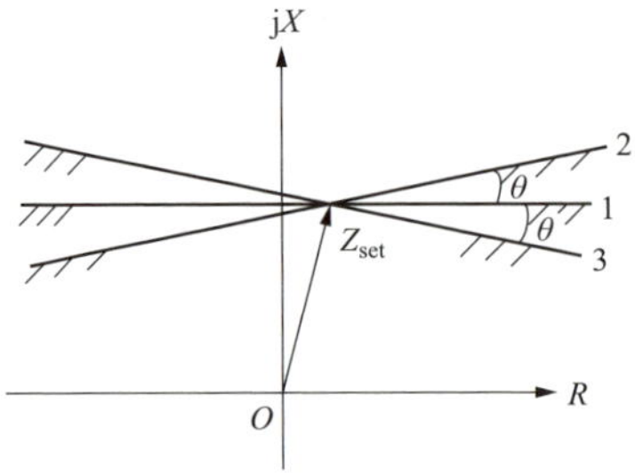

图 3-6　电抗型阻抗元件的动作特性

$\theta < 0°$时，该直线顺时针转动 θ 角，如图 3-6 中的直线 3 所示。直线下方是动作区。该动作特性相位比较动作方程可以用式（3-19）表示。从动作特性可见，当 $\theta = 0°$ 时，只要过渡电阻产生的附加阻抗是阻容性的或是纯电阻性的，它保护过渡电阻的能力就是无穷大的。即在区内短路时，过渡电阻很大的阻抗元件都能动作。但是该阻抗元件没有方向性，在反方向短路时它将误动。由于实际使用时 θ 角不是很大，这三种动作特性统称作电抗型特性，具有这种动作特性的阻抗元件称作电抗型元件。

$$90° < \arg \frac{Z_m - Z_{set}}{X e^{j(90°+\theta)}} < 270° \tag{3-19}$$

式中：X 为任意正实数。

同样，式（3-19）可演变成用于实现电抗元件的电压形式的动作方程，即

$$90° < \arg \frac{\dot{U}_m - \dot{I}_m Z_{set}}{\dot{I}_m e^{j(90°+\theta)}} < 270° \tag{3-20}$$

它的参考量是电流 $\dot{I}_m e^{j(90°+\theta)}$。具有图 3-6 中直线 3 动作特性的电抗型阻抗元件在很多微机线路保护中得到了应用。由于直线 3 所示的特性沿 R 轴正方向向下倾斜，可用来减少区外经过渡电阻短路而过渡电阻产生的附加阻抗是阻容性时导致的阻抗元件超越的影响。但是电抗型阻抗元件在反方向短路时会误动，所以一般与其他阻抗元件，例如圆特性的阻抗元件配合使用。另外保护接地短路的电抗型阻抗元件经常用零序电流 $\dot{I}_0 e^{j(90°+\theta)}$ 作为参考量，这种电抗型阻抗元件称作零序电抗型阻抗元件。它的动作特性类似于图 3-6 中的直线 3，该直线沿 R 轴正方向除向下倾斜 θ 角外还叠加一个 $\arg(\dot{I}_0/\dot{I}_m)$ 的角度。后者这个角度随着过渡电阻产生的附加阻抗角度的变化而变化，从而使动作特性随着过渡电阻产生的附加阻抗角度的变化而有一定的自适应功能。

（2）电阻型阻抗元件。电阻型阻抗元件的动作特性如图3-7所示，以测量阻抗 Z_m 为自变量的动作特性是经过整定值 R_{set} 端点的一条直线，该直线与 jX 轴正方向的夹角为 θ 角。当 $\theta=0°$ 时，该直线与 jX 轴平行，如图3-7中的直线1所示；当 $\theta>0°$ 时，该直线逆时针转动 θ 角，如图3-7中的直线2所示；当 $\theta<0°$ 时，该直线顺时针转动 θ 角，如图3-7中的直线3所示。直线左方是动作区。因此电阻型阻抗元件动作特性相位比较动作方程可以用式（3-21）表示。

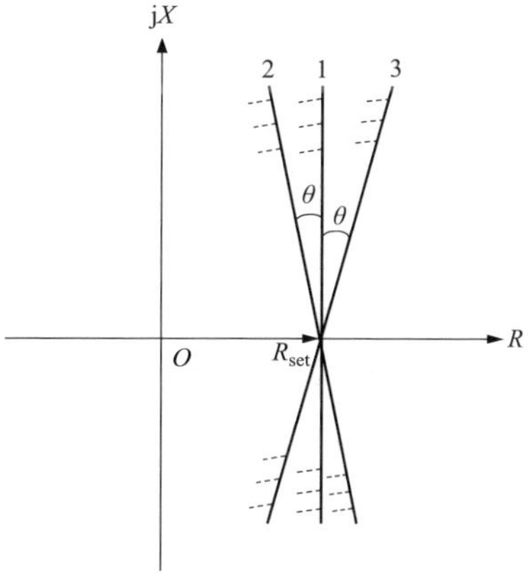

图3-7　电阻型阻抗元件的动作特性

$$90° < \arg \frac{Z_m - R_{set}}{Re^{j\theta}} < 270° \tag{3-21}$$

式中：R 为任意正实数。

这种动作特性称作电阻型特性，具有该特性的阻抗元件称作电阻型阻抗元件。具有直线3特性的电阻型元件通常用作躲避负荷阻抗的负荷限制元件。在应用四边形或者多边形动作特性的距离保护中，一般都有一条如直线3所示的电阻型特性，用以躲避过负荷情况下的最小负荷阻抗。在距离保护中有时需要解决灵敏度与躲避最小负荷阻抗的矛盾，例如应用圆特性的距离保护第Ⅲ段元件，有时希望在相邻元件末端短路时有灵敏度（如在相邻变压器另一侧母线上短路有灵敏度）；在长线路的距离保护第Ⅱ段要保证本线路末端短路有灵敏度等，这样阻抗元件的动作特性圆要整定得很大，而这往往在过负荷情况下元件将误动。如果把圆特性的阻抗元件与具有直线3特性的阻抗元件组成“与”逻辑，作为该段的复合元件，则该复合元件的动作区是圆特性和直线特性动作区的交集，测量阻抗在灵敏角左右时动作边界是圆特性的边界，可以保证需要的灵敏度。测量阻抗在功率因数角左右时动作边界是直线特性的边界，用以躲最小负荷阻抗，因为负荷阻抗的阻抗角是功率因数角。

将式（3-21）的分子、分母同乘以电流 $\dot{I}_m$，得到电压形式动作方程为

$$90° < \arg\frac{\dot{U}_m - \dot{I}_m R_{set}}{\dot{I}_m e^{j\theta}} < 270° \tag{3-22}$$

【例 3-1】 已知 $\dot{U}_m$、$\dot{I}_m$ 为测量电压、电流，Z_{set}、R_{set} 为整定阻抗和整定电阻，R 为电阻，当测量阻抗 $Z_m=\dfrac{\dot{U}_m}{\dot{I}_m}$时，请根据下述电压动作特性方程分别画出阻抗特性图。

（1）$180° < \arg\dfrac{\dot{U}_m-\dfrac{\sqrt{3}}{2}\dot{I}_m Z_{set}e^{j30°}}{\dot{U}_m} < 300°$；

（2）$0° < \arg\dfrac{\dot{U}_m-\dot{I}_m R_{set}}{\dot{I}_m R e^{j60°}} < 240°$。

解：

（1）

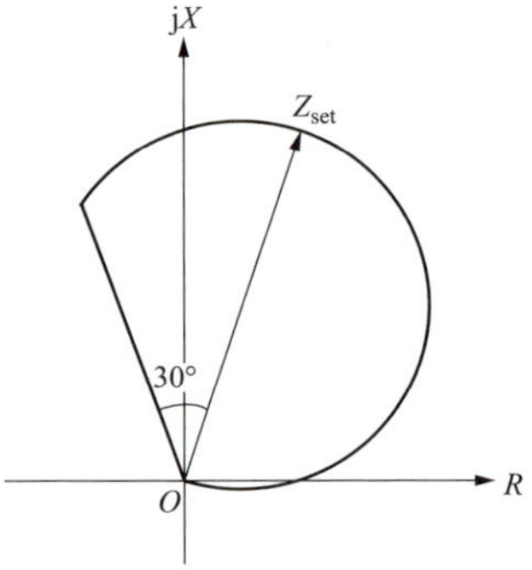

（2）

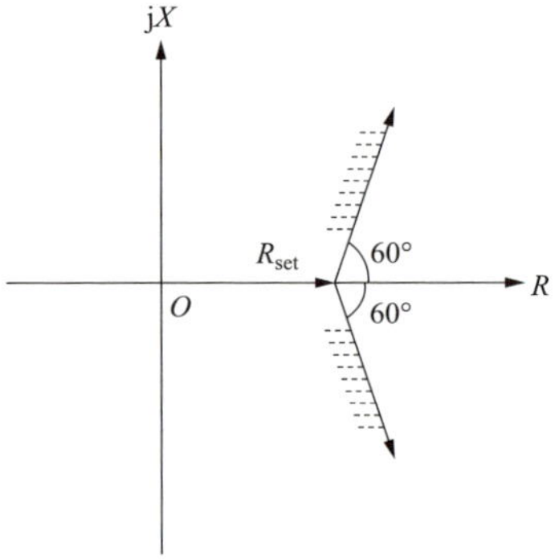

3. 幅值比较动作方程与相位比较动作方程的互换性

上述各种圆特性和直线特性的阻抗元件的动作特性，可以通过比较另两个阻抗（电压）量的相位得到，还可以通过比较两个阻抗（电压）量的幅值得到。既然幅值比较动作方程与相位比较动作方程都能表达同一个动作特性，那两者就是等价的，能互相转换。

可将动作特性作为纽带完成转换：先根据动作方程（如幅值比较方程）画出动作特性，再根据动作特性写出另一动作方程（如相位比较方程）完成转换。这种互相转换的方法要先画动作特性，较为烦琐。另一种则是绕过动作特性直接转换，其公式推导利用平行四边形法则。

设幅值比较动作方程是$|\dot{B}|<|\dot{A}|$，相位比较动作方程为$90°<\arg(\dot{C}/\dot{D})<270°$。

如图3-8和图3-9所示，向量$\dot{C}$和$\dot{D}$是以向量$\dot{A}$和$\dot{B}$为边的平行四边形的两条对角线。根据平行四边形法则，从图3-8可见，只要$|\dot{A}|=|\dot{B}|$，则向量$\dot{C}$超前于$\dot{D}$的角度一定等于90°［见图3-8（a）］或270°［见图3-8（b）］；如果固定向量$\dot{A}$幅值，减少向量$\dot{B}$幅值，即$|\dot{B}|<|\dot{A}|$，则向量$\dot{C}$超前向量$\dot{D}$的角度一定大于90°［见图3-9（a）］小于270°［见图3-9（b）］。

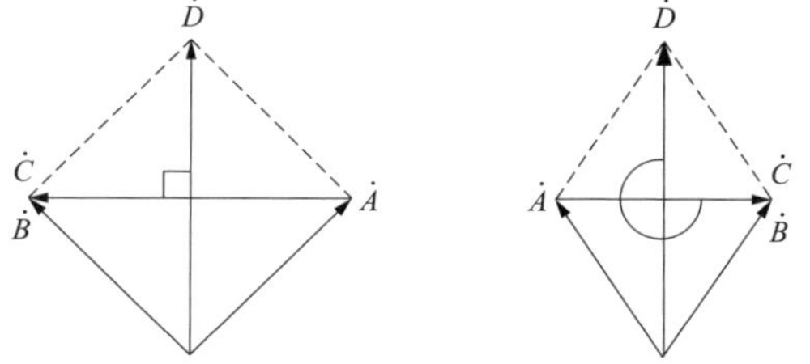

（a）$\arg\frac{\dot{C}}{\dot{D}}=90°$　（b）$\arg\frac{\dot{C}}{\dot{D}}=270°$

图3-8　$|\dot{B}|=|\dot{A}|$向量图

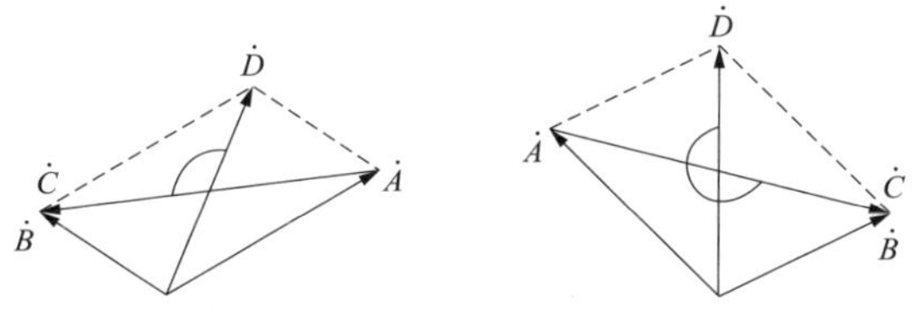

（a）$90°<\arg\frac{\dot{C}}{\dot{D}}$　（b）$\arg\frac{\dot{C}}{\dot{D}}<270°$

图3-9　$|\dot{B}|<|\dot{A}|$向量图

因此幅值比较动作方程$|\dot{B}|<|\dot{A}|$转换为相位比较动作方程$90°<\arg(\dot{C}/\dot{D})<270°$的公式为

$$\begin{cases}\dot{C}=\dot{B}-\dot{A}\\ \dot{D}=\dot{B}+\dot{A}\end{cases} \tag{3-23}$$

相位比较动作方程 $90°<\arg(\dot{C}/\dot{D})<270°$ 转换为幅值比较动作方程 $|\dot{B}|<|\dot{A}|$ 的公式为

$$\begin{cases}\dot{A}=\dfrac{\dot{D}-\dot{C}}{2}\\ \dot{B}=\dfrac{\dot{D}+\dot{C}}{2}\end{cases} \tag{3-24}$$

因 90°和 270°的特殊性，当 $90°<\arg(\dot{C}/\dot{D})<270°$ 时，必有 $-270°<\arg(\dot{D}/\dot{C})<-90°$，即 $90°<\arg(\dot{D}/\dot{C})<270°$，因此向量 $\dot{C}$ 和 $\dot{D}$ 可以互换，式（3-23）可表示为

$$\begin{cases}\dot{C}=\dot{B}+\dot{A}\\ \dot{D}=\dot{B}-\dot{A}\end{cases} \tag{3-25}$$

根据式（3-25）可推得

$$\begin{cases}\dot{A}=\dfrac{\dot{C}-\dot{D}}{2}\\ \dot{B}=\dfrac{\dot{D}+\dot{C}}{2}\end{cases} \tag{3-26}$$

当 $|\dot{B}|<|\dot{A}|$ 时，必有 $|\dot{B}|<|-\dot{A}|$，因此，式（3-24）和式（3-26）等价。有些资料中幅值比较动作方程与相位比较动作方程的互换公式采用式（3-25）和式（3-36）。

4. 电压形式的相位比较动作方程物理意义

通过比较表 3-2 的四种阻抗元件，可知阻抗元件电压形式的相位比较动作方程中，分子（工作电压 $\dot{U}_{op}$）都可以用测量电压减去测量电流乘以阻抗整定值的形式，不同的仅仅是分母（参考电压）。

表 3-2　　常见阻抗元件的工作电压与参考电压

元件名称	电压形式相位比较动作方程	工作电压	参考电压
全阻抗元件	$90°<\arg\dfrac{\dot{U}_m-\dot{I}_m Z_{set}}{\dot{U}_m+\dot{I}_m Z_{set}}<270°$	$\dot{U}_m-\dot{I}_m Z_{set}$	$\dot{U}_m+\dot{I}_m Z_{set}$

续表

元件名称	电压形式相位比较动作方程	工作电压	参考电压
方向阻抗元件	$90° < \arg\dfrac{\dot{U}_m - \dot{I}_m Z_{set}}{\dot{U}_m} < 270°$	$\dot{U}_m - \dot{I}_m Z_{set}$	$\dot{U}_m$
偏移阻抗元件	$90° < \arg\dfrac{\dot{U}_m - \dot{I}_m Z_{set.1}}{\dot{U}_m + \dot{I}_m Z_{set.2}} < 270°$	$\dot{U}_m - \dot{I}_m Z_{set.1}$	$\dot{U}_m + \dot{I}_m Z_{set.2}$
电抗型阻抗元件	$90° < \arg\dfrac{\dot{U}_m - \dot{I}_m Z_{set}}{\dot{I}_m e^{j(90°+\theta)}} < 270°$	$\dot{U}_m - \dot{I}_m Z_{set}$	$\dot{I}_m e^{j(90°+\theta)}$
电阻型阻抗元件	$90° < \arg\dfrac{\dot{U}_m - \dot{I}_m R_{set}}{\dot{I}_m e^{j\theta}} < 270°$	$\dot{U}_m - \dot{I}_m R_{set}$	$\dot{I}_m e^{j\theta}$

以式（3-16）方向阻抗元件电压形式动作方程为例：

图 3-10（a）中点 Z 为整定点，母线 M 到点 Z 的阻抗为整定阻抗 Z_{set}，电压、电流参考方向如图 3−10 所示。当系统正常运行时，工作电压 $\dot{U}_{op}$ 为阻抗元件根据保护安装处的测量电压、测量电流和整定阻抗补偿计算出整定点处的电压，因此工作电压又称为补偿电压。

下面分别讨论区内短路、正向区外短路、反方向短路时工作电压 $\dot{U}_{op}$。

当正方向区外 k2 处短路和反方向 k3 处短路时，电压分布如图 3-10（c）、（d）所示。$\dot{U}_{op}$ 为整定点 Z 的电压，与 $\dot{U}_m$ 相位相同。

当正方向区内 k1 处短路时，故障点电压为零，电压分布如图 3-10（b）所示，$\dot{U}_{op}$ 与 $\dot{U}_m$ 相位相反。

虽然故障点由区内移动到区外 Z_m 幅值是渐变的，但工作电压 $\dot{U}_{op}$ 与参考电压 $\dot{U}_m$ 的相位差却是 180°跃变的。因此当 $\arg\dfrac{\dot{U}_m - \dot{I}_m Z_{set}}{\dot{U}_m} = 180°$时，保护动作。考虑到测量误差、过渡电阻等因素，将动作范围上下各扩大 90°，$(180°-90°) < \arg\dfrac{\dot{U}_m - \dot{I}_m Z_{set}}{\dot{U}_m} < (180°+90°)$，即式（3-16）。

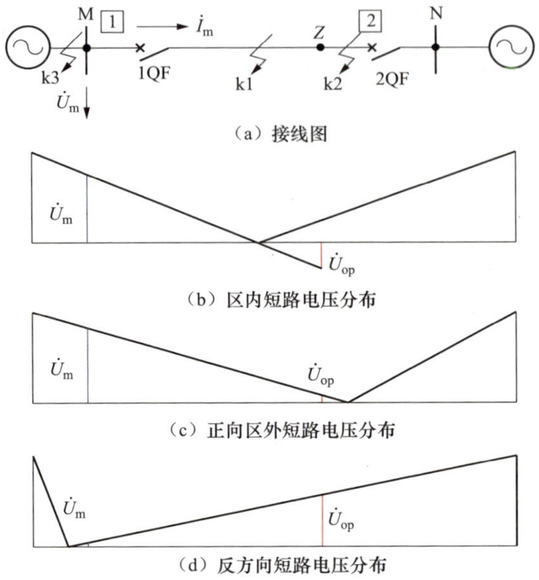

图 3-10 工作电压比较法原理示意图

为检测动作电压相位是否跃变，需要另一个基准量，这个电压就是参考电压。动作方程之所以有不同的动作特性，就是由于采用了不同的参考电压的缘故。

5. 距离保护与电流保护的比较

（1）接地距离保护。

与零序电流保护相比较，接地距离保护有如下优点：

1）整定时无须考虑系统阻抗，受系统运行方式影响较小。而且接地距离保护采用方向阻抗元件或多边形特性阻抗元件时，其自带方向性，无须再配置方向元件。

2）在 500kV 及以上电压等级，如果使用单相重合闸，则发生单相故障只跳故障相开关，需要选相。而上海 220kV 电网联系紧密，采用单相故障三相跳闸三相重合，相间故障闭锁重合闸的特殊三相重合闸方式，因此三相重合闸也要进行故障选相。对接地距离来说，A 相发生接地故障，A 相接地距离保护动作，B、C 相接地距离保护不动作，因此接地距离具有选相功能。而零序电流保护无选相功能，如在 220kV 及以上电压等级保护配置零序电流保护需增加选相元件。

3）在单相跳闸后，非全相运行期间零序电流保护可能会误动，需要采取措施，而接地距离保护不会误动，因此可以作为非全相运行期间的保护。

接地距离保护的缺点：

1）当发生全相振荡时，距离保护会误动，需要采取措施。而全相振荡期间，三相电流均变化振荡，无零序电流，因此零序电流保护不会误动。

2）当发生 TV 断线时，距离保护会误动，需要采取措施。而不带方向的零序电流保护，由于不采样电压，故不受 TV 断线影响。

3）接地距离保护由于负荷阻抗等动作特性的限制，对于高阻接地，通常无法反应。而零序电流保护的最末一段能动作。

（2）相间距离保护。

与过电流保护相比较，相间距离保护有如下优点：

1）整定时无须考虑系统阻抗，受系统运行方式影响较小。

2）相间距离保护采用方向阻抗元件或多边形特性阻抗元件时自带方向性，无须再配置方向元件。而且方向电流保护中方向元件和电流元件是分开工作的，有可能出现电流元件与方向元件动作不配合的问题，例如故障前后功率反向时，反向短路，方向电流保护会因电流元件先动作，而正方向元件来不及返回失去闭锁功能导致误动作。

3）有时过电流Ⅲ段未对下级设备故障有配合灵敏度，整定得较低，这样在冲击负荷下极易误动，而距离保护由于综合判断电压与电流，因此能很好地躲过冲击负荷，见［例 3-2］。

相间距离保护的缺点：当发生 TV 断线时，距离保护会误动，需要采取措施。而不带方向的过电流保护，由于不采样电压，故不受 TV 断线影响。因此从这点上说在可靠性上相间距离保护不如过电流保护。

【例 3-2】 如图 3-11 所示为电网某区域接线图，A、B 两站为 220kV 变电站，C 站为 110kV 变电站，D 站为某 110kV 牵引站，110kV 线路 AC 1367、CD

1P026 配置三段式过电流保护，110kV 线路 BD 1P009 配置三段式距离保护，一段时间内，由于列车密集发车，分别造成 AC 1367 和 CD 1P026 过电流三段动作，但在两次跳闸事故中，BD 1P009 距离保护Ⅲ段却都未误动，简要分析：

两次跳闸事故中，AC 1367 和 CD 1P026 过电流三段分别动作，但 BD 1P009 距离保护Ⅲ段却均未误动，试分析可能的原因。

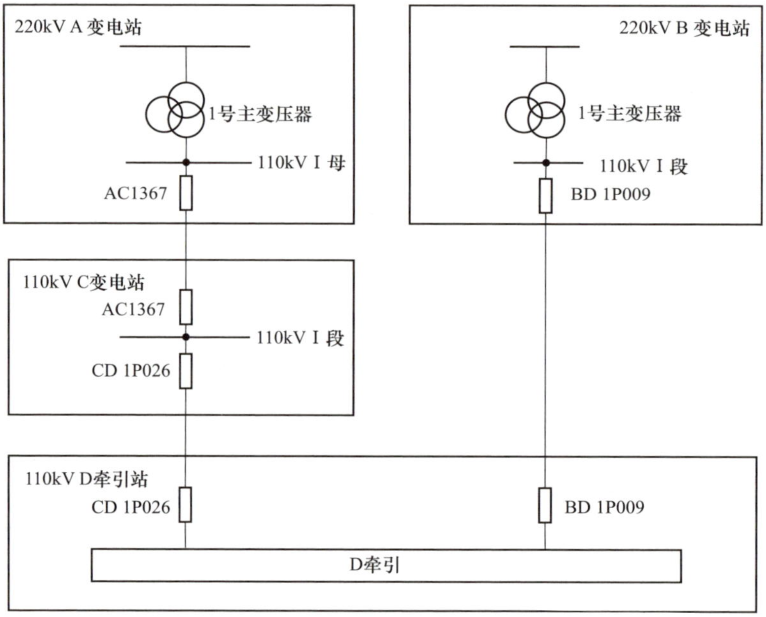

图 3-11　某区域接线图

解：由于两起事故都是恰逢列车密集发车，由此形成的冲击负荷电流大于 AC 1367 和 CD 1P026 线路的过电流Ⅲ段定值，而 BD 1P009 由于采用三段式距离保护，可以依靠电压元件的闭锁能力来防止冲击负荷电流的不利影响。对 AC1367 线路来说，由于其 A 变电站侧的过电流Ⅲ段保护元件尚需实现对 C 变电站 110kV Ⅰ段母线所连接的 110kV 主变压器低压侧故障的后备保护能力（按最小运行方式下，所送主变压器低压侧故障有 1.2~1.3 倍灵敏度），因而其定值往往整定得较小，这也削弱了 AC1367 线路过电流Ⅲ段的耐受冲击电流能力。对 CD 1P026 来说，由于其是 AC 1367 线路的下一级，因此其过电流保护三段还需与 AC 1367 配合，在不考虑失配的情况下，这也使得 CD 1P026 的过电流三段定值整定得较小，也容易躲不过冲击负荷的影响。

3.2 距离保护对出口短路死区的应对措施

在 3.1.2 中介绍的方向阻抗元件，动作特性是经过坐标原点的圆，如图 3-12 所示。虽然有方向性，但并不是一个理想的阻抗元件，问题在于出口短路上，无论是正方向出口还是反方向出口金属性短路，阻抗元件的测量阻抗都是零。测量阻抗位于动作特性圆的圆周上，故阻抗元件处在动作边界。究其原因这是因为动作方程中的参考电压 $\dot{U}_m$ 为零。比较相位的两个电气量，有一个电气量为零，相位比较是不准确的。也就是说此时动作方程有可能满足，也有可能不能满足，阻抗元件处于动作边界。于是正方向出口短路时，阻抗元件有可能拒动——出口短路有死区；反方向出口短路时，阻抗元件可能误动。

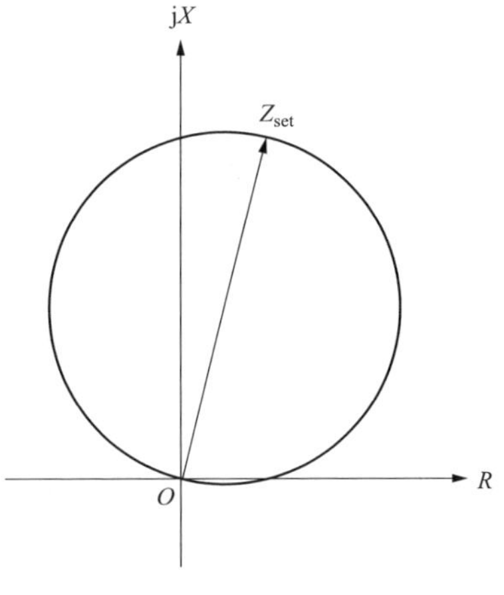

图 3-12　方向阻抗元件的动作特性

为解决出口短路的问题，应该在出口短路时让参考电压不为零并且还能够正确比相。本节将介绍三种方法。第一种方法是用正序电压 U_{1m} 作为参考电压；第二种方法是让参考电压带记忆；第三种方法是工频故障量阻抗元件。

本书仅以相间短路为例，省略了推导过程，只保留结论。读者如从事继电保护工作，想了解单相接地短路的动作特性和详细的推导过程可以查阅参考文献［3］等资料。

3.2.1 以正序电压为参考电压的阻抗元件

以正序电压为参考电压的阻抗元件在微机线路保护中得到很多应用。例如用它来构成三段式的相间和接地距离保护。用正序电压 U_{1m} 作为参考电压是基于这样的考虑，正序电压是由三相电压得出的，因此发生不对称短路时使用正序电压，其实质是引入非故障相电压。所以用正序电压作为参考电压时在出口（无论是正方向还是反方向）发生不对称短路时阻抗元件的动作行为依然是正确的。但是在出口发生三相金属性短路时，保护安装处（即短路点）的正序电压还是零，所以在出口发生三相短路时该阻抗元件还处在动作边界，阻抗元件仍然可能不正确动作。

其电压形式表达的动作方程为

$$90° < \arg\frac{\dot{U}_m - \dot{I}_m Z_{set}}{\dot{U}_{1m}} < 270° \tag{3-27}$$

1. 正方向相间短路的动作特性

其动作方程化简为

$$90° < \arg\frac{Z_m - Z_{set}}{Z_m + \frac{1}{2}Z_S} < 270° \tag{3-28}$$

式中：Z_S 为保护背后电源的等值正序阻抗。

式（3-28）对应的动作特性是以 Z_{set} 和 $[-(1/2)Z_S]$ 两点的连线为直径的圆，如图 3-13 中的圆所示。该圆向第Ⅲ象限带有偏移。

从正向两相短路的动作特性可对该阻抗元件的动作性能作如下评述：

1）由于坐标原点位于动作特性之内，所以正向出口两相短路没有死区，不必再采取其他措施。而且正序电压的相位与短路前的故障相间电压同相，也与工作电压相位相反，因此能满足式（3-28）的动作方程，使阻抗元件可靠动作。

2）与传统的以 Z_{set} 为直径，动作特性经过坐标原点的方向阻抗元件相比，由于在 R 方向有较多的保护范围，所以保护过渡电阻的能力比传统的方向阻抗元件强。而且现在的动作特性的下面一点是 $[-(1/2)Z_S]$，Z_S 是保护背后电源的等值正序阻抗。所以随着运行方式的变化，动作特性的下面一点是变化的。当保护背后电源运行方式越小（Z_S 越大）时，保护安装侧的电流分配系数越小，因而同样的过渡电阻，产生的附加阻抗值越大，区内短路时阻抗元件越易拒动。但由于动作特性的下面一点随 Z_S 加大而越往下移，因而圆也越大。保护过渡电阻的能力又得到增强。所以有一定的自适应能力。

2. 反方向相间短路的动作特性

其动作方程化简为

$$90^\circ < \arg \frac{Z_m - Z_{set}}{Z_m - \frac{1}{2}Z_R} < 270^\circ \tag{3-29}$$

式中：Z_R 是保护正方向的等值正序阻抗。

式（3-29）对应的动作特性是以 Z_{set} 和 $[(1/2)Z_R]$ 两点的连线为直径的圆，如图 3-14 所示。该圆向第Ⅰ象限上抛，远离了坐标原点。

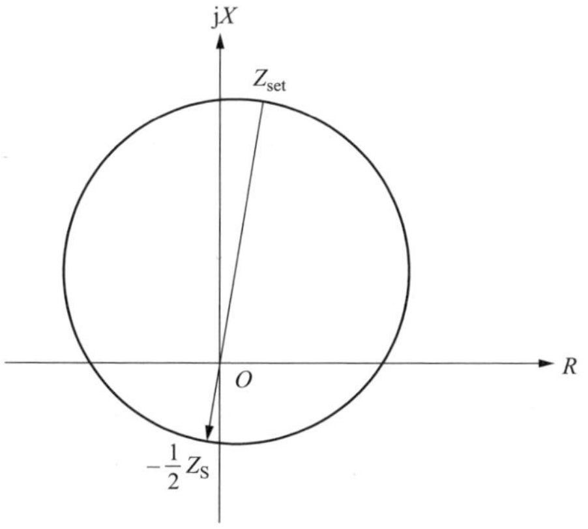

图 3-13　以正序电压作为参考电压，正向两相短路时相间阻抗元件的动作特性

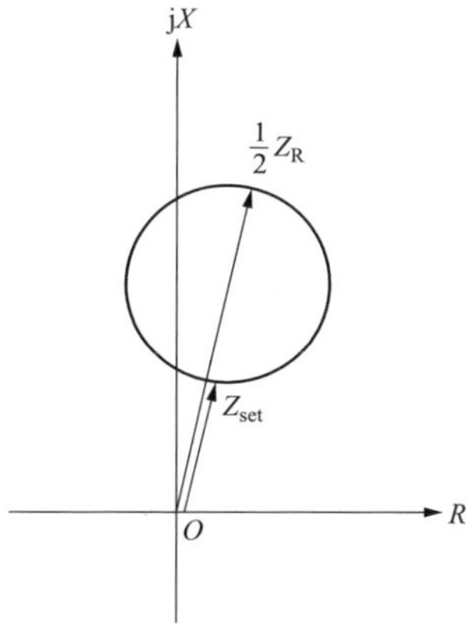

图 3-14　以正序电压作为参考电压，反向两相短路时相间阻抗元件的动作特性

当反方向发生两相短路时，阻抗元件的测量阻抗落在第Ⅲ象限。即使在

反方向出口或母线发生短路，过渡电阻的附加阻抗是阻容性时，测量阻抗进入第Ⅱ象限也进入不了圆内。所以在反向两相短路时该阻抗元件有良好的方向性。

3. 三相短路的动作特性

由于三相短路为对称故障，只有正序分量，无负、零序分量，因此正序电压 U_{1m} 等于测量电压 U_m。三相短路时，其动作特性与方向阻抗元件一致，在出口短路时，由于参考电压为零，因此存在正方向三相短路可能拒动、反方向三相短路可能误动。

3.2.2 以记忆电压为参考电压的阻抗元件

用正序电压作为参考电压保证了在出口（正向或反向）发生不对称短路时阻抗元件的正确动作，但仍不能解决出口三相短路的问题。这里介绍另一个方法，即对方向阻抗元件的测量电压 $\dot{U}_m$ 进行“记忆”，记为 $\dot{U}_{mM}$，下标 M 表示记忆。用前一时刻的前 1~3 个周波的 $\dot{U}_{1m}$ 电压作为参考电压。这样，在短路初始的一段时间内，前一个周波或两个周波是短路前的正常运行时刻，所以该电压是正常运行时的相电压（接地阻抗元件）或相间电压（相间阻抗元件），其值不为零。用这个方法使参考电压不为零，而且能进行正确的比相，保证出口短路时阻抗元件的正确动作。

用 $\dot{U}_{mM}$ 为参考电压，动作方程为

$$90^\circ < \arg\frac{\dot{U}_m - \dot{I}_m Z_{set}}{\dot{U}_{mM}} < 270^\circ \tag{3-30}$$

式（3-30）在微机保护上实现时，用短路后的电压、电流值求得的工作电压（上式中的分子）与短路前的测量电压为参考电压（上式中的分母）作相位比较，这样的动作方程对应的动作特性称作暂态动作特性。如果工作电压与参考电压都是用短路后的电压、电流值计算得到的，这时动作方程对应的动作特性称作稳态动作特性。所以在短路初始的一段时间内，动作特性是暂态动作特性。当短路持续一段时间后，前 1~3 个周波的电压、电流也是短

路后的电压、电流，此时对应的动作特性就是稳态动作特性。暂态动作特性只出现在短路初始的一段时间内，这就是暂态动作特性名称的由来。在短路的整个过程中，式（3-30）对应的动作特性是从短路初始的暂态动作特性逐渐过渡到稳态动作特性的全过程。

1. 正方向短路的暂态动作特性

其暂态动作方程化简为

$$90^\circ < \arg\frac{Z_m - Z_{set}}{Z_m + Z_S} < 270^\circ \tag{3-31}$$

式（3-31）对应的动作特性是以 Z_{set} 和 $-Z_S$ 两点连线为直径的圆，如图3-15所示。该动作特性是以参考电压为短路前的电压推导出来的，所以它是正方向短路的暂态动作特性。

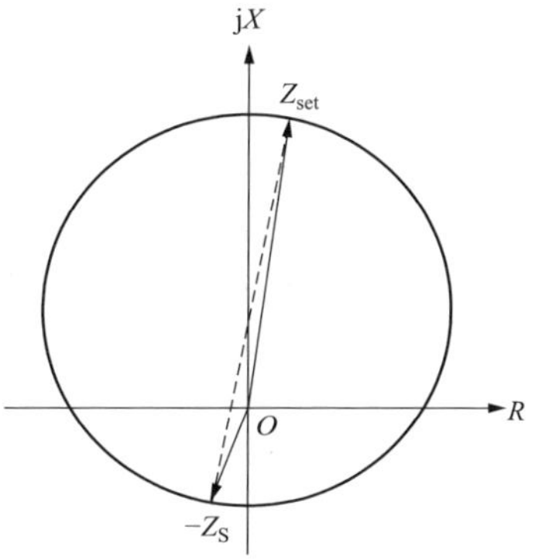

图 3-15　正方向短路的系统图和方向阻抗元件的暂态动作特性

正方向短路的暂态动作特性把坐标原点包含在圆内了，所以正向近处短路阻抗元件不会拒动，也消除了出口短路的死区，在正向近处发生短路时在暂态动作特性期间可以马上发出跳闸命令。另外该动作特性与方向阻抗元件的稳态动作特性相比较，它在 R 方向有更多的保护范围，所以有更好的保护过渡电阻的能力，且保护过渡电阻的能力有一定的自适应功能。需要指出，该暂态动作特性只能用来分析正方向短路，因为动作方程是用正方向短路的系统图中的参数推导出来的，不能用该动作特性来分析反方向短路。

2. 反方向短路的暂态动作特性

其暂态动作方程化简为

$$90^\circ < \arg\frac{Z_m - Z_{set}}{Z_m - Z_R} < 270^\circ \tag{3-32}$$

式中：Z_R 是保护正方向的等值正序阻抗。

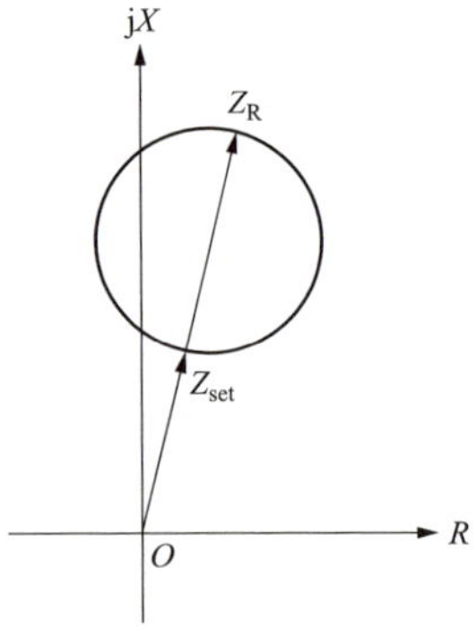

图 3-16　反方向短路的系统图和方向阻抗元件的暂态动作特性

该动作方程对应的动作特性是以 Z_{set} 和 Z_R 两点连线为直径的圆，如图 3-16 所示。该动作特性是以参考电压为短路前的电压推导出来的，所以它是反方向短路时的暂态动作特性。

反方向短路的暂态动作特性是一个向第Ⅰ象限上抛的圆，远离了坐标原点。所以即使在反方向出口短路，过渡电阻附加阻抗是阻容性的，导致测量阻抗进入第Ⅱ象限，阻抗元件也不会误动。所以，反向短路的暂态动作特性有良好的方向性。

由于以正序电压为参考电压的阻抗元件对于出口处三相短路存在死区，而以记忆电压为参考电压的阻抗元件虽然出口处三相短路不存在死区，但其暂态特性持续较短，稳态特性不如以正序电压为参考电压。因此工程上常把二者结合使用，当参考电压不低于 10%～20% 的额定电压时，使用正序电压为参考电压；一旦低于 10%～20% 的额定电压，进入低电压逻辑，采用记忆电压为参考电压。

3.2.3　工频故障量阻抗元件

方向阻抗元件在出口处短路存在死区，这是因为动作方程中的参考电压 $\dot{U}_m$ 为零，无法比相。从稳态量角度来看，$\dot{U}_m$ 为零，的确无法进行比相。但是从故障分量角度来看，故障前 $\dot{U}_m$ 为额定电压，故障后 $\dot{U}_m$ 为零，因此故障分量 $\Delta\dot{U}_m$ 反而很大。因此采用由故障分量构成的阻抗元件能解决出口处短路的死区问题。短路后故障分量含有工频分量、非周期分量等，由于电流互感器和电压互感器传变非周期分量存在较大的误差，因此故障分量保护一般仅使用工频故障量，由此构成的阻抗元件称为工频故障量阻抗元件。

在把当前采样得到的工频电气量减去历史上采样得到的工频电气量来获

取工频故障量时，一定是要减去一个周波或两个周波前的相应时刻的电气量。也就是同一个电气角度下的两个电气量相减才是真正意义上的变化量。由于计算机的采样周期是有误差的，所以为了不带来更多的累计误差，一般只把当前采样点的值减去1~3个周波以前的采样点的值来获取工频故障量。这样在短路稳态时得到的工频故障量就是零，只有在短路初瞬才能有工频故障量。所以工频故障量的保护只能用来构成快速的保护，无法用它来构成带时限的保护。

1. 工作原理与动作方程

工频故障量阻抗元件的工作电压 $\Delta\dot{U}_{op}$ 定义为

$$\Delta\dot{U}_{op}=\Delta(\dot{U}_m-\dot{I}_m Z_{set})=\Delta\dot{U}_m-\Delta\dot{I}_m Z_{set} \tag{3-33}$$

式中：$(\dot{U}_m-\dot{I}_m Z_{set})$ 是一般阻抗元件的工作电压，该工作电压的变化量就是工频故障量阻抗元件的工作电压；Z_{set} 为距离Ⅰ段的整定阻抗；$\dot{U}_m$、$\dot{I}_m$ 是由阻抗元件接线方式决定的电压、电流。

对接地阻抗元件来说，$\Delta\dot{U}_{op\varphi}=\Delta[\dot{U}_\varphi-(\dot{I}_\varphi+3\dot{I}_0K)Z_{set}]$；对相间阻抗元件来说，$\Delta\dot{U}_{op\varphi\varphi}=\Delta(\dot{U}_{\varphi\varphi}-\dot{I}_{\varphi\varphi}Z_{set})$。其中 φ 为某相A、B、C；$\varphi\varphi$ 为某相间AB、BC、CA。

由于一般阻抗元件的工作电压$(\dot{U}_m-\dot{I}_m Z_{set})$的物理概念是如果从保护安装处到保护范围末端，流经的是同一个电流 $\dot{I}_m$ 时的保护范围末端电压，则工频故障量阻抗元件的工作电压 $\Delta\dot{U}_{op}$ 的物理概念是此时的保护范围末端电压的变化量。

如图3-17所示，假设系统故障前空载，则点划线为空载电动势 $\dot{E}$，方向阻抗元件根据 $\dot{U}_{op}$ 和 $\dot{U}_m$ 相位关系判断是否是区内故障，由于 $\dot{U}_m$ 总为正方向，因此当 $\dot{U}_{op}$ 为负时，可判断为区内故障。而 $\dot{U}_{op}=\dot{E}-|\Delta\dot{U}_{op}|$，由故障点电压为零可知（接地故障，故障点相电压为零；相间故障，故障点相间电压为零），$0=\dot{U}_k=\dot{E}-|\Delta\dot{U}_k|$，则 $\dot{U}_{op}=|\Delta\dot{U}_k|-|\Delta\dot{U}_{op}|$。因此 $\arg\dfrac{\dot{U}_{op}}{\dot{U}_m}=180°$可以等效为

$$|\Delta U_{op}|>|\Delta U_k| \tag{3-34}$$

或者

$$|\Delta U_{op}|>|E| \tag{3-35}$$

式（3-35）为工频故障量阻抗元件动作方程，由于方程不含 $\dot{U}_m$，因此不存在正方向出口拒动、反方向出口误动的问题。由于实际运行中线路不可能空载，故短路点故障前电压为

$$\dot{U}_{k[0]}=\dot{U}_m-\dot{I}_m Z_k \tag{3-36}$$

式中：Z_k 是短路点到保护安装处的正序阻抗。

由于短路点是未知的，实际采用整定点的电压来替代，故式（3-34）变为

$$|\Delta U_{op}|>|\dot{U}_m-\dot{I}_m Z_{set}| \tag{3-37}$$

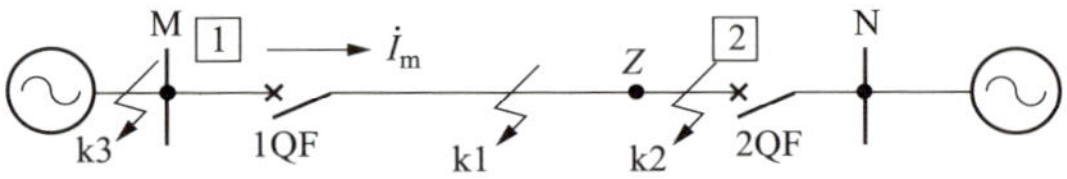

（a）接线图

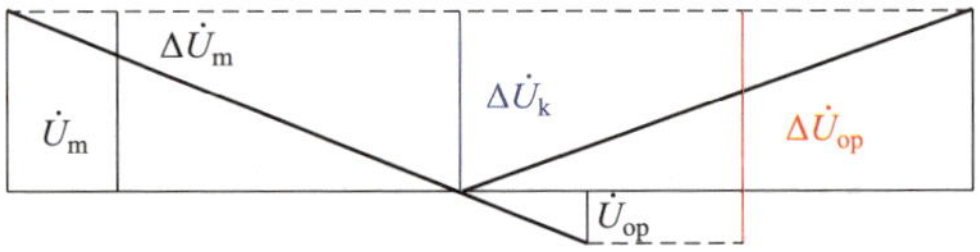

（b）区内短路电压分布

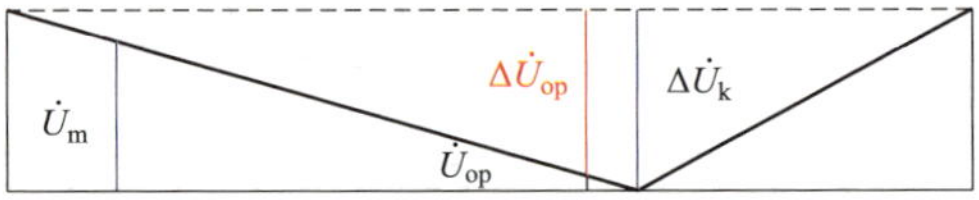

（c）正向区外短路电压分布

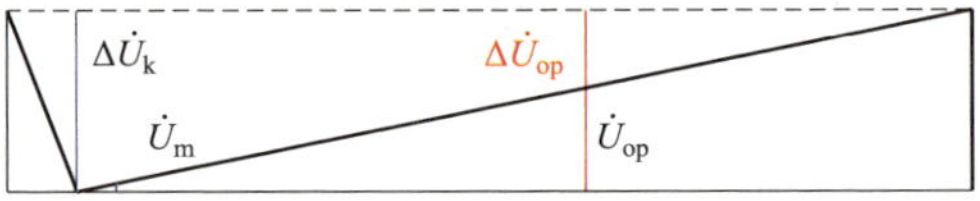

（d）反方向短路电压分布

图 3-17　电压变化量分布示意图

2. 正方向相间短路的动作特性

$\Delta\dot{U}_{op}$、$\Delta\dot{U}_k$ 可表示为

$$\Delta\dot{U}_{op}=-\Delta\dot{I}_m(Z_S+Z_{set}) \tag{3-38}$$

$$\Delta \dot{U}_{k} = \Delta \dot{I}_{m}(Z_{S} + Z_{m}) \tag{3-39}$$

式中：Z_S 为保护背后电源的等值正序阻抗。

将式（3-38）、式（3-39）代入动作方程，消去动作量和制动量中的 $\Delta\dot{I}_m$ 得到

$$|Z_{S} + Z_{set}| > |Z_{S} + Z_{m}| \tag{3-40}$$

相位比较动作方程为

$$90° < \arg \frac{Z_{m} - Z_{set}}{Z_{m} + 2Z_{S} + Z_{set}} < 270° \tag{3-41}$$

以 Z_m 为自变量，该动作方程对应的动作特性是以 Z_{set}、$(-2Z_S-Z_{set})$ 两向量的端点的连线为直径的圆，如图 3-18 中的圆 1 所示，Z_m 向量位于圆内阻抗元件动作区，该圆向第Ⅲ象限有很大的偏移。

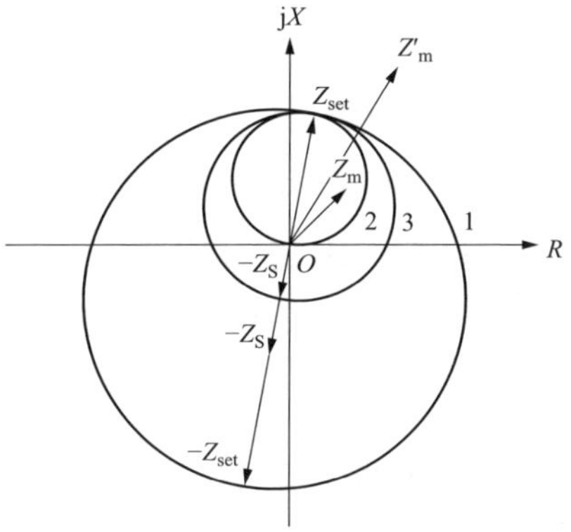

图 3-18 正方向短路时工频故障量阻抗元件的动作特性

工频故障量阻抗元件正方向短路时的动作特性虽然在第Ⅲ象限有保护范围，但并不表示反方向短路时它会误动。因为该动作特性是用正方向短路时的短路附加状态和正方向短路基本关系式推导出来的，所以只能用它来分析正方向短路。

3. 反方向相间短路的动作特性

动作方程经化简后 $\Delta\dot{U}_{op}$、$\Delta\dot{U}_k$ 可表示为

$$\Delta \dot{U}_{op} = \Delta \dot{I}_{m}(Z_{R} - Z_{set}) \tag{3-42}$$

$$\Delta \dot{U}_{k} = \Delta \dot{I}_{m}(Z_{R} - Z_{m}) \tag{3-43}$$

式中：Z_R 是保护正方向的等值正序阻抗。

相位比较动作方程为

$$90° < \arg \frac{Z_{m} - (2Z_{R} - Z_{set})}{Z_{m} - Z_{set}} < 270° \tag{3-44}$$

如果以 Z_m 为自变量，则式（3-44）对应的动作特性是以$(2Z_R-Z_{set})$、Z_{set}两向量端点的连线为直径的圆，如图 3-19 中的圆所示，该圆向第Ⅰ象限上抛，Z_m 向量位于圆内阻抗元件动作区。

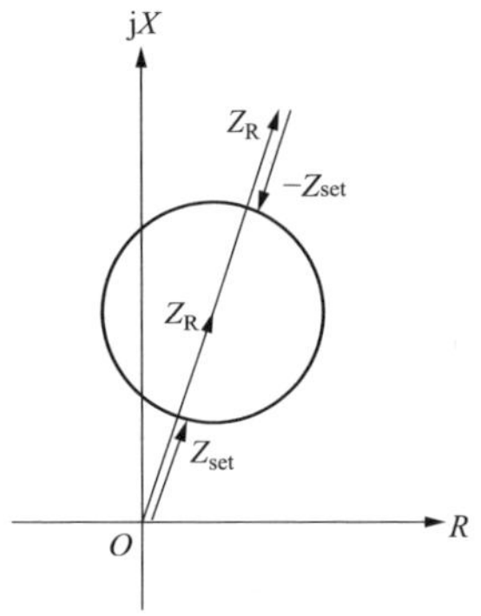

图 3-19 反方向短路时工频故障量阻抗元件的动作特性

反方向故障对阻抗元件来说，其测量阻抗 Z_m 在第Ⅲ象限，所以元件不会误动。即使是最容易发生误动的反方向出口（或母线）短路，考虑到过渡电阻附加阻抗是纯电阻性的，所以 Z_m 向量在 $-R$ 轴方向上，肯定不会进入圆内。所以工频故障量阻抗元件有非常良好的方向性。

从上可见，工频故障量阻抗元件在正、反方向短路时具有非常良好的性能。同时，所有反应工频故障量的元件都不反应负荷分量，负荷分量不会影响保护的性能，因为在它的实现过程中把负荷分量消除了。

4. 工频故障量阻抗元件性能评述

（1）工频故障量阻抗元件的优点。

1）阻抗元件有很强的保护过渡电阻的能力，而且该能力有很强的自适应功能。与一般的动作特性为图 3-18 中圆 2 所示的方向阻抗元件相比，工频故障量阻抗元件在 R 方向上有更多的保护范围。所以在区内经过渡电阻短路更不易拒动，保护适应过渡电阻的能力很强。对工频故障量阻抗元件来讲，与一般的阻抗元件一样，其过渡电阻的附加阻抗是流经过渡电阻上的电流与流经保护的电流的比值再乘以过渡电阻值。如果保护背后电源的运行方式越小，即 Z_S 越大，保护中分到流经保护的电流就越小，因此，相同的 R_g 值，保护装置感受到的阻抗就越大，阻抗元件在区内短路就越易拒动。但是如图 3-18 中的圆 1 所示的工频故障量阻抗元件的动作特性中直径的下面一点，即$(-2Z_S-Z_{set})$的那一点，是随运行方式的变化而变化的。当 Z_S 越大时，该点就越往下移，圆也就越大，在 R 方向上就有更多的保护范围，区内短路就越不易拒动，所以保护过渡电阻的能力有自适应功能。由于圆的下面这一点与两倍的($-Z_S$)有关，所以该自适应功能是很强的。

2）区外短路不会超越。对工频故障量阻抗元件来说，过渡电阻的附加阻抗是纯电阻性的。由于短路叠加状态中系统两侧没有电动势，所以两侧电流变化量间的相角差只取决于短路点两侧阻抗的阻抗角的差别，而该阻抗角的差别是很小的。所以本侧电流变化量和短路点电流变化量接近同相，附加阻抗是纯电阻性的。从图 3-18 圆 1 的动作特性来看，如果区外发生短路，那么在圆外的 Z'_m 向量上会再叠加一个与 R 轴平行的过渡电阻附加阻抗 Z_a，其测量阻抗仍在圆外，所以区外短路不会误动。

3）正方向出口短路没有死区，近处故障不会拒动。因为正方向短路的动作特性是向第Ⅲ象限有很大偏移的圆，坐标原点在动作特性内，所以正方向出口短路无死区，近处故障也不会拒动，不必采取任何其他措施。

4）正向出口短路时动作速度很快。出口短路最快可达到 4ms 即发跳闸命令。短路点越近，保护动作速度越快，这符合系统稳定对保护的要求。现在一般纵联保护由于两侧要交换数据，考虑到通道延时要 20~25ms 才能发出跳闸令，所以工频故障量距离保护是目前动作最快的一种线路保护。该保护可构成快速距离保护的第Ⅰ段。

5）系统振荡时或者系统运行中电流、电压有波动时工频故障量阻抗元件不会误动。从式（3-37）表达的动作方程来看，工频故障量阻抗元件是一个门槛电压近似为额定电压的过电压元件，制动量很大。而在系统振荡时由于电压和电流的变化比较缓慢，在式（3-37）决定的动作量 $\Delta\dot{U}_{op}$ 中，由于 $\Delta\dot{U}_m$ 和 $\Delta\dot{I}_m$ 比较小，因而动作量比较小，所以阻抗元件不会误动。系统振荡时工频故障量阻抗元件不会误动，这也是比稳态量阻抗元件优越之处。正因为如此，工频故障量阻抗元件不需经振荡闭锁控制。

（2）工频故障量阻抗元件的缺点。

1）由于工频故障量的电气量只存在于短路初始的一段时间内，所以它只能用于构成快速保护，因而还需要与反应稳态量的保护配合使用。

2）在超高压远距离输电线路上，线路末端断路器因故跳开时，由于容升效应的影响，线路末端电压将升高。由于工频故障量阻抗元件的动作量 $|\Delta\dot{U}_{op}|$ 反应的是保护范围末端的电压，所以保护范围末端的电压也将升高，这将造成工频故障量阻抗元件的误动。工程应用中可以把工频故障量阻抗元件与一个动作方程为 $|\dot{U}_m|<|\dot{I}_m Z_{set}|$ 的全阻抗元件构成“与”逻辑，避免工频故障量距离保护误动。而在上述对端断路器跳开的情况下，流经保护的电流只是本线路的电容电流，电流很小时全阻抗元件不动作，工频故障量距离保护不会误动。

3）由于暂态电气量的影响，工频故障量阻抗元件的离散性相对稍大一些。

3.3 影响距离保护正确工作的因素及应对措施

3.3.1 分支电流（助增及外汲）对距离保护的影响及应对措施

1. 助增电流的影响

在图 3-20（a）所示的系统图中，阻抗元件装在 MN 线路的 M 端。加在保护上的电压 $\dot{U}_m$ 和电流 $\dot{I}_m$ 是阻抗元件接线方式中规定的电压和电流，其正方向为保护规定的正方向。设在 NP 线路上 k 点发生金属性短路，在短路点和阻抗元件安装处之间的变电站母线上接有助增电源 E_P，并提供助增电流 $\dot{I}_P$。在 $\dot{I}_P$ 电流的作用下流过故障线路 NP 上的电流 $\dot{I}_k$ 不再等于流经保护的电流 $\dot{I}_m$，并存在 $\dot{I}_k=\dot{I}_m+\dot{I}_P$ 的关系式。由于是金属性短路，故保护安装处的电压等于 MN 线路上的压降和 NK 线路上的压降之和，即 $\dot{U}_m=\dot{I}_m Z_1+\dot{I}_k Z_k$。于是阻抗元件的测量阻抗为

$$Z_m = \frac{\dot{U}_m}{\dot{I}_m} = \frac{\dot{I}_m Z_l + \dot{I}_k Z_k}{\dot{I}_m}$$

$$= Z_l + \frac{\dot{I}_k}{\dot{I}_m} Z_k \tag{3-45}$$

$$= Z_l + K_b Z_k$$

$$K_b = \frac{\dot{I}_k}{\dot{I}_m} = 1 + \frac{\dot{I}_P}{\dot{I}_m}$$

式中：K_b 为分支系数，在助增电流的作用下，$K_b > 1$。

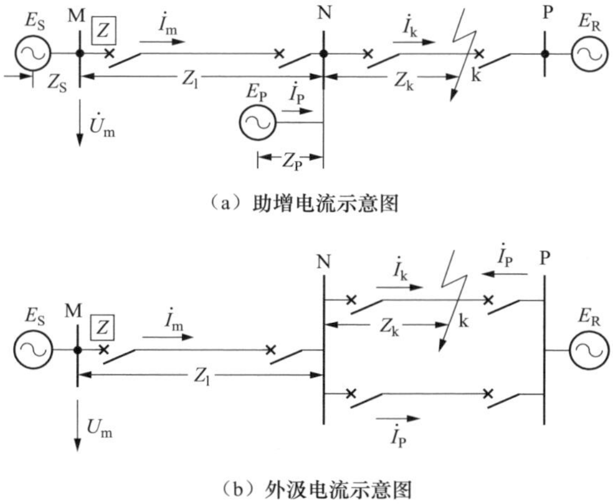

图 3-20　分支电流对阻抗元件工作的影响

这样，阻抗元件的测量阻抗不再等于从短路点 k 到保护安装处的阻抗 Z_l+Z_k，在助增电流作用下，阻抗元件的测量阻抗增大了。测量阻抗的增大意味着保护范围的缩小，如果助增电流越大，保护范围缩小得就越多。分支系数的大小与助增电源 E_P 和保护背后电源 E_S 的大小有关，所以它与系统的运行方式有关。由于距离保护 I 段仅保护本线路的一部分，在本线路故障时只要不是 T 接线路，从短路点到保护安装处之间就不会再有其他分支，因此不会出现分支电流，所以距离保护 I 段在区内金属性短路时的测量阻抗固定地反应从短路点到保护安装处的线路阻抗，它不受运行方式变化的影响，这是距离保护第Ⅰ段的突出优点。但距离保护Ⅱ、Ⅲ段由于保护范围伸到相邻线路上，在本线路末端的母线上可能存在分支电流，因此距离保护Ⅱ、Ⅲ段的保护范围将受运行方式变化的影响，该影响主要体现在分支系数上。所以，在距离保护Ⅱ、Ⅲ段的整定计算中要考虑运行方式（分支系数）变化的影响。

在辐射状电网中计算分支系数不一定要先求出流经故障线路的电流 $\dot{I}_k$ 和流经保护的电流 $\dot{I}_m$，然后再求出它们的比值——分支系数 K_b，而可以用并联电路各支路阻抗和电流成反比的关系直接求出。例如在图 3-20（a）所示的辐射状电网中，分支系数为

$$\begin{aligned} K_b &= 1 + \frac{\dot{I}_P}{\dot{I}_m} \\ &= 1 + \frac{Z_S + Z_1}{Z_P} \end{aligned} \tag{3-46}$$

从式（3-46）可得出如下结论：

1）在辐射状电网中，分支系数的大小与短路点在相邻线路上的位置（Z_k）无关。

2）在整定距离保护Ⅱ、Ⅲ段定值时要考虑分支系数的影响。为了在有助增电流时保护范围不要缩小得太多，保护的定值可以适当增大，且应保证在助增电流最小时与相邻线路的保护仍有配合关系，所以应考虑最小的分支系数。为求得最小分支系数，其运行方式应考虑保护背后电源为最大运行方式（Z_S 最小）、助增电源为最小运行方式（Z_P 最大），此时助增电流 $\dot{I}_P$ 最小，分支系数最小。

2. 外汲电流的影响

如果阻抗元件安装处的相邻线路是平行线路或者是环网，当在相邻线路上短路时，在短路点和保护安装处之间就有一个分支电流。例如图 3-20（b）所示就是相邻线路是平行线的情况。流经平行线路的另一条线路的分支电流是一个外汲电流 $\dot{I}_P$。由于外汲电流 $\dot{I}_P$ 的存在，流经故障线路上的电流 $\dot{I}_k$ 不再等于流经保护的电流 $\dot{I}_m$，并存在 $\dot{I}_m = \dot{I}_k + \dot{I}_P$ 的关系式。当金属性短路时，保护

安装处的电压等于 MN 线路上的压降和 NK 线路上的压降之和，即 $\dot{U}_{m}=\dot{I}_{m}Z_{1}+\dot{I}_{k}Z_{k}$，于是元件的测量阻抗为

$$
\begin{aligned}
Z_{m} &= \frac{\dot{U}_{m}}{\dot{I}_{m}} = \frac{\dot{I}_{m}Z_{1}+\dot{I}_{k}Z_{k}}{\dot{I}_{m}} \\
&= Z_{1}+\frac{\dot{I}_{k}}{\dot{I}_{m}}Z_{k} = Z_{1}+K_{b}Z_{k}
\end{aligned} \tag{3-47}
$$

$$
K_{b}=\frac{\dot{I}_{k}}{\dot{I}_{m}}=1-\frac{\dot{I}_{P}}{\dot{I}_{m}}
$$

式中：K_{b} 为分支系数，在外汲电流的作用下，$K_{b}<1$。

这样，阻抗元件的测量阻抗不再等于从短路点 k 到保护安装处的阻抗 $Z_{1}+Z_{k}$，在外汲电流作用下，阻抗元件的测量阻抗减少了。阻抗元件测量阻抗的减少意味着保护范围的伸长，如果外汲电流越大，保护范围伸长得就越多。由于距离保护Ⅱ、Ⅲ段的保护范围是伸到相邻线路中的，为使在有外汲电流时保护范围伸长仍能与相邻线路保护有配合关系，阻抗元件的定值应适当缩短，所以在整定距离保护Ⅱ、Ⅲ段的定值时应考虑外汲电流的影响。为使距离保护Ⅱ、Ⅲ段不造成越级跳闸，在计算它们的定值时，应考虑有最大外汲电流的运行方式，也就是要考虑最小分支系数的运行方式下阻抗元件不会误动。在相邻线路是平行线路的情况下，外汲电流的大小或者说分支系数的大小与短路点在相邻线路的位置有关。短路点越接近平行线路末端（接近 P 母线），外汲电流 $\dot{I}_{P}$ 越大，分支系数越小。如果距离保护Ⅱ段的定值按与相邻线路距离保护Ⅰ段的定值相配合整定，那么理论上讲在计算此时的分支系数时短路点应选在相邻线路距离保护Ⅰ段的末端。但这样的做法，短路电流的计算会十分复杂。所以作为一种工程计算上的近似，通常短路点取在相邻的平行线路末端（P 母线）。如果两条平行线路的参数完全一致，那么此时分支系数 $K_{b}=0.5$。需要指出，这时的分支系数值比短路点选在相邻线路距离保护Ⅰ段的末端计算出的分支系数值要小，按此分支系数得出的保护定值更小，

这样更不会越级跳闸，所以这样的近似更趋于保守。

如果在相邻线路上发生短路，既有助增电流又有外汲电流，则在计算距离保护Ⅱ、Ⅲ段的定值时分支系数应取最小的分支系数，也就是应取助增电流最小、外汲电流最大的运行方式来计算分支系数。具体地讲，保护背后的电源应取最大运行方式，助增电源应取最小运行方式，外汲电流应取最大运行方式。

3.3.2 过渡电阻对距离保护的影响

前面曾提到在金属性短路的前提下，只要从保护安装处到短路点之间没有分支电流（助增电流或外汲电流）而且阻抗元件接线方式中的电流不为零，那么接在故障相或故障相间上的阻抗元件的测量阻抗 Z_m 都等于从短路点到保护安装处的正序阻抗 Z_k。但是电力系统中的短路往往都是有过渡电阻的，过渡电阻的存在使短路点的故障相或故障相间上的电压不再是零。因此阻抗元件的测量阻抗就不再等于 Z_k，测量阻抗在幅值和相位上都发生了变化，从而对阻抗元件的动作行为产生影响。

相间短路时，过渡电阻就是电弧电阻，其数值不是很大。接地短路时过渡电阻除电弧电阻外还有杆塔电阻和大地电阻，如果是经异物（例如树木）放电，则还有异物电阻，因此接地短路时过渡电阻就大得多。在继电保护中，考察保护的动作行为时，各个电压等级的输电线路在接地短路时需考虑的最大过渡电阻取值的参考数值为：220kV 取 100Ω；330kV 取 150Ω；500kV 取 300Ω；750kV 取 450Ω；1000kV 取 600Ω。

单侧电源系统中，由于流经过渡电阻 R_g 的短路电流 $\dot{I}_k$ 与流经阻抗元件的测量电流 $\dot{I}_m$ 相等，因此在过渡电阻的影响下，测量阻抗变为

$$Z_m = \frac{\dot{U}_m}{\dot{I}_m} = \frac{\dot{I}_m Z_k + \dot{I}_k R_g}{\dot{I}_m} = Z_k + kR_g \tag{3-48}$$

其中

$$k = \dot{I}_k / \dot{I}_m = 1$$

因此如图 3-21 所示，在过渡电阻的影响下测量阻抗变大，从而使保护范围缩小了。

而双侧电源系统中，由于短路点两侧电动势相位不同，流经过渡电阻 R_g 的电流与流经阻抗元件的测量电流不再是同相位，对阻抗元件的影响也随之发生变化。对送端距离元件来说，过渡电阻呈现阻容性，有可能使测量阻抗变小，造成保护误动作；但当故障点在出口时，会使测量阻抗变大造成保护拒动。对受端距离元件来说，过渡电阻呈现阻感性，有可能使测量阻抗变大，造成保护拒动。具体分析过程可查阅参考文献［3］，不再赘述。

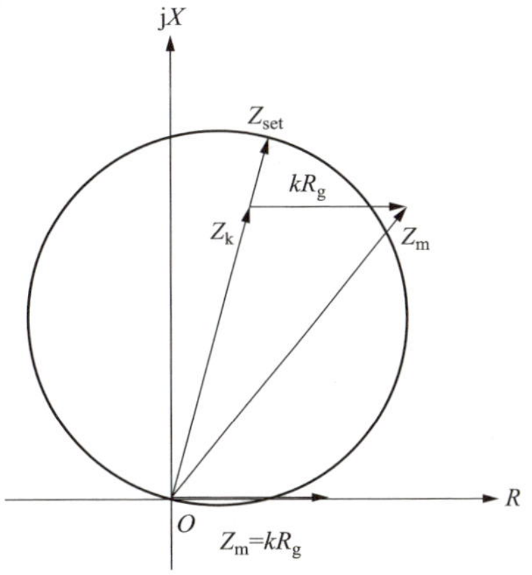

图 3-21　单侧电源系统过渡电阻对阻抗元件工作的影响

3.3.3　交流失压对距离保护的影响及应对措施

1. 交流失压对距离保护的影响

TV 二次回路异常主要是指 TV 二次回路断线。TV 二次回路断线包括二次回路的空气开关跳开或熔断器熔断及二次电压回路接线松动、虚接等。由于 TV 至保护装置之间多次经过端子转接，任何一处端子接触不良均会导致 TV 二次回路断线，因此，在实际工作中 TV 二次回路断线大部分是接线松动、虚接，而空气开关跳开或熔断器熔断概率较小。

发生 TV 二次回路断线时，阻抗元件的测量电压 $\dot{U}_m$ 下降，甚至降为零，通常把这种情况称作交流失压。引起 TV 二次回路断线大致有两种情况：一种是装置后端子或屏上端子由于接触不良造成的断线。这时加在保护装置上的断线相上的电压为零。另一种是电压回路发生短路造成空气开关或者熔断器熔断。现在 TV 二次回路普遍使用空气开关三相联动，因此一旦跳开，三相电压均为零。过去 TV 二次回路使用熔断器，存在单相熔断或者两相熔断的情况，此时由于健全相上的二次电压经过负荷的分压，使熔断相上的二次电压并不为零。总之无论是哪种情况，TV 二次回路断线总能使阻抗元件的测量电压 $\dot{U}_m$ 下降，继而造成测量阻抗 Z_m 下降，引起阻抗元件误动。

2. 应对措施

为防止 TV 二次回路断线时保护误动，采用电流启动元件和电压断线闭锁。

采用电流启动元件，是因为当 TV 二次回路断线时，电流没有变化，因而启动元件没有启动。启动元件没有启动时，故障计算程序是不进行工作的。而保护元件，例如阻抗元件的动作行为和跳闸的逻辑都是安排在故障计算程序中进行的，因此，TV 二次回路断线时，距离保护不会误动。如果在系统波动或发生区外故障造成电流启动元件启动的情况下又发生 TV 二次回路断线时保护是会误动的，不过这种情况同步发生的概率较小。

虽然 TV 二次回路断线时距离保护不会误动，但是在 TV 二次回路断线期间再发生区外短路或系统扰动时，随着电流有突变或者出现零序电流，电流启动元件一旦启动，程序就进入故障计算程序，由于这时电压已是 TV 二次回路断线时的电压，电流是区外短路时的短路电流，电流升高了，阻抗元件也可能动作并导致距离保护误动。因此，保护装置应具备检测电压二次回路的异常，并将距离保护闭锁并发出断线信号，以便运行人员及时检查尽快消除异常状况，这种功能通常称作电压断线闭锁或 TV 断线闭锁。

对 TV 断线闭锁的要求：

(1) 当 TV 二次回路出现单相、两相或三相断线时断线闭锁都应将它们检测出来，发出告警信号并将距离保护闭锁。

(2) 当一次系统发生短路时，断线闭锁不能误动，以免将距离保护误闭锁。

目前各个厂家的距离保护中 TV 断线闭锁原理大致相同，下面以某厂家的 TV 断线闭锁为例说明其原理。它由以下两个判据“或”逻辑构成：

1) 当三相电压相量和，即自产零序电压大于 7V，且启动元件不启动时，延时发 TV 二次回路异常信号并闭锁保护。

此判据用以判别 TV 二次的一相和两相断线。用 TV 二次侧三相电压的相量和大于 7V 来检测 TV 二次回路发生不对称断线。因为 TV 二次发生一相和两相断线时将出现零序电压，所以此时电流启动元件是不启动的。

2）满足正序电压小于 30V，且没有三相跳位（经电流确认）时，且启动元件不动作，延时发 TV 二次回路异常信号并闭锁保护。

此判据中用以检测出 TV 的三相断线。当 TV 三相断线时，三个相电压都为零，所以正序电压为零。此时电流启动元件并未动作，经延时后即可发断线信号并闭锁距离保护。

3.3.4 系统振荡对距离保护的影响及振荡闭锁

正常运行时电力系统中各发电机都以同步转速运行，各发电机的电动势都以同样的工频角频率旋转，各电动势之间的相位差维持不变，电力系统处于同步稳定运行状态。如果电力系统受到某种大的扰动，各发电机的电动势以不同的角频率旋转，各电动势之间的相位差一直不断变化，造成电力系统失去同步，从而产生电力系统振荡。

当电力系统发生振荡时，两侧电动势之间的夹角 δ 将在 0°~360°间不断变化。δ 变化一周（360°）所需要的时间称作振荡周期。工程中最长的振荡周期常按 1.5s 考虑。

当电力系统失去稳定造成振荡时，各点的电压和线路中的电流将随电动势夹角的变化做周期性的摆动，装在系统中的某些保护将受到不同程度的影响。下面主要分析对方向阻抗元件工作的影响。本节省略了推导过程，只保留结论。读者有兴趣可以自行查阅参考文献［3］。

1. 系统振荡时电流、电压的变化

在图 3-22（a）所示的系统中，保护安装在线路 MN 的 M 侧。系统发生振荡前保护安装处是送电端，$\dot{E}_S$ 超前于 $\dot{E}_R$，$\dot{E}_R=\dot{E}_S e^{-j\delta}$。假设两侧电动势的幅值相等，即 $|\dot{E}_S|=|\dot{E}_R|=|E|$，则系统中各元件的阻抗角相同。

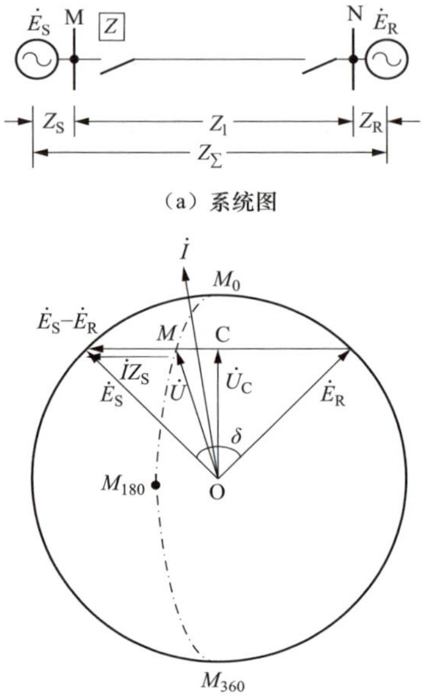

（b）$|\dot{E}_S|=|\dot{E}_R|$时向量图

图 3-22　电力系统发生振荡时的系统图与向量图

经推导，可得阻抗元件的测量电流和测量电压表达式为

$$I_m=\left|\frac{\dot{E}_S-\dot{E}_R}{Z_\Sigma}\right|=\left|\frac{\dot{E}_S\ (1-e^{-j\delta})}{Z_\Sigma}\right|=\frac{2E}{Z_\Sigma}\sin\frac{\delta}{2} \tag{3-49}$$

$$\dot{U}_m=\dot{E}_S-\dot{I}Z_S \tag{3-50}$$

由式（3-49）可知，当两侧电动势相位相同时（$\delta=0°$或者$\delta=360°$），测量电流为零；当两侧电动势相位相反时（$\delta=180°$），电流达到最大值。所以装在线路上的反应电流有效值的电流保护，如果其定值没有躲过最大的振荡电流，则在系统振荡时它将在每一个振荡周期中动作返还一次。

由式（3-50）可知，当两侧电动势的夹角δ为0°或360°时，由于两侧电动势同相，所以电流是零，因此保护安装处的电压等于电动势，电压达最大值。当两侧电动势的夹角δ为180°时，电流最大，电流在阻抗Z_S上的压降也最大，所以保护安装处的电压幅值达最小值。如果在MN线路的M侧装有低电压元件，且它的定值没有躲过振荡时M点的最小电压值，那么该元件在振荡时的动作行为也是在每一个振荡周期中动作返还一次。

在系统发生振荡时，系统中电压最低的那一点 C，称为振荡中心。假设各元件的阻抗角相同时，系统中各点电压向量的端点都落在 $\dot{E}_S-\dot{E}_R$ 的向量上，所以 C 点也在 $\dot{E}_S-\dot{E}_R$ 的向量上。由于垂线的距离最短，所以振荡中心 C 点的电压向量，是在图 3-22（b）中从 O 点向 $\dot{E}_S-\dot{E}_R$ 向量作的垂线，即 $\dot{U}_C=\overrightarrow{OC}$。当两侧电动势幅值相等时，振荡中心位于整个系统的中点，即位于 $Z_\Sigma/2$ 处时，振荡中心电压的幅值为

$$U_C = |E|\cos\frac{\delta}{2} \tag{3-51}$$

当两侧电动势的夹角 δ 为 180°时，$U_C=0$。

2. 系统振荡对阻抗元件工作的影响

当电力系统发生振荡时，保护安装处的电压与电流其幅值和相位都将随着两侧电动势夹角 δ 的变化而变化，如式（3-50）和式（3-49）所示。因此，反应电压和电流比值的阻抗元件的测量阻抗也将随着两侧电动势夹角 δ 的变化而变化。如果两侧电动势幅值相等，即 $|\dot{E}_S|=|\dot{E}_R|=|E|$，夹角 δ 为 180°时，即 $U_C=0$，对于阻抗元件来说，相当于在振荡中心 C 点发生三相短路，所以两侧电动势幅值相等的系统振荡时，阻抗变化轨迹必经过振荡中心！

经公式推导，当 $|\dot{E}_S|=|\dot{E}_R|$ 时，测量阻抗的变化轨迹为过振荡中心，且垂直于阻抗的直线，即两侧电动势间的总阻抗 Z_Σ 的中垂线。

判断阻抗元件在振荡时是否会误动，只需要把阻抗元件的动作特性与测量阻抗的变化轨迹画在同一张阻抗复数平面上。如图 3-23 所示，方向阻抗元件在系统发生振荡时的动作特性是图中经过坐标原点的一个圆。由于测量阻抗变化轨迹线经过振荡中心，所以也可以简便地用振荡中心的位置来判断阻抗元件的动作行为。当振荡中心 C 位于阻抗元件动作特性内部时，阻抗元件可能误动，如图 3-23 直线 1 所示。而当振荡中心 C 不在阻抗元件动作特性内部时，例如振荡中心位于正方向的区外时，如图 3-23 直线 2 所示；或者振荡中心位于反方向时，如图 3-23 直线 3 所示，阻抗元件测量阻抗向量端点的变

化轨迹线 mn 就不穿过阻抗元件的动作特性，阻抗元件就不会误动。

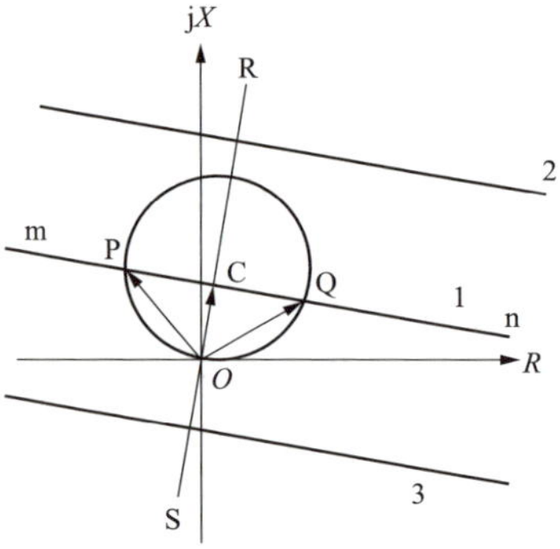

图 3-23　系统振荡时阻抗元件动作行为的分析

当振荡中心 C 位于阻抗元件动作特性内部时，阻抗元件也并不是在振荡期间一直处于动作状态的。阻抗元件只有在两侧电动势的夹角在 180°左右时才可能误动。如图 3-23 直线 1 所示，系统振荡时测量阻抗只有落在 P、Q 两点之间时，阻抗元件的测量阻抗才落在动作特性内，阻抗元件才可能误动。如果测量阻抗的端点落在 Q 点上时，对应的两侧电动势的夹角为 δ_1，当测量阻抗的端点落在 P 点上时，对应的两侧电动势的夹角为 δ_2，则只有当 $\delta_1 < \delta < \delta_2$ 时，阻抗元件才可能误动。而在两侧电动势的夹角较小时（δ 在 0°或 360°左右），阻抗元件是不会误动的。因此如果阻抗元件在振荡时会误动，则其动作行为也是在每一个振荡周期中动作返还一次。其误动的时间为

$$t = \frac{\delta_2 - \delta_1}{360^\circ} T \tag{3-52}$$

式中：T 为振荡周期。

3. 对振荡闭锁的要求

在系统发生振荡时阻抗元件有可能误动，但是保护的可靠性要求是不允许误动的。关于系统发生振荡时到底是否允许保护动作，我国和西方一些国家有着不同的观点。我国要求在系统发生振荡时应尽量保持系统的完整性，各地的保护不应该动作于跳闸（除预先设置的振荡解列点外）。我国运行经验证明，在振荡时快速减少送端系统侧机组的出力，减少受端系统的负荷可以快速地平息系统振荡，是系统快速恢复同步运行的有效手段。若经过 3~4min 调整仍无效，再在某些预先设定的解列点解列。这样系统受到的影响最小，对系统最为有利。我国电力系统长期的运行实践证明这种做法收到了良好的效果。如果允许系统振荡时保护动作，那么振荡发生时许多区域

的断路器都跳闸，一个大系统被分裂成许多小系统，再重新恢复成一个大系统将需要很长时间。对于电网结构比较松散的系统，势必造成大面积停电事故。

为使距离保护在振荡时不误动，需加振荡闭锁。当系统发生振荡时由振荡闭锁将距离保护闭锁，使距离保护不会误动。但是，当系统中发生短路时，振荡闭锁应开放保护，允许距离保护切除故障。

具体地说，振荡闭锁应满足如下要求：

1）当系统发生振荡时，无论是静态稳定破坏引起的振荡还是暂态稳定破坏引起的振荡，振荡闭锁都应将距离保护闭锁（即不开放距离保护）。

2）在系统发生振荡期间，调度人员要进行一些操作，例如切机、切负荷。这种情况一般称作“先振荡后操作”。在“先振荡后操作”期间，振荡闭锁应继续将距离保护闭锁。

3）在非全相运行时系统发生振荡，振荡闭锁应继续将距离保护闭锁。

4）在正常运行下的第一次短路，振荡闭锁应开放保护，以允许距离保护切除区内故障。

5）区外故障后紧接着又发生区内故障时，振荡闭锁应开放保护，以允许距离保护切除区内故障。

6）在振荡中发生短路时，振荡闭锁应在两侧电动势夹角较小时开放保护，以允许距离保护切除区内故障。在两侧电动势夹角较大时应闭锁保护，以防止振荡中发生区外短路时距离保护误动。

7）在非全相运行期间如果运行相上发生短路，振荡闭锁应开放保护，以允许距离保护切除区内故障。

从上述的几点要求中可以看出，振荡闭锁应能区别振荡和短路。只要能找到区分振荡和短路的方法，就能够用来构成振荡闭锁。在模拟型保护中，振荡闭锁是由硬件电路来实现的。所以称作振荡闭锁装置。在微机型距离保护中，振荡闭锁是一段算法程序。

3.3.5 串联补偿电容对距离保护的影响及应对措施

串联补偿电容是提高系统稳定运行的重要措施之一。在超高压远距离输电线路上，为了提高系统运行的稳定性和输电线路的输送容量，有时采用在输电线路上加装串联补偿电容的办法。用串联补偿线路电容的容抗，部分地补偿输电线路的感抗，使两侧电源间的总电抗减少，联系更加紧密，从而提高系统运行的稳定性。

串联补偿对距离保护的影响，主要是破坏了测量阻抗和故障距离间的线性关系。如图 3-24 所示，在保护装置 3 的出口处安装了串联补偿电容器，实际线路阻抗如图 3-25 中的直线所示。在串联补偿电容器的作用下，测量阻抗如图 3-25 中的虚线所示。

因此对保护装置 1 的阻抗元件来说，串联补偿电容会使其超范围动作。

对保护装置 2 的阻抗元件来说，串联补偿电容会使其反方向误动。

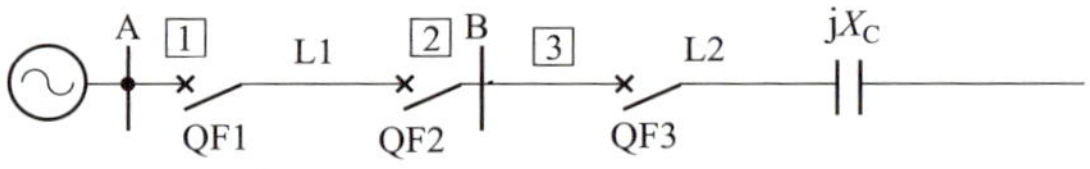

图 3-24 一次接线图

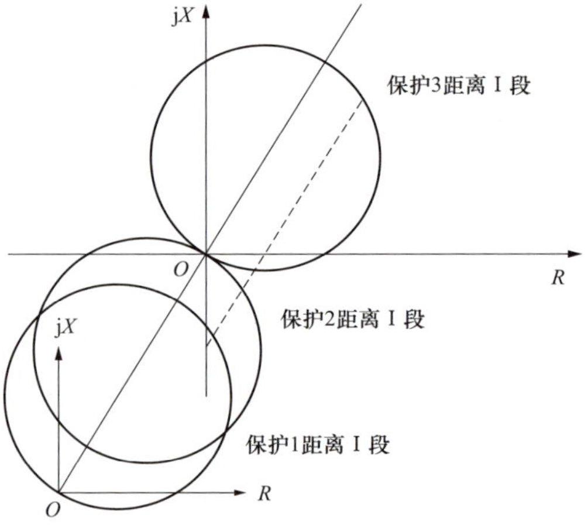

图 3-25 保护范围示意图

对保护装置 3 的阻抗元件来说，串联补偿电容会使其近距离正方向拒动，远距离超范围动作。

克服串联补偿电容对距离保护影响，重点在于防止保护误动，其主要措施有：

1）采用负序方向元件闭锁可能误动的保护（如保护装置 2 的距离 I 段）。

2）采用记忆电压作为参考电压可防止反方向误动及正方向拒动。

3）通过整定计算，防止正方向超范围动作（其本质是缩小保护范围，降低灵敏度）。

4）采用直线特性克服反方向误动。

5）识别故障点位置，进行阻抗补偿。

3.3.6 平行线路另一回线路运行方式变化对本线路接地距离的影响

与零序电流保护类似，由于平行线路另一回线路运行方式改变，在线路间零序互感的作用下，会改变本线路的零序阻抗和实际的零序补偿系数 $\dot{K}$，如图 3-26 所示，M 端保护远处本线路接地或末端跨线接地故障，另一线路零序电流（如黑色箭头所示）起助磁作用，使零序补偿系数 K 变大，故障线路电压增大，测量阻抗增大；反之 M 端保护近处本线路接地或首端跨线接地故障，另一线路零序电流（如红色箭头所示）起去磁作用，使零序补偿系数 $\dot{K}$ 变小，故障线路电压减小，测量阻抗减小。

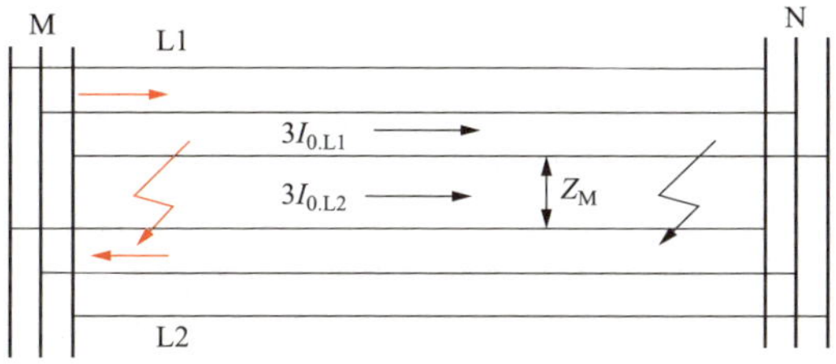

图 3-26　平行双回线接线图

由于在近处故障，肯定在距离保护Ⅰ段的动作范围内，因此零序补偿系数 $\dot{K}$ 变小，测量阻抗减小对保护无影响。

而在远处故障，零序电流起助磁作用，使零序补偿系数 $\dot{K}$ 变大，测量阻抗增大，使保护范围缩小。

3.4 距离保护整定原则及实例

3.4.1 整定计算原则

距离保护的动作时限 t 与测得的故障点与保护安装处的距离 l 的关系，即 $t=f(l)$ 或 $t=f(Z)$，称为距离保护的时限特性。目前广泛应用的是三段式梯形时限特性，它具有三个保护范围及相应的三段延时 t_1^{I}、t_1^{II}、t_1^{III}，如图 3-27 所示。距离保护的第Ⅰ、Ⅱ、Ⅲ段的整定计算与电流保护的第Ⅰ、Ⅱ、Ⅲ段相似，不同之处是距离Ⅰ段的保护范围不受系统运行方式变化的影响，其他两段受到的影响也较小，故距离保护的保护范围比较稳定。

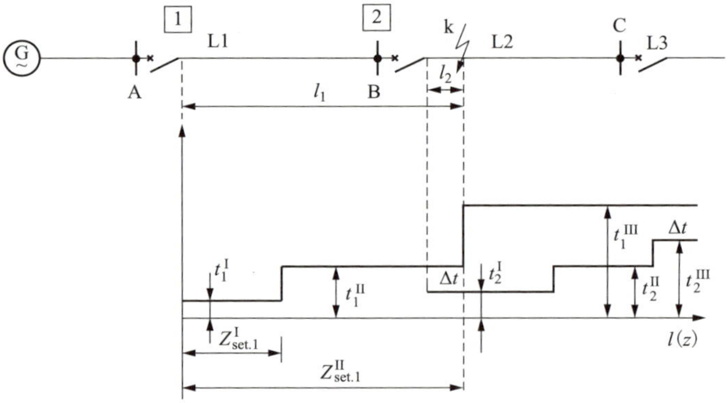

图 3-27 三段式距离时限特性

1. 距离Ⅰ段的整定计算原则

与第 2 章的电流速断保护类似，为保证选择性，瞬时动作的距离Ⅰ段以躲过本线路末端故障的测量阻抗值整定，保护范围为被保护线路全长的80%~85%，动作时限为阻抗元件的固有动作时间，在0.1s以内，故认为是瞬时动作。所以保护装置1的距离Ⅰ段定值Z_{set}^{I}公式如下：

$$Z_{set.1}^{I}=K_{rel}^{I}Z_{L1} \tag{3-53}$$

式中：K_{rel}^{I}为可靠系数，取0.8~0.85；Z_{L1}为线路L1的阻抗。

2. 距离Ⅱ段的整定计算原则

距离Ⅱ段的保护范围为被保护线路的全长及下个线路的一部分，并考虑最小分支系数，动作时限要与下一线路的距离Ⅰ段的动作时限配合，即$t_1^{II}=t_2^{I}+\Delta t$，$\Delta t$为0.5s。

$$Z_{set.1}^{II}=K_{rel}^{II}(Z_{L1}+K_{b.min}Z_{set.2}^{I}) \tag{3-54}$$

式中：K_{rel}^{II}为可靠系数，取0.8。

3. 距离Ⅲ段的整定计算原则

距离Ⅲ段作为后备保护，正常时不启动，整定阻抗按躲过最小负荷阻抗整定，以方向阻抗为例，动作时限应按阶梯原则整定，即$t_1^{III}=t_2^{II}+\Delta t$。

$$Z_{set}^{III}=\frac{0.9U_N K_{rel}^{III}}{K_{re}\times K_{ast}\times I_{load.max}\times\cos(\theta_L-\theta_{load})} \tag{3-55}$$

式中：U_N为线路额定相电压，kV；K_{rel}^{III}为可靠系数，取0.8~0.85；$I_{load.max}$为线路最大一次负荷电流，A；θ_L为线路正序阻抗角；θ_{load}为负荷阻抗角，一般取30°~40°；K_{re}为返回系数，一般取1.15~1.25；K_{ast}为电动机自启动系数，一般取1.5~2.5。

4. 将一次整定值换算成二次定值

上述计算结果均为一次整定值，与电流保护一样，需将一次阻抗整定值Z_{set}换算成二次阻抗整定值Z_{op}，转换公式如下：

$$Z_{op}=\frac{n_{TA}}{n_{TV}}Z_{set} \tag{3-56}$$

式中：n_{TA}为电流互感器变比；n_{TV}为电压互感器变比。

由图3-27可以看出，当k点发生短路时，从保护2安装处到k点的距离

为 l_2，保护 2 将以 t_2^{I} 的时间动作；从保护 1 安装处到 k 点的距离为 l_1，保护 1 将要以 t_1^{II} 的时间动作，$t_1^{\mathrm{II}} > t_2^{\mathrm{I}}$，保护 2 将动作于跳闸，切除故障，满足选择性要求。由于距离保护从原理上保证了离故障点近的保护的动作时间总是小于离故障点远的保护的动作时间，故障总是由距故障点近的保护首先切除，因此它能在多电源的复杂网络中保证保护动作的选择性。

3.4.2 上海电网整定计算原则

1. 终端线路距离保护整定原则

（1）距离 I 段整定原则。

1）一线送一变的终端线。一线送一变的终端线接线图如图 3-28 所示，由于线路 L1 向一台变压器 T1 输送电能，当 T1 故障时，保护 1 动作跳开 QF1，并不会扩大停电范围。因此按可靠躲过变压器低压侧故障整定，即保护范围伸入变压器，不伸出变压器。同时满足线路末端金属性故障有规定的灵敏度。

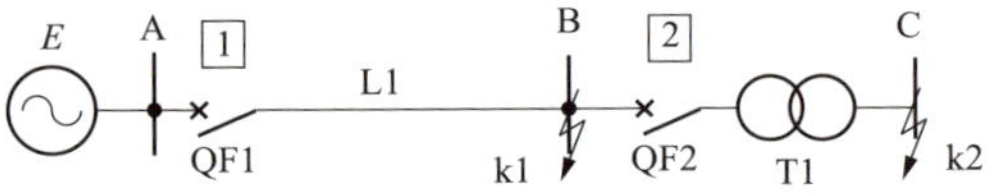

图 3-28 一线送一变的终端线接线图

$$Z_{\mathrm{set.1}}^{\mathrm{I}} \leqslant 0.8Z_{\mathrm{L}} + 0.7Z_{\mathrm{T}} \tag{3-57}$$

$$Z_{\mathrm{set.1}}^{\mathrm{I}} \geqslant K_{\mathrm{sen}}Z_{\mathrm{L}} \tag{3-58}$$

式中：Z_{L} 为线路阻抗；Z_{T} 为变压器阻抗；K_{sen} 为灵敏系数。

K_{sen} 需满足以下要求：

a）20km 以下线路，不小于 1.5；

b）20~50km 线路，不小于 1.4；

c）50km 以上线路，不小于 1.3。

距离 I 段动作时间为 0s。

2）对于一线送两变的终端线。按可靠躲过本线路末端相间故障整定。若线路长度太短，距离Ⅰ段可按可靠躲过变压器低压侧故障整定。

$$Z_{set.1}^{I} \leqslant 0.8Z_{L} \tag{3-59}$$

$$Z_{set.1}^{I} \leqslant 0.8Z_{L} + 0.7Z_{T} \tag{3-60}$$

式中：Z_L 为线路阻抗；Z_T 为变压器阻抗。

距离Ⅰ段动作时间：

a）220kV 距离Ⅰ段时间为 0s。

b）110kV 距离Ⅰ段时间根据稳定性要求可适当延时（一般不大于 0.3s），以满足选择性。

（2）距离Ⅱ段整定原则。距离Ⅱ段按可靠躲过变压器低压侧故障整定，同时满足线路末端金属性故障有规定的灵敏度。

$$Z_{set.1}^{II} \leqslant 0.8Z_{L} + 0.7Z_{T} \tag{3-61}$$

$$Z_{set.1}^{II} \geqslant K_{sen}Z_{L} \tag{3-62}$$

式中：Z_L 为线路阻抗；Z_T 为变压器阻抗；K_{sen} 为灵敏系数，取值同一线送一变的终端线路距离Ⅰ段。

距离Ⅱ段动作时间一般为 0.3~0.6s。

（3）距离Ⅲ段整定原则。终端线路距离Ⅲ段按可靠躲过本线路最大负荷阻抗整定，且满足本线路末端金属性故障有 2 倍灵敏度。条件允许的情况下，适当考虑变压器中低压侧相间金属性故障有 1.2 倍灵敏度。距离Ⅲ段时间与下级主变压器时间配合，时间级差为 0.3~0.5s。

$$Z_{set.1}^{III} \leqslant \frac{0.9U_{N} \times 1000}{1.25 \times 1.25 \times I_{load.max} \times \cos(\theta_{L} - \theta_{load})} \tag{3-63}$$

$$Z_{set.1}^{III} \geqslant 2Z_{L} \tag{3-64}$$

$$Z_{set.1}^{III} \geqslant 1.2(Z_{L} + Z_{T}) \tag{3-65}$$

式中：U_N 为线路额定相电压，kV，$I_{load.max}$ 为线路最大一次负荷电流，A；θ_L 为线路正序阻抗角；θ_{load} 为负荷阻抗角，一般取 30°~40°；Z_L 为线路阻抗；Z_T 为变压器阻抗。

2. 互馈线路距离保护整定原则

（1）距离Ⅰ段整定原则。距离Ⅰ段的定值按可靠躲过本线路末端相间故障整定。

$$Z_{\text{set.1}}^{\text{I}} \leqslant 0.8Z_{\text{L}} \tag{3-66}$$

式中：Z_{L} 为线路阻抗。

距离Ⅰ段时间为0s。

（2）距离Ⅱ段整定原则。距离Ⅱ段定值按本线路末端故障不小于规定的灵敏系数整定，并与相邻线路距离Ⅰ段配合，若配合有困难，则可以与相邻线路距离Ⅱ段配合。

$$Z_{\text{set.1}}^{\text{II}} \geqslant K_{\text{sen}}Z_{\text{L}} \tag{3-67}$$

$$Z_{\text{set.1}}^{\text{II}} \leqslant 0.8(Z_{\text{L}} + Z_{\text{set.2}}^{\text{I}}) \tag{3-68}$$

式中：Z_{L} 为线路阻抗；$Z_{\text{set.2}}^{\text{I}}$ 为下级相间距离Ⅰ段的定值；K_{sen} 为灵敏系数，取值同一线送一变的终端线距离Ⅰ段。

距离Ⅱ段时间一般为0.3~0.6s，若与相邻线路距离Ⅰ段不配合，则时间应与相邻线路距离Ⅱ段配合。

（3）距离Ⅲ段整定原则。距离Ⅲ段按可靠躲过本线路最大负荷阻抗整定，并与相邻线路距离Ⅲ段配合。在条件允许的线路上，距离Ⅲ段可与相邻线路距离Ⅱ段配合；距离Ⅲ段时间与下级出线距离Ⅲ段时间配合，时间级差为0.3~0.5s。若伸出变压器中、低压侧，时间还应与变压器过电流保护配合。

$$Z_{\text{set.1}}^{\text{III}} \leqslant 0.7Z_{\text{load.min}} \tag{3-69}$$

$$Z_{\text{set.1}}^{\text{III}} \geqslant 2Z_{\text{L}} \tag{3-70}$$

$$Z_{\text{set}}^{\text{III}} \leqslant 0.8(Z_{\text{L}} + Z_{\text{set.2}}^{\text{III}}) \tag{3-71}$$

式中：$Z_{\text{load.min}}$ 为线路最小负荷阻抗；Z_{L} 为线路阻抗；$Z_{\text{set.2}}^{\text{III}}$ 为下级相间距离Ⅲ段的定值。

3.4.3 上海电网110kV距离保护整定实例

【例3-3】 某电力系统接线图如图3-29所示，A变电站110kV母线最大运行方式时，系统正序阻抗标幺值为0.05；最小运行方式下，系统正序阻抗标幺值为0.1（基准$S_B=100MVA$，$U_B=115kV$，$I_B=502A$，$Z_B=132\Omega$）。变压器参数如图3-29所示，变压器实测参数见表3-3，线路S003实测正序阻抗Z_1为$(0.88+j3.52)\Omega$。线路最大一次负荷电流限额为690A，负荷阻抗角θ_{load}取40°，A变电站主变压器过电流保护的Ⅰ段定值为1920A（一次值）、2.9s，线路S003已配置纵差保护，线路长度小于20km，TA变比为1200/5，TV变比为110/0.1，现整定计算A变电站该线路的距离后备保护定值。

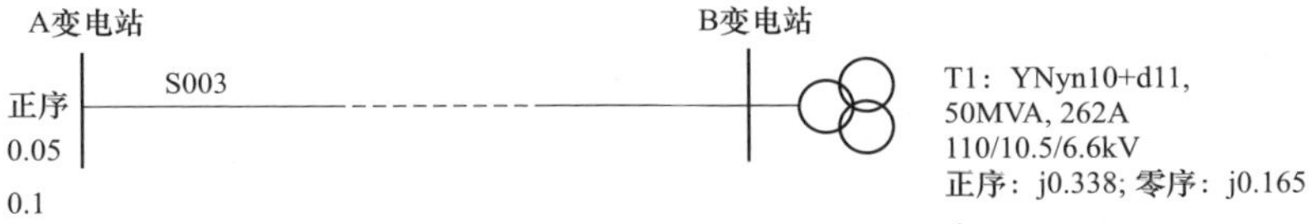

图3-29　某电力系统接线图

表3-3　变压器T1实测参数

变压器分接头挡位	实测短路电压U_k(%)
分接头1	17.48
分接头9	16.92
分接头17	16.65

解：1. 参数计算

(1) B变电站主变压器参数计算。根据主变压器固有参数，计算主变压器的分接头阻抗标幺值，为整定计算提供数据来源。

正序阻抗标幺值：

分接头1：$X_{B*}=U_k\%\times S_B/S_N=17.48\%\times100/50=0.35$

分接头9：$X_{B*}=U_k\%\times S_B/S_N=16.92\%\times100/50=0.338$

分接头17：$X_{B*}=U_k\%\times S_B/S_N=16.65\%\times100/50=0.333$

(2) 110kV线路S003正序阻抗及零序阻抗标幺值计算。

$$Z_{1*}=Z_1/Z_B=(0.88+j3.52)/132$$
$$=0.007+j0.027$$

$$=0.027\angle 76^\circ$$

2. A 站 S003 线距离保护整定计算

依据 DL/T 584—2017《3kV~110kV 电网继电保护装置运行整定规程》规定，可忽略 110kV 线路的电阻参数。

（1）距离Ⅰ段：

1）已有纵联差动保护作为全线速动的主保护，距离保护作为后备保护，可增加短延时，适当扩大保护范围，即伸入变压器，不伸出变压器。

因此 $Z_{\text{set}}^{\text{I}} \leqslant 0.8Z_{\text{L}}+0.7Z_{\text{T}}=0.8\times 3.52+0.7\times(0.333\times 132)=33.5(\Omega)$

2）依据上海电网整定原则，当线路长度小于 20km 时，线路末端金属性故障灵敏度不小于 1.5，即 $Z_{\text{set}}^{\text{I}} \geqslant K_{\text{sen}}Z_{\text{L}}=1.5\times 3.52=5.28(\Omega)$。

所以 $Z_{\text{set}}^{\text{I}}$ 取值在 5.28~33.5Ω 之间，取 16.04Ω。

3）将其折算到二次侧为

$$Z_{\text{op}}^{\text{I}}=\frac{n_{\text{TA}}}{n_{\text{TV}}}Z_{\text{set}}^{\text{I}}=\frac{1200/5}{110/0.1}\times 16.04=3.5(\Omega)$$

动作时间取 0.3s。

所以距离Ⅰ段取 3.5Ω、0.3s。

（2）距离Ⅱ段：

1）距离Ⅱ段按可靠躲过变压器低压侧故障整定。

$$Z_{\text{set}}^{\text{II}} \leqslant 0.8Z_{\text{L}}+0.7Z_{\text{T}}=0.8\times 3.52+0.7\times(0.333\times 132)=33.5(\Omega)$$

2）同距离Ⅰ段一样，线路末端金属性故障灵敏度不小于 1.5。

$$Z_{\text{set}}^{\text{II}} \geqslant K_{\text{sen}}Z_{\text{L}}=1.5\times 3.52=5.28(\Omega)$$

所以 $Z_{\text{set}}^{\text{II}}$ 取值在 5.28~33.5Ω 之间，取 18.33Ω。

同样将其折算到二次侧为

$$Z_{\text{op}}^{\text{II}}=\frac{n_{\text{CT}}}{n_{\text{PT}}}Z_{\text{set}}^{\text{II}}=\frac{1200/5}{110/0.1}\times 18.33=4(\Omega)$$

动作时间取 0.6s。

所以距离Ⅱ段取 4Ω、0.6s。

（3）距离Ⅲ段：

由题目可知线路最大一次负荷电流限额为 690A，即 $I_{load.max}=690A$。

1）距离Ⅲ段按可靠躲过本线路最大负荷阻抗整定。

$$Z_{set}^{III}\leqslant\frac{0.9U_N\times1000}{1.25\times1.25\times I_{load.max}\times\cos(\theta_L-\theta_{load})}=\frac{0.9\times110\times1000}{1.25\times1.25\times690\times\cos(76°-40°)}$$

$$=113.5(\Omega)$$

2）距离Ⅲ段在本线路末端金属性故障有 2 倍灵敏度，即

$$Z_{set}^{III}\geqslant2Z_L=2\times3.52=7.04(\Omega)$$

3）距离Ⅲ段在变压器中低压侧相间金属性故障有 1.2 倍灵敏度，即

$$Z_{set}^{III}\geqslant1.2(Z_L+Z_T)=1.2\times(3.52+0.35\times132)=59.66(\Omega)$$

所以 Z_{set}^{III} 取值在 59.66~113.5Ω 之间，取 73.33Ω。

4）同样将其折算到二次侧为

$$Z_{op}^{III}=\frac{n_{TA}}{n_{TV}}Z_{set}^{III}=\frac{1200/5}{110/0.1}\times73.33=16(\Omega)$$

动作时间取 2.6s。

5）校核配合性：

$$Z_{set*}^{III}=Z_{set}^{III}/Z_B=73.33/132=0.556$$

在 A 变电站大运行方式下距离Ⅲ段末端三相短路电流为

$$I_k^{(3)}=I_B\times I_*=I_{B*}/(Z_{set*}^{III}+Z_{S.min})=502/(0.556+0.05)=828(A)<1920A$$

所以距离Ⅲ段定值与上级主变压器过电流保护的Ⅰ段定值配合。

距离Ⅲ段取 16Ω、2.6s。

综上所述，S003 线路距离后备保护的整定值见表 3-4。

表 3-4 S003 线路距离后备保护的整定值

保护类型	TA 或 TV 变比	整定值	作用
距离Ⅰ段	1200/5 110/0.1	3.5Ω、0.3s	跳闸
距离Ⅱ段		4Ω、0.6s	跳闸
距离Ⅲ段		16Ω、2.6s	跳闸

小结

输电线路距离保护是输电线路的主要保护之一，不仅可以在220kV及以上电压等级复杂网络中使用，也可以作为110kV及以下电压等级的配电线路的主保护和后备保护。由于阻抗元件同时反应电压的降低和电流的增加而动作，因此，距离保护比电流保护具有较高的灵敏度，且距离保护Ⅰ段的保护范围不受系统运行方式变化的影响，其他两段受到的影响也较小，因此，保护范围比较稳定，距离保护可以在多源复杂网络中保证保护动作的选择性。

习题与思考题

3-1 距离Ⅰ段的保护范围是多少？动作时间是多少？

3-2 距离保护相对于电流保护而言有什么优点？

3-3 阻抗元件的工作电压是指什么？

3-4 写出两种阻抗元件的动作方程并画出其动作特性。

3-5 反应相间故障的阻抗元件是如何接线的？

3-6 反应接地故障的阻抗元件是如何接线的？

3-7 故障点的过渡电阻对距离保护有什么影响？

3-8 距离保护对交流失压有哪些应对措施？

3-9 为克服方向阻抗元件的出口死区，有哪些解决措施？

3-10 接地距离保护中 $Z_1 l \times 3\dot{I}_0\dot{K}$ 有什么物理意义？

第 4 章 CHAPTER FOUR

线路的纵联保护 04

本章内容主要介绍了线路纵联保护的原理和特点，介绍了几种不同类型纵联通道的结构和优缺点，并将线路纵联保护按照保护原理分为纵联差动保护、纵联方向保护、纵联距离保护三类。各类保护中又以应用较为广泛的纵联电流差动保护、闭锁式纵联方向保护和闭锁式纵联距离保护为例，分析了各类型纵联保护的工作原理、优缺点以及影响保护正确动作的因素与对策。

4.1 概 述

第 2、3 章介绍的电流保护、距离保护都是利用线路单侧的电气量进行短路故障判断，但在本线路末端和相邻线路始端（或对侧母线）发生短路时，两故障点之间电气距离很近，线路远故障点的保护装置检测到的电流、电压非常接近，无法准确区分故障点发生在本线路还是相邻线路。为了在相邻线路始端故障时本线路保护不误动，电流保护和距离保护的第 I 段整定值会按躲过被保护设备末端的故障参数整定，瞬时切除故障的范围无法覆盖线路全长。这在电压等级较高的大电力系统中，往往不能满足系统稳定的要求。

将线路一侧的电气量信息通过某种通信通道传输到线路另一侧，实现线路两侧电气量的同时比较、联合工作，信息在线路首末之间形成纵向的联系，这种方式构成的保护称为线路的纵联保护。线路纵联保护反映了被保护线路两端的电气量变化，可以快速、可靠地区分本线路任意位置的短路与其他工况（包括正常运行和外部短路），达到有选择、快速地切除全线路任意位置短路故障的目的。但纵联保护无法作为相邻线路故障的后备保护，不具备本线路之外的相邻线路其他设备故障的远后备功能。

纵联保护中线路两侧交换的信息可以是采集电气量的测量值，如电流的瞬时值、电流相量，各侧将这些测量值进行直接比较，以决定保护是否动作跳闸；还可以是各侧保护根据本侧测量值进行故障性质判断后的结果，如功率方向、阻抗元件动作等信号，并非对测量值进行直接传送、比较。各种类型的交换信息在本线路内部短路和其他工况时的特征不同，构成了不同原理的线路纵联保护，但其构成结构一般是相似的，如图 4-1 所示。

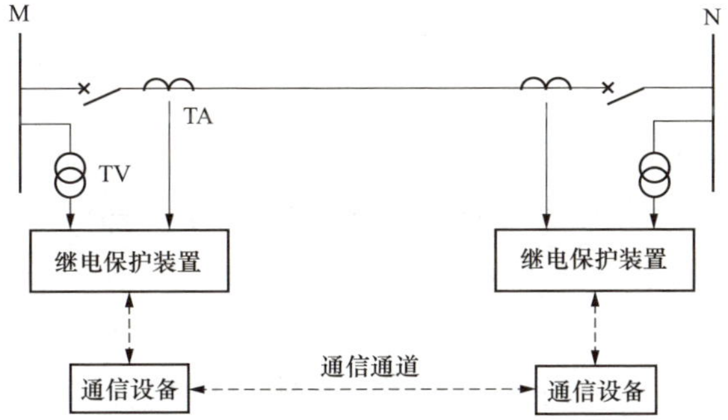

图 4-1　线路纵联保护构成示意图

图 4-1 中，两侧继电保护装置通过 TV、TA 获取本侧的电压、电流，再应用自身的保护原理计算出用于两侧比较的特征量，一方面通过通信设备将该特征量发送到对侧，另一方面又通过通信设备接收对侧发来的特征量。这样，两侧保护均具备了线路两侧电气特征量，再通过保护装置自身的逻辑判断是否符合动作条件，若符合则跳开本侧断路器，若不符合则不动作。因此，一套完整的纵联保护应包括两侧的保护设备、通信设备和通信通道。

纵联保护的分类可依据其保护动作原理和使用的通信通道进行划分。

4.1.1　构成纵联保护的基本原理

1. 线路短路故障时的电气量特征

纵联保护是利用线路两侧的电气量在内部故障与其他工况时的特征差异构成的保护。下面以图 4-2 为例，分析电流、功率等电气量在短路故障时的变化情况，$\dot{I}_A$ 和 $\dot{I}_B$ 分别为被保护线路两侧的一次电流，以母线流向线路为正方向，S_A 和 S_B 分别为从两侧母线流向线路的一次功率。

（1）两侧电流相量。忽略线路电容电流，根据基尔霍夫电流定律，在线路内部无故障时，两侧一次电流应大小相等、方向相反，其相量和为零，即 $\dot{I}_A+\dot{I}_B=0$；在线路内部发生短路故障时，故障点有短路电流 $\dot{I}_k$ 流出，此时两侧电流相量和等于该故障电流，即 $\dot{I}_A+\dot{I}_B=\dot{I}_k$。该特征在分相讨论时也成立。

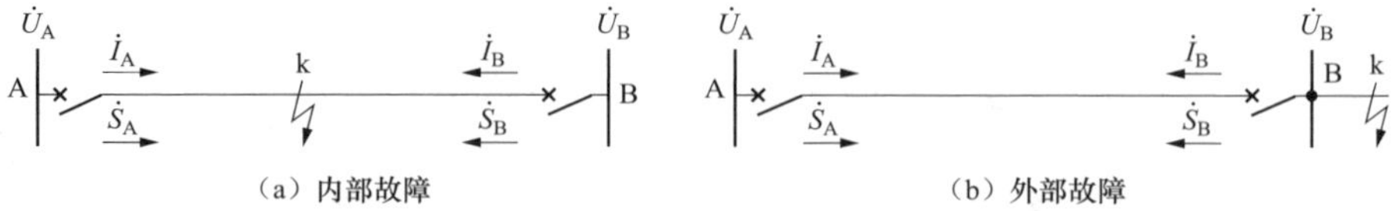

图 4-2　双侧电源线路区内外故障示意图

（2）两侧功率方向。以图 4-2 所示方向为例，无论系统是正常运行还是外部出现故障，只要线路内部无故障，两侧功率都是一侧由母线流向线路，另一侧由线路流向母线，$\dot{S}_A$ 和 $\dot{S}_B$ 一定是一正一负，两侧保护装置根据电压、电流测量值计算出的功率方向都是相反的。而发生线路内部故障时，两侧的正序功率均从母线流向故障点，功率方向相同。

（3）两侧电流相位差。在系统正常运行及外部故障时，流过线路的电流是“穿越性”的，相位差为 180°；线路内部故障时，在全系统阻抗角均匀、两侧电源电动势相角相同的假设条件下，两侧电流的相位相同。

（4）两侧测量阻抗。在系统正常运行时，线路两侧的测量阻抗是负荷阻抗，在距离保护的整定范围之外；在发生外部短路时，两侧的测量阻抗虽为短路阻抗，但只有远离故障点一侧为正方向，靠近故障点的一侧为反方向；在线路内部发生短路时，线路两侧的测量阻抗均是短路阻抗，且均为正方向，两侧距离元件均会启动。

2. 线路纵联保护按比较量的分类

根据上文所述的线路两侧电气量在有无区内故障时的特征，线路纵联保护按比较量可分类如下：

（1）纵联差动保护，又分为纵联电流差动保护和电流相位比较式纵联保护两种。

纵联电流差动保护是利用线路两侧电流和的特征构成的保护，通过通信通道将两侧电流的瞬时值（采样值）或电流相量发给对侧，线路两侧的保护装置均可以直接进行电气量的比较，基于基尔霍夫电流定律来判断故障点是否发生在被保护线路内部。此类原理的保护对通道容量、实时性、数据同步要求很高。

电流相位比较式纵联保护，也称为相差高频保护或纵联电流相位差动保护，曾在电力线载波通道为主的年代里大量应用，其构成原理是比较被保护线路两侧电流的相位。虽然电流相位比较式纵联保护具有不少优点，但它只利用了电流相位差的特征，某些特殊情况下故障判别能力不足，上海电网已不再使用，本章不再详细介绍。

（2）纵联方向保护，两侧保护装置将本侧功率方向是否为正方向的判别结果传输给对侧，通道中传输的是代表判断结果的逻辑信号，并非电气量的测量值，每侧保护装置根据两侧信号进行综合判断，利用线路内部故障时两侧功率方向同时为正方向的特征，实现快速区分是否为线路内部故障。

（3）纵联距离保护，其构成原理与纵联方向保护相似，只是将功率方向元件更换为阻抗元件。与缺少整定的功率方向元件相比，阻抗元件具有固定的动作范围，只有测量阻抗落到整定范围内才会启动，减少了元件的启动次数。但同时也受距离保护正确动作因素的影响，需采取与距离保护相似的防误动措施。

4.1.2 纵联保护通道

纵联保护的通道类型可分为导引线通道、电力线载波通道、光纤通道和微波通道。其中，上海电网除微波通道之外的三种通道，在不同的历史时期都有过大量应用。目前，光纤通道凭借其明显的优势成了主要的线路纵联保护通道。

1. 光纤通道

光纤通道以光纤作为传输媒介，利用光的全反射原理，实现了光信号在光纤通道中的传输。光纤内部结构如图 4-3（a）所示，纤芯和包层的材料采用了不同电介质常数和折射率的高纯度二氧化硅；包层外面涂覆了一层很薄的环氧树脂或硅橡胶，涂层之外是尼龙或聚乙烯做成的塑套，二者的作用都是加强光纤的机械强度。光缆由多根光纤围绕一根多股钢丝绳绞制而成，通常还会在其中敷设一对铜导线，用于电源线或传输电信号，光缆的外侧还会依次包裹塑料管、塑料护套、铝合金管以及电镀的钢丝绳保护，作用均是增强其机械强度。光缆可以埋于地下，也可以固定在杆塔上，还可以制造于架空地线中做成复合地线式光缆（OPGW），在架空线路建设的同时光缆的敷设也一起完成，因此，在选择线路纵联保护通道类型时，光纤通道得到了积极推广。

光纤通道的组成结构如图 4-3（b）所示，在发送端，电气量在经过脉冲编码调制后形成电数字信号，再经过光发送器进行光信号的调制，并将生成的光波脉冲注入光纤中，传输至接收端。在接收端，光探测器将光纤传来的光信号转换成电信号，再经光电解调器复原出原信号。若传输距离较长，则传输路径中间需设置光中继器进行信号放大。

目前在实际应用中，信号的光电转换过程都已集成在微机保护装置中，而光纤通道的使用也有两种连接方式，即专用光纤和复用光纤。专用光纤是指两侧保护装置直接以光纤芯连接，有专属于本通道的光纤线路，连接方式如图 4-3（c）所示；复用光纤则是利用现有的通信传输网络对继电保护信息进行传输，分为 64kbit/s PCM 复用和 2M 接口复用两种方式，其中 2M 接口复用光纤连接方式如图 4-3（d）所示，保护装置的光信号经通道接口装置转换成 2M 电信号，以同轴电缆为媒介接入数字传输设备，但考虑到通道可靠性等问题，现已开始推广光口直连技术，取消通道接口装置，由保护装置直接连接数字传输设备的通信光口。专用光纤通道在无中继器情况下传输距离有限，而复用光纤通道则（理论上）没有传输距离限制，实际应用中需考虑通道衰耗。

光纤通道具有以下几个方面的特点：

（1）通信容量大，实际应用中一对光纤可通过几百到几千个话路，而一根光缆中能包含几十根到上百根光纤，不仅满足继电保护信息交互的需求，还可以与其他通信部门复用；

（2）不受电磁干扰、通道可靠，在易受地电位升高、暂态过程及其他有

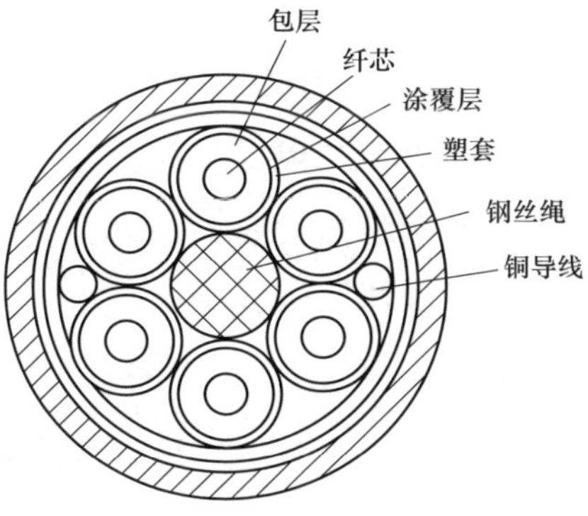

（a）光纤内部结构示意图

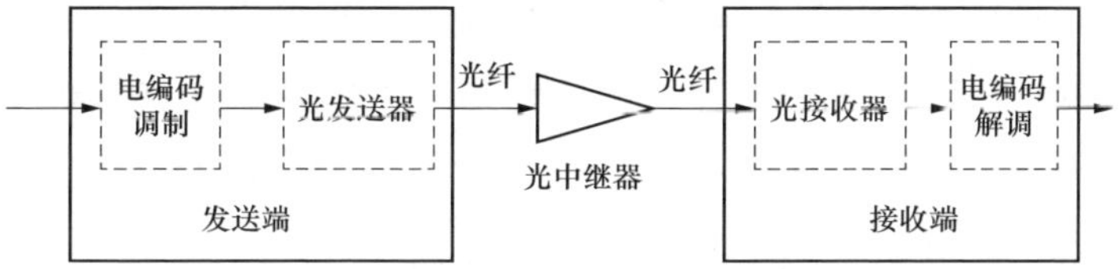

（b）光纤通道的组成结构图

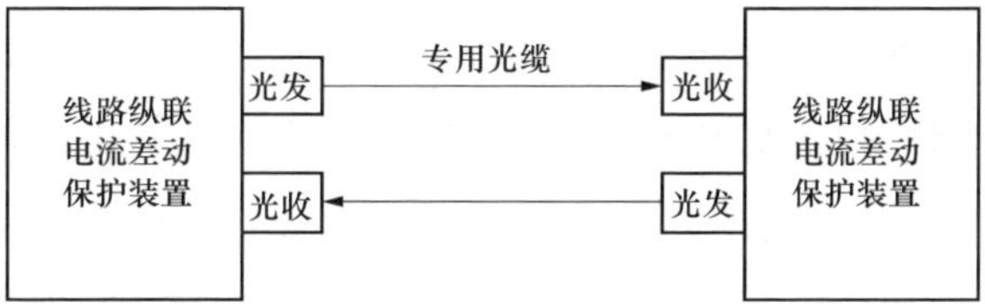

（c）专用光纤连接方式

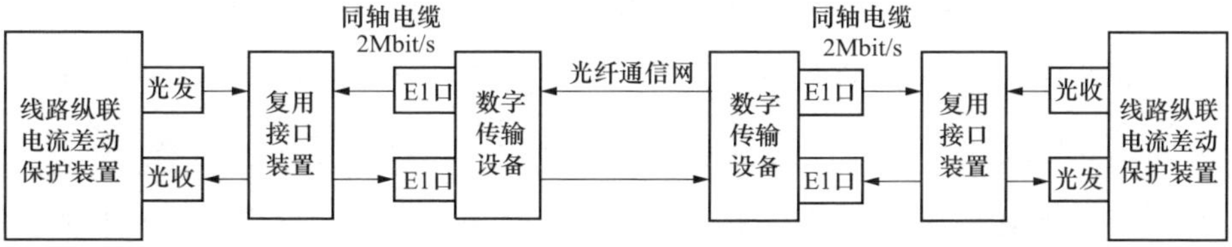

（d）2M接口复用光纤连接方式

图 4-3　光纤通信系统示意图

严重干扰的地段之间，光纤通道是最理想的通信媒介；

（3）节约金属，质量轻，便于敷设；

（4）保密性好，抗腐蚀，不怕潮，光纤自身材料不怕雷击。

光纤通道的缺点是：无中继通信距离不够长，长距离通信时要增加中继器；光纤断裂时不易寻找到断点和进行修复。但实际应用中，如果采用专用光纤通道，在 1.55μm 波段，无中继传输距离已接近 100km；而一根光缆包含多根光纤，可以在个别光纤发生断裂时迅速用备用光纤替换掉。因此，随着光纤成本的降低、光纤通信技术的日益成熟，光纤通道成为现阶段各种线路纵联保护通信通道的优先选择。从 2000 年开始，通过逐步改造，将电力线载波通道更换为光纤通道。截至 2021 年，上海电网已仅剩两条 220kV 输电线路仍在使用电力线载波通道，其他 220kV 线路纵联保护均已采用光纤通道。

2. 电力线载波通道

这是一种利用输电线路传输载波信号的通道类型，载波信号频率一般为 50~400kHz，该频率在通信上属于高频频段范围，故这种通道也称作高频通道，而利用电力线载波通信的保护也常称为高频保护。输电线路作为载波通道的一部分，可以用一相导线和大地构成通道，称为“相—地”式；也可以由两相导线构成通道，称为“相—相”式。

载波通道的构成原理如图 4-4 所示，其中，高频收发信机用于收发高频信号，其发信功能一般由继电保护装置控制，可以是发生故障、保护启动之后开始发信，也可以是长期发信、故障时停信或改变信号频率；收信功能则是接收通道上的高频信号，将有无高频信号的结果输出至继电保护装置以供保护逻辑判断。而高频信号在加载到输电线路上的过程中，经过了阻波器、耦合电容器、连接滤波器等多个设备，这些设备统称为高频加工设备。该环节一方面将高压线路与低压的高频收发信机隔离开，确保人身与设备安全；另一方面将高频电流限制在被保护的输电线路之间，而不会穿越到相邻线路，以减小衰耗。

载波通道有多种不同的工作方式，在可靠性、抗干扰能力等方面各有优缺点。我国电网对载波通道的使用主要基于正常无高频电流方式，即线路正常工作时不发信，出现故障时由继电保护的启动元件控制发信，由方向元件（或阻抗元件）控制停信。

电力线载波通道因其无中继通信距离长、经济方便、施工简单等优点，

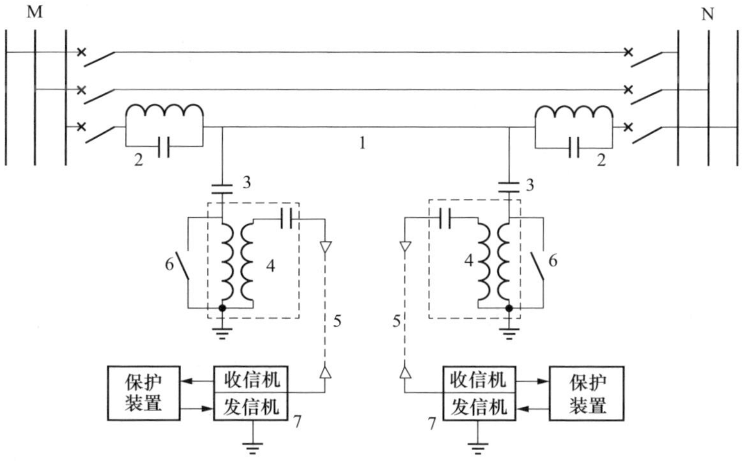

图 4-4 载波通道的构成原理图

1—输电线路；2—阻波器；3—耦合电容器；4—连接滤波器；5—高频电缆；6—接地隔离开关；7—收发信机

曾在一段时间内成为电力系统应用最广的通信手段。但其缺点也很明显，载波通信的速率低问题使其仅能传输单一的状态信号，无法实时、全面地展示电气量的特征；同时，高压输电线路受到的各种干扰也会直接侵入载波通道，例如高压输电线路的电晕、短路、雷击和开关操作等，都会在不同程度上形成对载波通信的干扰。

3. 导引线通道

导引线通道是将金属导线（二次电缆）敷设在线路两端的变电站之间，用以传送被保护线路各侧的电气量测量值和有关信号。使用导引线为通道构成的纵联保护称作导引线保护。导引线通道一般用于传输两侧的电流信息，导引线保护也因此常采用电流差动原理。

导引线是最早的纵联保护所使用的通信通道，其优点有简单可靠、维修量少、服务年限长等。但以下几方面问题限制了其应用发展：雷击以及发生大电流接地时，可能产生较大的地电位差，导引线需有较高的绝缘水平，投资增大；专门敷设与输电线路同等长度的导引线，成本高、工程量大；导引线本身参数，例如电阻和分布式电容，会影响传送电流的准确性，从而影响保护的正确动作。因此，综合技术经济因素，导引线通道仅适用于小于 10km 的输电线路，在线路纵联保护中应用已越来越少。但以二次电缆传输电流实时值的方式，在信息交互距离较短的变电站设备保护中，如母线差动保护、变压器差动保护，得到了广泛应用。

4. 微波通道

微波通道利用频率为 300MHz~300GHz 的电磁波进行无线通信，该频率在通信上属于微波频段范围，故这种通道称为微波通道，这种纵联保护称为微波保护。微波通道与输电线路没有联系，其信息传输在各个微波站（中继站）之间。

微波通道的优点有：频带很宽，通信容量很大，可用于分相电流差动原理的纵联保护；独立于输电线路，且微波频段较高，通道不易受干扰等。不足之处也较为突出，例如微波信号的直接传输限于视线范围内，所以要建设较高的微波铁塔，且每隔一定距离（一般为 50km 左右）还需建设中继站，提高了成本，若微波中继站不在变电站内，还会增加维护困难。基于以上原因，利用微波通道传输继电保护信息的方式，目前已全部退出使用。

4.1.3 通道的工作方式

纵联电流差动保护是目前选择度最高的保护原理，该保护是对采集的电流量进行直接地传输、比较，对纵联通道的传输容量、实时性、数据同步要求很高，导引线通道、微波通道和光纤通道在理论上均可以满足通道性能的要求。在实际应用中，早期的纵联电流差动保护大量采用导引线通道，导引线通道在排除各种干扰影响的前提下，能实时地传递电流的完整波形，保留电气量的各项特征。

随着光纤通信技术的发展，导引线保护大多已被改造，新投运的纵联电流差动保护均采用光纤通道。光纤通道虽不能传输模拟量，但可以传输经脉冲编码调制（PCM）后的数字量，光纤传输容量很大、速度也很快，可以传输采样时刻的时标、三相电压和电流的相量值或瞬时值（采样值），这些数据能够充分满足分相电流差动的运算需求，形成光纤分相电流差动保护。同时还可以传输断路器位置，以及跳闸命令、允许命令等多种保护信息，用于解决 TA 断线时差动误动等问题。光纤通道还融入了十分完善的校验码，即便因干扰等原因发生数据传输出错等问题，也可以通过接收方的校验判断出来并进行纠正、丢弃或要求重发，只是对保护动作速度产生一点影响，不会造成保护误动。加上光纤复合架空地线（OPGW）的推广，光纤分相电流差动保护已逐渐成为应用最广泛的线路纵联差动保护，使用中常简称为光纤纵差保护。

在光纤通道普及之前，长距离线路的纵联通道大多采用电力线载波通道。电力线载波通道因通信速率等缺点难以传输电气量的实时值，无法用于纵联电流差动保护，但可以用来传输保护装置根据本侧电气量测量值得出的故障判断结果的逻辑信号，即高频信号。纵联方向（距离）保护对通道的要求相对较低，所以早期常与电力线载波通道相结合，构成纵联保护。

在光纤通道开始应用于纵联保护后，纵联方向（距离）保护也可以采用光纤通道，用光纤通信的方式传输功率（阻抗）方向的判断结果。无论使用哪种通道，传输的逻辑信号均可分为三种基本类型：

（1）闭锁信号，是阻止保护动作于跳闸的信号，即无闭锁信号是保护作用于跳闸的必要条件；

（2）允许信号，是允许保护动作于跳闸的信号，即有允许信号是保护动作于跳闸的必要条件；

（3）跳闸信号，是直接引起跳闸的信号，是跳闸的充要条件。

当采用电力线载波通道，特别是“相—地”式时，由于线路在内部故障时，载波信号在故障点可能大量衰耗，影响保护动作，故纵联方向（距离）保护一般选择闭锁式；光纤通道中的信号不受被保护线路故障点衰耗的影响，可以采用允许式；而采用“相—相”式电力线载波通道时，由于被保护线路两相同时发生故障概率较小，影响载波信号传输的可能性较小，也可采用允许式。

4.2 线路的纵联差动保护

线路的纵联差动保护按比较量的不同可分为纵联电流差动保护和电流相位比较式纵联保护。其中，纵联电流差动保护基于基尔霍夫电流定律，能够以线路的每一相为一个节点，根据流向一个节点的电流和是否为零来判断是否为线路区内故障，在分相应用时自带选相功能，不受系统振荡的影响，不受非全相运行的影响，目前应用最为广泛。

导引线通道能够传输完整的电流波形，在纵联电流差动保护中应用最早；光纤通信虽无法传输连续的全部波形，但可以实时地传输分相电流的瞬时采样值数字量，使三相电流和零序电流各自构成差动保护，其基本原理与导引线保护相同。本节先通过导引线保护介绍纵联电流差动保护的工作原理，再以光纤分相电流差动保护为例分析保护动作特性，最后对影响纵联电流差动保护动作的各种因素和解决对策予以介绍。

4.2.1 差动保护基本原理

下面以较为直观的导引线纵联差动保护为例，介绍线路纵联差动保护的基本原理，如图 4-5 所示。实际上无论使用何种通信通道，纵联差动保护的差流含义均相同。在线路两侧装设特性和变比完全相同的电流互感器，或通过辅助互感器补偿为相同变比，两侧电流互感器正方向均靠近母线一侧，二次回路正极性引出（标黑点处），电流互感器之间的线路即为差动保护的保护范围。实际应用中，图中的差动元件 I-I（可以是电流继电器或差动保护装置）应该在线路两侧各自装设，各自接收对侧的电流进行差动保护判断。

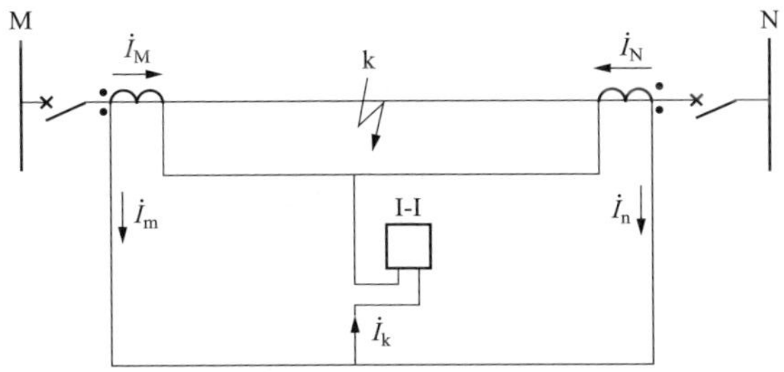

图 4-5　线路导引线纵联差动保护（环流式）

将一次电流正方向规定为从母线流向线路，图 4-5 中，$\dot{I}_M$ 和 $\dot{I}_N$ 分别为 M 侧、N 侧流向线路的一次电流，$\dot{I}_m$ 和 $\dot{I}_n$ 则分别为 M 侧、N 侧的二次电流，流入继电器的电流 $\dot{I}_K$ 即为线路两侧电流互感器二次电流的总和（忽略线路相间和相对地的分布电容和分布漏电导，忽略电流互感器误差），即

$$\dot{I}_K = \dot{I}_m + \dot{I}_n = \frac{1}{n_{TA}}(\dot{I}_M + \dot{I}_N) \tag{4-1}$$

式中：n_{TA} 为电流互感器的变比。

在本线路无短路故障时，线路两侧一次电流 $\dot{I}_M$ 和 $\dot{I}_N$ 大小相等、方向相反，$\dot{I}_K=0$，差动元件不动作；在发生本线路区内故障时，$\dot{I}_M$ 和 $\dot{I}_N$ 不再大小相等、方向相反，$\dot{I}_K$ 不等于 0，将有电流流入差动元件，触发差动元件动作。式（4-1）在原理上分相成立，即 $\dot{I}_m$ 和 $\dot{I}_n$ 可以是各侧相电流。

实际上，即使在线路正常运行中，$\dot{I}_K$ 也并不完全等于 0，而是一个较小的数值，且该数值大小与线路实际电流大小、设备误差有关。为避免差动误动，需对差动元件设置一个动作门槛，即整定值 I_{set}，只有当流过差动元件的电流 $|\dot{I}_K|$ 大于整定值 I_{set} 时，差动元件才会动作，跳开本侧断路器。非本线路区内故障的 $\dot{I}_K$ 产生原因包括不平衡电流、线路电容电流等多方面因素。

在使用导引线通道时，除非线路特别短，否则沿被保护线路敷设流过电流互感器二次电流的四根导引线（A、B、C 三相和中性线 N）成本会较高，在经济上不可取。故使用接线中一般会应用线路两端的电流综合器将三相电流合成单相电流，再经过隔离变压器，然后用导引线按环流式或均压式原理连接起来，减小功率损耗，同时将导引线回路与保护装置隔离。即获取差流时需经过一些元器件和回路接线的处理，详细介绍可参阅文献［1］相关章节，本书不再多做分析。虽然现在光纤通道替代了导引线通道，能够对分相电流进行差流计算，但基本原理和对差流的定义却始终一致。

4.2.2 光纤分相电流差动保护

差动电流的整定值 I_{set} 越小，保护的灵敏性越好。但在长距离高压输电线路中，短路电流非周期分量大，分布电容大，易使电流互感器饱和，这使得线路在外部短路时可能产生较大的不平衡电流，此时应采取某种制动方式避免保护误动。已知不平衡电流会随着负荷电流的增大而增加，故而考虑将负荷电流加入防止保护误动的制约条件中，令差动电流的动作门槛随负荷电流增大而抬高。图 4-6 所示为典型的比率制动特性曲线，也称比率制动曲线，该曲线由动作量与制动量构成，阴影部分为动作区，φ 代表 A、B、C 三相中的一个相别：动作量即促使保护动作的量，通常称为差动电流，表示为 $I_{d.\varphi}$；制动量即阻止保护动作的量，通常称为制动电流，表示为 $I_{res.\varphi}$；使保护刚能启动的最小动作量称为保护的启动电流，表示为 I_{dop}；制动曲线的斜线段斜率为 K_{res}，称为制动系数。

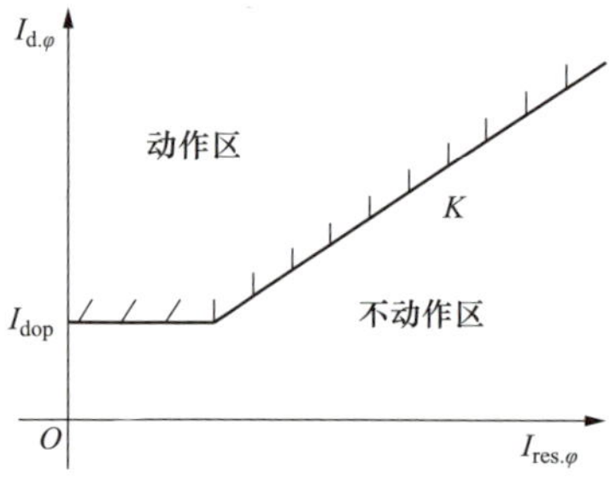

图 4-6 典型的比率制动特性曲线

差动电流 $I_{d.\varphi}$ 的算法与导引线保护相同，是两侧电流矢量和的绝对值，即

$$I_{d.\varphi} = |\dot{I}_{m.\varphi} + \dot{I}_{n.\varphi}| \tag{4-2}$$

制动电流 $I_{res.\varphi}$ 的算法有不同形式，常用的有两侧电流矢量差，即

$$I_{res.\varphi} = |\dot{I}_{m.\varphi} - \dot{I}_{n.\varphi}| \tag{4-3}$$

差动动作条件为

$$\begin{cases} I_{\mathrm{d}.\varphi} \geqslant I_{\mathrm{dop}} \\ I_{\mathrm{d}.\varphi} \geqslant KI_{\mathrm{res}.\varphi} \end{cases} \tag{4-4}$$

在被保护的线路内部发生故障时，$\dot{I}_{\mathrm{m}.\varphi}$ 和 $\dot{I}_{\mathrm{n}.\varphi}$ 虽大小可能不等但相位接近，其矢量和 $I_{\mathrm{d}.\varphi}$ 较大，矢量差 $I_{\mathrm{res}.\varphi}$ 较小，甚至可能为零，$I_{\mathrm{d}.\varphi}$ 将落在动作区域内；当本线路外部发生短路故障时，本线路流过的是穿越性的短路电流，$\dot{I}_{\mathrm{m}.\varphi}$ 和 $\dot{I}_{\mathrm{n}.\varphi}$ 虽数值较大但近似为大小相等、方向相反，其矢量和 $I_{\mathrm{d}.\varphi}$ 较小，接近于零，矢量差 $I_{\mathrm{res}.\varphi}$ 近似为区外故障电流幅值的 2 倍，$I_{\mathrm{d}.\varphi}$ 落在不动作区。

设置折线式制动特性的考虑是：在流过本线路电流较小时，不平衡电流也较小，此时设置一个最小动作门槛，即启动值 I_{dop}，曲线为一段水平线，既避免不平衡电流造成的差动误动，同时也满足区内故障的灵敏度；而流过本线路电流较大时，综合考虑稳态误差、暂态误差、TA 饱和、可靠系数等多方面因素对不平衡电流的影响，需根据实际流过线路的电流提高差动动作门槛，通过制动电流躲过区外故障形成的不平衡电流，提高外部短路时不动作的可靠性。一般在线路差动保护中制动系数 K_{res} 取 0. 5~0. 8，微机保护中该值一般为固定值，且不同厂商各不相同。

制动量的构成方式除式（4-3）之外，还有其他的方式，例如

$$I_{\mathrm{res}.\varphi} = |\dot{I}_{\mathrm{m}.\varphi}| + |\dot{I}_{\mathrm{n}.\varphi}| \tag{4-5}$$

式（4-5）的制动电流是线路两侧电流的绝对值之和（标量和），两种算法的制动量在区外故障和正常运行时制动效果相同，单侧电源运行时线路内部故障的最小短路电流的灵敏度也相同。但双侧电源运行的线路内部故障时，若由于某种原因使两侧电流的相位差较大时，式（4-5）所算得制动量大于式（4-3），此时式（4-3）有更高的灵敏度，式（4-5）则因制动量偏大限制了保护的灵敏度，不利于反应高阻接地故障。但式（4-5）在任何情况下都有一定的制动量，在外部故障时，式（4-3）则可能由于某种原因导致制动量减小，此时式（4-5）的制动方式就较为可靠，误动可能性小于式（4-3）。两种算法的具体分析可参考文献［6］有关章节，其他制动量的选择还可参考文献

[7] 中有关章节。

4.2.3 影响纵联电流差动保护的因素及对策

1. 电流互感器的传变误差

电流互感器的误差是被保护线路无内部故障时产生不平衡电流的主要因素，分稳态误差和暂态误差两种情况。

（1）稳态误差。稳态误差（有变比误差和相角误差）实质上是由电流互感器变比于两侧之间的差异造成的。电流互感器二次侧产生的电流等于一次电流减去励磁电流后除以额定变比，励磁电流的大小受一次电流和励磁特性影响。在系统正常运行或外部短路时，在线路两侧一次电流大小相等、方向相反的情况下，依式（4-2）可得，不平衡电流实际为两侧电流互感器励磁电流的矢量和，一次电流越大，不平衡电流越大；两侧电流互感器励磁特性差异越大，不平衡电流也越大。

为提升继电保护动作正确性，要求电流互感器在最大短路电流流过时保持一定的准确度，在实际应用中要合理选择电流互感器和配置二次侧负载，确保最大稳态短路电流情况下二次电流误差不超过 10%。

（2）暂态误差。在外部短路暂态过程中，流过本线路的一次电流中包含有一定的非周期分量和谐波分量，暂态分量大部分成为了电流互感器的励磁电流，如果两侧电流互感器铁芯饱和不一致，且二次回路的衰减时间常数不同，就可能在暂态过程中产生新的不平衡电流。

降低电流互感器暂态误差对差动保护影响的措施可以从以下几方面考虑：

1）在制动系数 K 中考虑暂态误差，适当抬高制动系数 K；

2）利用电流互感器饱和时波形畸变的特点，例如故障电流和不平衡电流出现时刻的时间差等特征，进行饱和识别，判断确为电流互感器饱和后，采取短时闭锁差动等处理方法；

3）在电流互感器的选型上，应选用型号相同、磁化特性一致、铁芯面积较大的高精度的电流互感器，或是采用铁芯中有小气隙的 TPY 级电流互感器。

2. 线路的分布电容影响

输电线路存在分布电容，导致正常运行和外部短路时线路两侧的一次电流之和不为零，而是等于线路的电容电流。在短距离架空线路中，可以通过躲不平衡电流的门槛值来兼顾电容电流的影响，防止误动；但在长距离高电压的架空线或电缆线路中电容电流难以忽略，盲目抬高差动电流门槛值将降低内部短路的灵敏度。

对此，一种方法是将差动元件做成两段式，瞬时动作的Ⅰ段和略带延时的Ⅱ段，两段的启动量整定值分别称为高值和低值。Ⅰ段依靠定值躲过电容电流的影响，其启动值不小于线路正常运行时电容电流的 4 倍；Ⅱ段依靠定值加延时躲过电容电流的影响，利用一个短暂的延时（如 25ms）待暂态电容电流衰减，这样启动值可以降低至 1.5 倍电容电流，但代价是牺牲了速动性。

还有一种方法是对电容电流进行补偿。对于一般长度的输电线路，可以将分布参数等值为集中参数，按照如图 4-7 所示等效模型进行分析。其中，线路全长的正序、负序电容分别为 C_1，零序电容为 C_0，通常将 C_1 和 C_0 作为已知参数提供给保护装置。由各侧保护装置根据各自测得的相电压及零序电压值，实时计算出电容电流值，将本侧实测电流减去该电容电流后，再将补偿后的电流传送至对侧用于差流计算。而对于 1000kV 及以上的特高压线路，集中补偿方法不能补偿暂态情况的电容电流，无法保证外部短路时保护工作的可靠性，可以采用贝瑞隆模型考虑电容电流的影响。

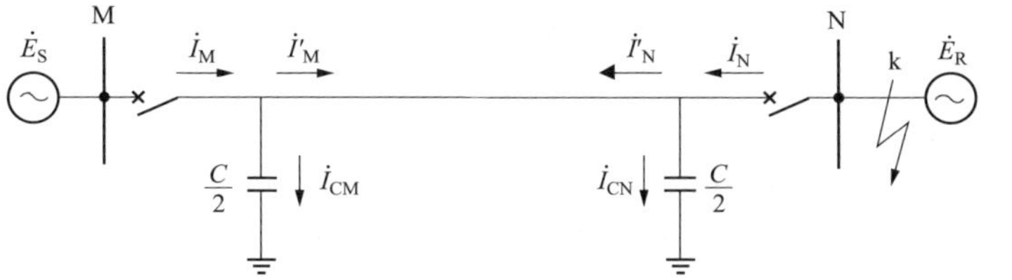

图 4-7 输电线路的 π 型等效电路

3. 负荷电流的影响

由短路分析可知，短路故障时线路两侧保护装置测量的电流为非故障时

的负荷电流与故障电流的叠加，即

$$\begin{cases}\dot{I}_{m.\varphi}=\dot{I}_{m.\varphi.1}+\dot{I}_{m.\varphi.k}\\ \dot{I}_{n.\varphi}=\dot{I}_{n.\varphi.1}+\dot{I}_{n.\varphi.k}\end{cases} \tag{4-6}$$

式中：$\dot{I}_{m.\varphi.1}$ 和 $\dot{I}_{n.\varphi.1}$ 分别为线路 M、N 两侧的相负荷电流分量；$\dot{I}_{m.\varphi.k}$ 和 $\dot{I}_{n.\varphi.k}$ 分别为 M、N 两侧的故障电流分量。

在重负荷情况下发生经高阻接地时，故障电流分量偏小，式（4-2）所得的动作量也随之偏小，但较大的负荷电流使式（4-3）中所得的制动量偏大，差动保护可能拒动，保护动作的灵敏度降低。而如果因此降低制动系数 K_{res} 的值，外部故障时防误动能力又会降低。

为增强保护耐受过渡电阻的能力，提高保护的灵敏度，可以利用故障分量电流 $\dot{I}_{m.\varphi.k}$ 和 $\dot{I}_{n.\varphi.k}$ 代替全电流 $\dot{I}_{m.\varphi}$ 和 $\dot{I}_{n.\varphi}$，消除负荷电流的影响。故障分量电流的选择有相电流变化量和零序电流两种。

（1）变化量差动保护。相电流变化量不反应负荷分量，反应的是短路附加状态里的电气量，在计算动作量和制动量时已减去了负荷分量电流。将其也做成比率制动特性，其动作量和制动量为

$$\begin{cases}\Delta I_{d.\varphi}=|\Delta\dot{I}_{m.\varphi}+\Delta\dot{I}_{n.\varphi}|\\ \Delta I_{res.\varphi}=|\Delta\dot{I}_{m.\varphi}-\Delta\dot{I}_{n.\varphi}|\end{cases} \tag{4-7}$$

式中：$\Delta\dot{I}_{m.\varphi}$ 和 $\Delta\dot{I}_{n.\varphi}$ 表示线路两侧的相电流变化量。

当发生线路经高阻接地时，虽然短路电流较小而动作量偏小，但同时制动量不再因负荷电流而偏大，从而使差动保护更加灵敏。

变化量差动保护是分相差动，同样具有选相功能。变化量仅存在于故障发生的暂态过程中，仅能作为快速保护，无法构成带延时的保护。虽然第一次短路发生时性能优良，但如果先发生外部短路，在整组复归前又发生内部短路，该方法则难以准确获取故障分量。

变化量差动保护在应用时，不同的保护厂家叫法可能不完全一致，有些厂家会称为“工频变化量差动”，有些厂家称为“突变量差动”，但其原理相

同，都是利用了相电流的变化量。

（2）零序差动保护。零序电流也是一种故障分量，仅在系统发生接地故障时出现，正常运行时零序电流约等于零。利用线路两端的零序电流构成差动保护，也做成比率制动特性，动作量和制动量为

$$\begin{cases} I_{d0} = |\dot{I}_{m0} + \dot{I}_{n0}| \\ I_{r0} = |\dot{I}_{m0} - \dot{I}_{n0}| \end{cases} \tag{4-8}$$

零序电流无法反应故障相别，零序差动保护也没有选相功能。故保护装置中将零序差动元件与分相差动元件动作结果取“与”逻辑，选跳故障相。为防止区外故障时产生暂态不平衡电流，零序差动保护通常被设置一定的延时。零序差动保护的特点有：负荷电流为正序分量电流，不会参与到零序差动的制动电流中；零序差动的启动值仅需躲过外部接地故障时本线路的稳态零序电容电流以及外部相间短路（不接地）时的稳态零序不平衡电流，该值较小；受过渡电阻影响相对较小。综合以上原因，零序差动继电器很灵敏，可用于解决重负荷线路内部经高阻接地时的灵敏度问题。

目前微机保护装置大多同时采用分相电流差动保护、变化量差动保护和零序电流差动保护。分相电流差动保护应用于故障的全过程；变化量差动保护作为第一次短路的初期使用，容易获得电流的故障分量，不受负荷电流影响；零序电流差动保护应用在经高阻接地时，确保保护的灵敏度不受影响。通常所说的光纤纵差保护，其实是从纵联差动保护的通信通道方式上来分类的，上述这几类电流差动功能都可以由光纤通道实现。

4. 采样同步方法

电流差动保护中，在进行动作量与制动量的计算时，需保持两侧测量值同步采样，否则可能在非区内故障时产生差流，引起保护误动。在导引线差动保护中，二次电流以模拟量形式传送至对侧，可以通过二次回路获得差流，或是通过同一个微机保护装置实现采样同步。而在光纤纵差保护中，线路两侧保护装置各自独立采样，需采取相应的技术手段保持两个异地电流数据的同步。同步方法有基于数据通道的同步方法、基于电气量特征的同步方法、

基于卫星定位系统的同步方法。其中基于数据通道的同步方法又分为采样时刻调整法、采样数据修正法和时钟校正法。我国保护装置厂家大多采用采样时刻调整法，现以图 4-8 为例进行简要介绍。

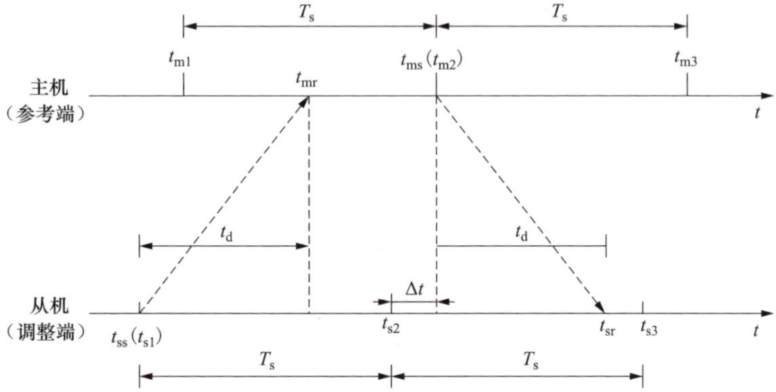

图 4-8 采样时刻调整法的原理示意图

线路两侧保护装置通过预先设置，或根据通道识别码自动判别，分成主机（参考端）和从机（调整端）。参考端采样间隔固定，调整端随时调采样间隔，直到满足同步条件。在装置刚上电，或测得两侧采样时差超过规定值时，启动一次同步过程。从机以本侧时钟为基准在某一采样时刻 t_{ss} 向主机发送一帧同步请求报文，主机则以自己的时钟基准记录下收到该报文的时刻 t_{mr}，随后在下一个采样时刻 t_{ms} 向从机发送一帧应答报文，并将时间差 $t_{ms}-t_{mr}$ 作为报文内容一同发送。从机记录下收到应答报文的时刻 t_{sr}，在将通道往返传输延时视作相等的前提下求得通道传输延时为

$$T_d=\frac{(t_{sr}-t_{ss})-(t_{ms}-t_{mr})}{2} \tag{4-9}$$

从机根据通道延时 T_d 和收到应答报文的时间 t_{sr} 可以回推出主机的采样时刻 t_{ms}，再与自身的采样时刻 t_{s2} 比较后得到两侧采样时间差 ΔT_s。随后，从机将从下一采样时刻起对采样时刻做多次小步幅调整，经过一段时间调整直到 ΔT_s 为零，两侧采样同步完成。

在启动同步过程时，采样时间差较大，在同步过程中两侧纵联电流差动

保护自动退出；在正常运行时，从机一直在测量采样时间差 ΔT_s，并据此差值进行小步幅微调，此时 ΔT_s 很小，对差动保护没有影响，两侧的纵联电流差动保护一直是投入的。

需注意的是，对于数字化采样的智能站保护，本侧的采样路由延时和采样时刻受电子式互感器（或光互感器）和合并单元影响，线路保护装置需通过重采样插值技术，并结合上述采样时刻调整法，才能对两侧采样路由延时做精确补偿，确保用于差动计算的数值为同一时刻的采样值。

5. TA 断线时的防误动措施

由式（4-2）可知，当线路一侧发生 TA 断线时，断线相差动电流等于负荷电流，在一定负荷电流影响下，差动保护可能会误动。需采取措施将线路区内故障与一侧 TA 断线的情况区分开，保护装置通常是结合启动元件的动作情况进行判断。

差动保护的跳闸条件包含差动元件和启动元件，只有同时满足时才能跳闸，以确保可靠性。在线路发生区内故障时，电气量发生突变，两侧保护的差动元件和启动元件几乎同时动作；而一侧发生 TA 断线时，尽管可能由于差流较大使两侧差动元件同时动作，但启动元件只有断线侧动作，未断线侧的启动元件不动作。因此，可以采用双侧启动方式予以改进，在跳闸出口条件逻辑中（与门）增加对侧发来的“差动允许信号”。以上海应用较多的 PCS-931-G 线路保护装置为例，将其电流差动保护动作逻辑和“差动允许信号”的发送逻辑分别整理为图 4-9（a）、（b），其他厂家的逻辑与此大同小异。

在图 4-9（b）中，电流突变量、零序电流均可以作为“保护启动”的触发条件，但在线路有一侧为弱电端且无中性点接地时，线路发生短路故障后，该侧三相电流变化量为零，又无零序电流，电流启动元件不会动作，无法发出“差动允许信号”，对侧将因未收到“差动允许信号”而无法跳闸。因此，增加低压差流启动元件，该元件动作需同时满足三个条件：差动元件动作、差动元件的动作相或动作相间电压低于设定定值、收到对侧“差动允许信号”。在线路发生区内故障时，上述三个条件均满足，弱电端能够发出“差动

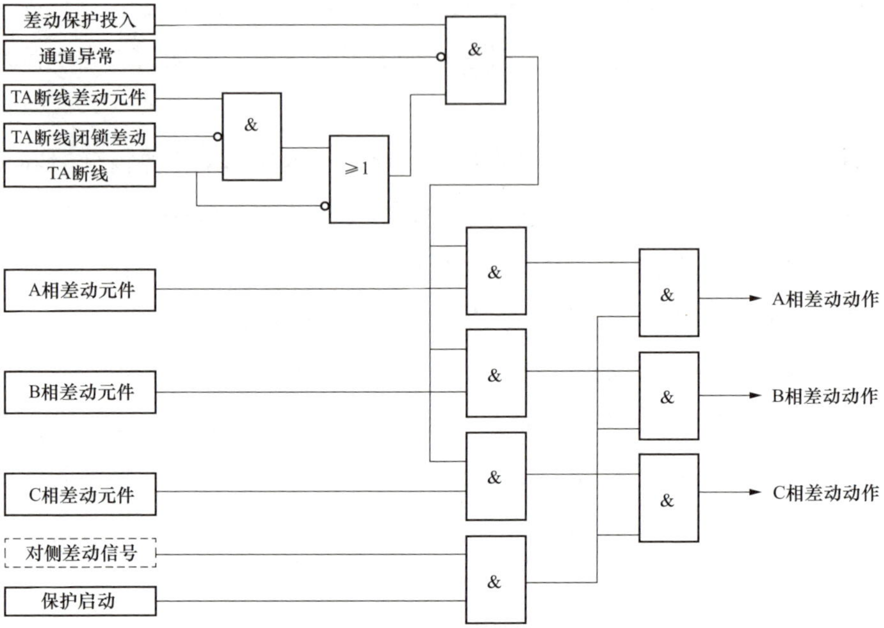

（a） PCS-931-G电流差动保护动作逻辑图

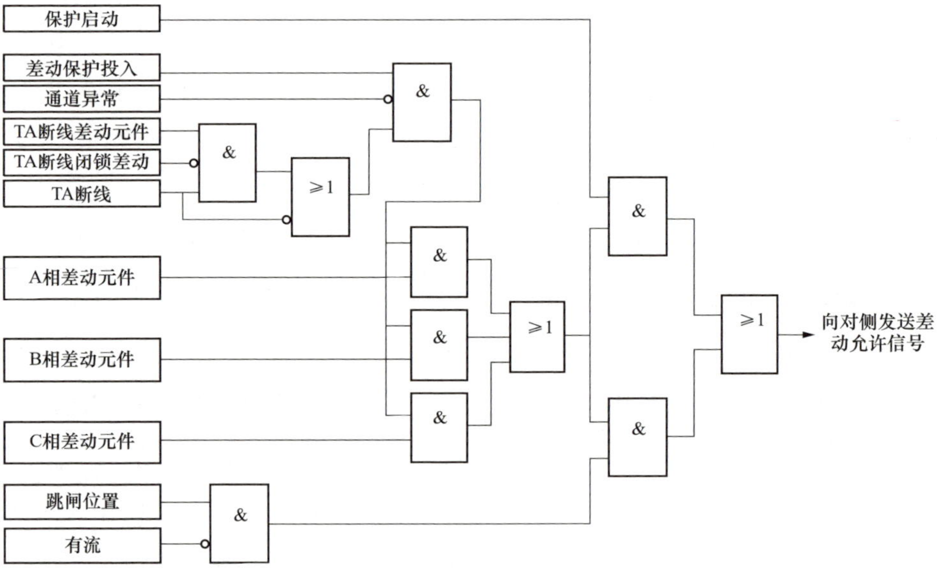

（b） “差动允许信号”逻辑图

图 4-9 PCS-931-G 线路保护装置

允许信号”，使电源侧纵联差动保护动作出口跳闸；而在非故障线路发生一侧TA 断线时，由于低电压条件不满足，故不发“差动允许信号”，TA 断线侧差动保护不会误动。

4.3 线路的纵联方向保护

线路的纵联方向保护，也称方向比较式纵联保护，无论使用何种通信通道，传输的都是各侧保护对故障方向判断结果的相关信息。纵联方向保护可以按闭锁式实现也可以按允许式实现：闭锁式是在被保护线段之外短路时由方向元件判断为反方向故障的一侧发出闭锁信号，闭锁两侧保护，而在判断为正方向故障时不发闭锁信号；允许式是指短路时任一侧如果判断为正方向故障，则向对侧发送允许跳闸信号。除以上两种方式外，纵联方向保护和纵联距离保护还可以采用移频方式，称为“移频解除闭锁式”，即在正常运行状态下两侧发信机发出一种闭锁频率信号，将对侧保护闭锁；线路区内故障时，立即将信号频率偏移到另一个功率较强的解除闭锁信号频率，允许对侧保护跳闸。

在使用载波通道时，线路内部故障时载波信号可能在故障点有大量衰耗，允许信号如果因此无法传送到对侧，将影响保护动作；使用闭锁信号时，即便故障线路上无法收到闭锁信号，也不会影响保护动作。考虑到线路故障有80% 为单相接地短路，在使用“相—地”式载波通道时，一般使用闭锁式纵联方向保护。而“相—相”式载波通道中即使发生单相接地载波信号仍然能够经过短路点传送，相比“相—地”式更可靠些，因此“相—相”式载波通道可用于允许式，这种方式在 500kV 电压等级的输电线路中应用较多。但实际上考虑载波通道干扰等影响，允许式纵联方向保护最好也用光纤通道实现。

本章节将以我国电网曾广泛应用的，使用电力线载波通道的闭锁式纵联方向保护为例介绍线路的纵联方向保护的工作原理，允许式和移频解除闭锁式因篇幅所限，不再赘述。

4.3.1 闭锁式纵联方向保护

1. 作用原理

闭锁式纵联方向保护一般采用正常无高频电流，区外故障时发闭锁信号的方式，作用原理如图 4-10 所示，方向元件动作行为见表 4-1。闭锁信号由短路方向判定为负（正方向指向线路）的一端发出，两侧收信机接收信号后将保护闭锁。正常运行时，所有保护都不启动，载波通道中也没有高频电流。设故障发生在线路 BC 的 k 点上，所有保护的启动元件都启动，但保护 2 的短路方向为负，其他保护的短路方向为正。保护 2 将启动发信机发出高频闭锁信号，非故障线路 AB 上出现与高频信号对应的高频电流，保护 1、2 的收信机都将接收到该高频信号，从而闭锁保护 1 和保护 2；故障线路 BC 上，保护 3、4 测量计算出的短路方向均为正，不发闭锁信号，载波通道上无高频信号，保护 3、4 的判定有正方向故障无闭锁信号，满足保护动作条件，从而跳开断路器 QF3、QF4，切除故障。

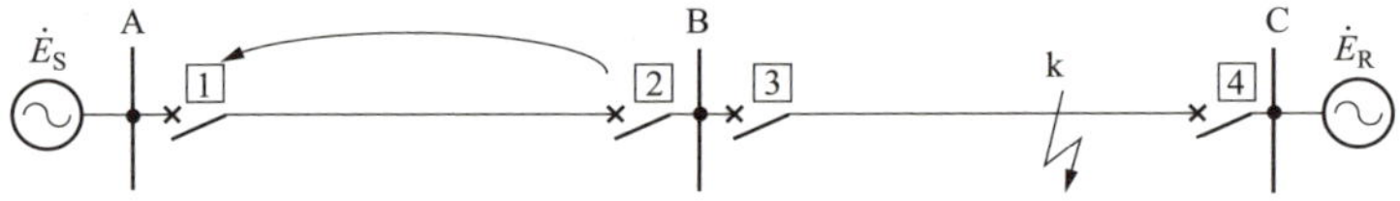

图 4-10 闭锁式纵联方向保护作用原理

表 4-1 方向元件动作行为

方向元件	保护 1	保护 2	保护 3	保护 4
F+	√或×	×	√	√
F−	×	√	×	×

注：F+表示正方向元件，F−表示反方向元件；“√”代表方向元件动作，“×”代表方向元件不动作。

2. 构成与各元件作用

模拟型的闭锁式纵联方向保护的构成结构中按功能划分为方向元件、启动元件、时间元件等部分，微机保护中这些元件功能都由软件实现，保护动作和各元件配合情况可参考简略逻辑图 4-11 进行分析。图中，F+和 F−分别表示正方向元件和反方向元件，T1 和 T2 为时间元件，SX 和 FX 分别代表收、发信机。

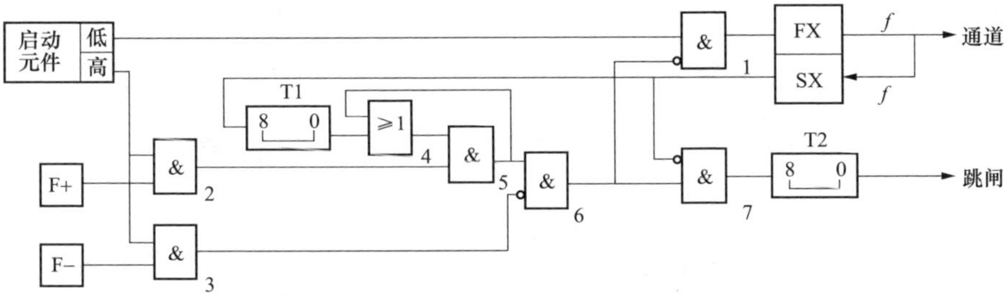

图 4-11　闭锁式纵联方向保护简略逻辑图

当图 4-10 中线路 BC 发生区内短路时，保护 3、4 的动作行为应一致，下面以 B 侧保护 3 为例描述动作情况，短路发生后：

（1）低定值元件启动，与门 1 输出逻辑值“1”立即启动发信机 FX 发信。

（2）同时，高定值元件也启动，故障计算程序开始进行方向元件 F+、F−的计算。由于故障在正方向，F+元件动作，与门 2 输出逻辑值“1”给与门 5。

（3）与门 5 的另一个条件是收信信号，由于对侧在短路伊始立即并持续发信，本侧收信机 SX 也持续收到信号，一方面闭锁与门 7，暂时闭锁跳闸；另一方面经过 T1 计满 8ms 后通过或门 4 输出“1”给与门 5，所以与门 5 有输出“1”给与门 6。

（4）由于反方向元件 F−不动作，与门 3 输出为“0”，与门 6 未被闭锁，输出为“1”，一方面闭锁与门 1，停止发信；另一方面和 SX 的收信信号一起作为与门 7 的条件。

（5）由于对侧动作情况与本侧一致，也在收信 8ms 后停信，故与门 7 的两个条件均满足，输出为“1”，经 T2 的 8ms 延时后发跳闸命令。

而对于线路 AB 此时发生的是区外短路故障，保护 1、2 的动作行为是不同的。保护 2 作为近故障点，其动作情况为：

（1）低定值元件启动，立即发信。

（2）高定值元件启动，开始进行方向元件 F+、F-的计算。由于 F+元件不动作，与门 2 输出“0”，从而与门 5 输出“0”，同时 F-元件动作，与门 3 输出“1”，故与门 6 输出一定是“0”。

（3）与门 6 输出“0”，不闭锁与门 1，与门 1 即一直输出“1”，一直保持发信。

（4）与门 7 受与门 6 输出的“0”闭锁，且同时 SX 一直能够收到本侧 FX 发出的信号，故与门 7 也一定为“0”，保护不会动作跳闸。

而远故障点的保护 1，即使其正方向元件动作、其他元件与保护 3、4 的动作情况一致，使得与门 1 停止发信，但由于此时对侧保护 2 一直保持发信，收信机 SX 一直能收到信号，从而闭锁与门 7，保护 1 不会动作跳闸。

在图 4-11 所示闭锁式纵联方向保护的简略逻辑中可见，收信机 SX 收到信号需满足 T1 时间后才开放停信逻辑。这是为了给对侧传来闭锁信号留有足够的等待时间，特别是对侧由远方启信情况下，需考虑信号往返一次的延时，一般 5~8ms 就足够了。如果不设置此等待延时，出现图 4-10 所示故障情况时，保护 1 在启动后立即停信，而保护 2 的闭锁信号由于延时影响尚未到达保护 1 侧，将造成保护 1 误动。

从以上分析可见，在故障线路上，即使收信机收不到对侧的高频信号，只要本侧的启动元件、方向元件动作正确，收发信机启信、停信正确，保护依然能够正确跳闸切除故障；但在非故障线路上，远故障点的保护则依靠近故障点保护发来的高频信号来闭锁，如果因通道异常使远故障点的保护收不到该闭锁信号，将可能造成远故障点的保护误动。

3. 元件要求

（1）启动元件。保护启动元件可以有两种：不带方向的电流启动元件和带方向性的启动元件。我国一般采用前者，现大多采用电流突变量启动元件和零序电流启动元件，设置高低定值两个元件，定值低的灵敏度高，定值高的灵敏度低。微机保护中，低定值用于启动发信，高定值用于启动故障计算程序，即只有高定值动作后才开始方向元件计算、逻辑功能判断。有时也将前者称为电流启动发信元件，将后者称为电流启动停信元件。

采用两个灵敏度不同的启动元件，是因为只用一个启动元件可能出现因各种误差导致两侧元件动作不一致的情况。假如远故障点的保护 1 测量值恰好达到整定值，启动元件动作，而近故障点的保护 2 测量值又恰好略低于整定值，启动元件未动作，未能向保护 1 发出闭锁信号，则保护 1 在启动之后就会误动作。设置两个定值相差 1.6~2 系数的启动元件，排除了各种误差的影响，避免了远故障点的保护误动。

（2）方向元件。对方向元件的要求如下所列，同样适用于闭锁式和允许式、纵联方向保护和纵联距离保护：

1）要有明确的方向性。正方向元件在反方向短路时不能误动，反方向元件在正方向短路时也不能误动。如果方向元件不正确，将直接导致保护误动或拒动。

2）正方向元件要确保在本线路全长范围内发生各种故障都能可靠动作，只有这样，本线路发生故障时，纵联保护才能全线速动。

3）反方向元件要优先闭锁保护。区外故障时，近故障点一侧的反方向元件会动作，即便此时因某种原因使某个原理的正方向元件动作，保护也应被反方向元件闭锁，避免误动。

4）反方向元件要比正方向元件更灵敏、动作更快。这是针对第 3）点原则的进一步要求，通过设置不同的门槛值实现，例如阻抗反方向元件的阻抗是正方向阻抗的 1.25 倍；零序电流反方向元件的电流门槛值小于正方向元件的电流门槛值。

满足上述几项要求的电气量特征量都可用于构成纵联方向保护的方向元件，例如工频变化量方向元件、能量积分方向元件，有的保护装置还以零序方向元件、负序方向元件作为后备的稳态量方向元件。不同厂家的闭锁式纵联方向保护其方向元件原理各有不同、灵敏度不同，理论上是不能在同一条线路两侧相互配合的。

（3）远方启信功能。设置远方启信功能，其作用有两个：

1）区外故障时，近故障点的启动发信元件因故不能启动发信时，远故障点的保护若所有动作条件均满足停止发信，可能造成远故障点的纵联方向保护误动。设置远方启信条件：低定值元件未启动；收信机收到对侧的高频信号。满足这两个条件后发信 10s。这样，远故障点的保护会被近故障点保护的 10s 的信号闭锁，不会误动。

2）方便手动检查通道。由于高频载波通道的完好是保护正确动作的基础，对于平时不发信、只在故障时短时发信的通道，需定期进行通道检查。远方启信功能使线路任一侧人员均可单独进行检查，对侧不一定要求有人配合。

（4）其他停信方式。除正方向元件会启动停信之外，以下几种情况也应停信：

1）断路器位置停信。如图 4-10 中由 B 侧向 BC 线路充电期间发生 BC 区内短路时，保护 4 由于断路器 QF4 分位无电流、启动元件不动作，但又因远方启信功能由保护 3 启动发出闭锁信号，此时将造成保护 3 的纵联方向保护拒动，只能由带延时的后备保护切除故障，显然对系统安全稳定运行不利。为此，引入了断路器三相跳闸位置停信方式，保护 4 在启动发信元件不启动、QF4 三相跳闸位置一直动作，且确认三相均无电流时，把远方启信推迟一段时间（如 100ms），在这被推迟的时间段内，保护 3 收不到保护 4 发来的闭锁信号，可以动作跳闸。

2）保护动作停信。

（a）本保护动作停信。在目前主后备一体的微机保护中，本装置内任意一种保护发跳闸命令的同时立即停信，这有利于对侧纵联保护跳闸。例如，在线路的正向出口和反向出口故障同时存在，纵联保护的正方向元件被反方向元件闭锁而无法停信时，故障侧保护的后备保护（如距离Ⅰ段）能够动作，需靠本保护动作去停信，加速对侧保护动作。又如，在发生区内故障而对侧纵联保护的正方向元件灵敏度不足时，只有本侧保护跳开后对侧正方向元件才能相继动作。

（b）其他保护动作停信。当故障发生在断路器与电流互感器之间时，如图4-12所示，母线保护动作跳开本侧断路器QF1后故障依然存在，需靠母线保护动作停信让对侧纵联保护立即动作跳开断路器QF2以切除故障。当故障发生在本侧母线时，母线保护动作跳开断路器QF1，同时停信使断路器QF2跳开，这并无不良后果。

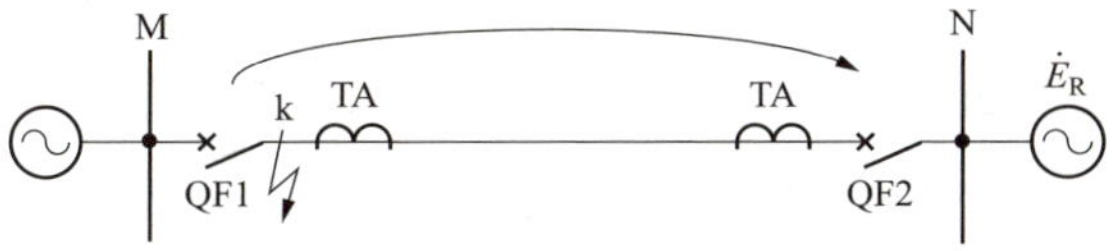

图4-12　故障发生在断路器与电流互感器之间

但本侧母线若为3/2接线，由于母线保护动作跳开边断路器后，线路仍可以通过中断路器继续运行，则不可以停信。3/2接线方式下，若故障点发生在断路器和电流互感器之间，应通过失灵保护（或死区保护）动作停信使对侧纵联保护动作跳闸。

4.3.2　影响纵联方向保护的因素及对策

1. 功率倒向问题

在如图4-13所示的双回线或环网的网络中，当k点发生短路时，非故障线路L1上的短路功率P_k可能由N侧流向M侧，若此时断路器QF3先于QF4跳开，则线路L1上的短路功率P_k将突然又从M侧流向N侧，出现方向倒转，此现象称为功率倒向。

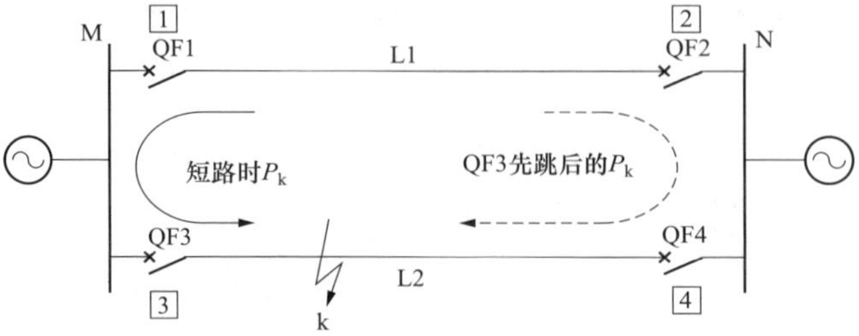

图 4-13 功率倒向示意图

在功率倒向瞬间，线路 L1 两侧的纵联保护方向元件翻转速度可能快慢不一致，存在动作竞赛，若保护 1 先判断为正方向，立即停发闭锁信号，保护 2 由正变反的速度稍慢，尚未来得及发出闭锁信号，会出现线路 L1 两侧纵联方向保护元件均处于动作状态的情况，通道中无闭锁信号，从而造成误动。

解决此问题的方法，一是反方向元件要比正方向元件更加灵敏、动作速度更快，只要反方向元件一动作就立即发信闭锁保护；二是采用延时措施，当纵联方向保护在收信后一定时间内（综合考虑保护动作时间和断路器分闸时间，该值约为 35ms）一直不动作，将判为区外故障，然后会增加一个延时（约 25ms）来躲过两侧方向元件动作竞赛带来的影响。

2. 单侧电源线路

当输电线路一侧背后没有电源或是一个小电源时把这一端称作弱电端。在背后无电源、线路空载、背后又无中性点接地情况下，短路发生时，弱电端流过保护的电流始终为零，电流变化量和零序电流也为零，启动元件均不动作；如果弱电端背后无电源，但短路前有较大负荷，那在短路前后电流会有突变，启动元件可能启动；如果弱电端背后有中性点接地的变压器，在短路发生后保护安装处会流过零序电流，启动元件也可能启动。因此，单侧电源线路的弱电端在本线路短路故障时，启动元件可能启动，也可能不启动，需分情况讨论：

1）若高低定值的启动元件均不动作，弱电端会由电源端远方启信，发信 10s 闭锁保护，造成电源端保护拒动。即使低定值的启动发信元件动作，如果高定值的启动停信元件不动作，弱电端也无法停信，同样使得电源端纵联方向保护一直被闭锁而拒动。微机保护中，在整定为弱电端的保护中可以采取以下措施：如果高定值启动元件没有启动，检查到任一相电压或相间电压为低电压时（60%额定电压），将启动发信（含远方启信）推迟100~120ms，使电源端纵联方向保护收不到闭锁信号从而可靠跳闸。

2）若高低定值的启动元件均已动作，但正反方向元件由于某种原因均未动作，同样无法停信，造成两侧纵联方向保护拒动。对此采取的措施为：如果高定值启动元件启动了，检查到所有正、反方向元件均未动作，检查到任意一相电压或相间电压为低电压（60%额定电压），收到一定时间的闭锁信号，则立即停信，电源端纵联方向保护就可以动作跳闸了。而弱电端本身在检测到一段时间未收到闭锁信号后，即可跳闸。

以上针对弱电端的解决方案中，最重要的条件是要满足电压要求，某些运行方式下发生经过渡电阻的接地故障，弱电端的电压可能达不到低电压的门槛，弱电端保护是可能不动作的。而且，弱电端保护只能在线路一侧投入，若在强电源端投入弱电端保护功能有可能因保护和信号之间配合不当而引起误动。

4.4 线路的纵联距离保护

线路的纵联方向保护是利用方向元件具有方向性的特点构成保护，但这些方向元件也只能反应短路点处于正方向还是反方向，并没有固定的动作范围。而阻抗元件不仅有方向性，还有固定的动作范围，将其与纵联方向保护相结合，构成了纵联距离保护。在模拟型保护时代，距离保护的阻抗元件可与纵联保护共用，使得区内故障时能够瞬时切除故障，区外故障时阻抗元件又可用于阶段式距离保护，既兼具两种保护功能，又能简化元件配置，但接线较为复杂。而在微机保护中，纵联距离保护与阶段式距离保护一般分别工作于不同的CPU模块中，有各自的阻抗元件，整定值也可以各自设置。纵联距离保护对通信通道的要求和工作方式与纵联方向保护相同，可以采用电力线载波通道，也可以采用光纤通道，可以采用闭锁式，也可以采用允许式，本节以闭锁式纵联距离保护为例，介绍纵联距离保护的工作原理、影响其正确动作的因素与对策。

4.4.1　闭锁式纵联距离保护

纵联距离保护与纵联方向保护在保护原理上非常相似，如图4-14所示。当故障点k发生在BC线路上时，对BC两侧的保护3、4来说，短路发生在其正方向，只要短路点位于阻抗元件的动作范围内，阻抗元件就能动作。而对非故障线路AB两侧保护1、2来说，近故障点的保护2判断为反方向而阻抗元件不动作，远故障点的保护1判断为正向短路，当故障点位于阻抗元件的保护范围内时阻抗元件才能动作，如果故障点处于阻抗元件的保护范围外时阻抗元件不动作，阻抗元件动作行为见表4-2。可见，通过比较两侧阻抗元件的动作行为能够区别故障线路与非故障线路。

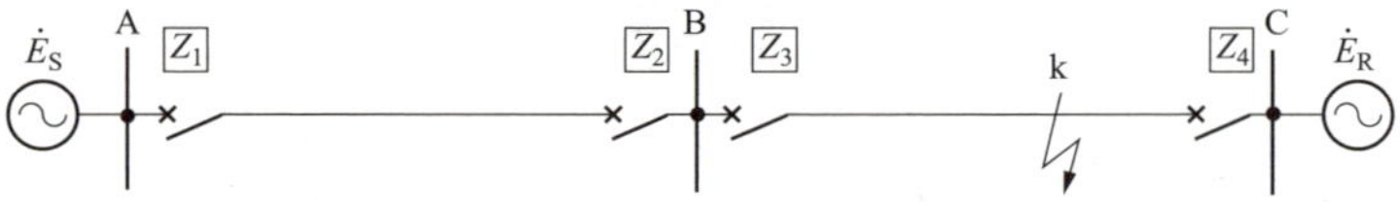

图4-14　纵联距离保护原理图

表4-2　阻抗元件动作行为

阻抗元件	保护1	保护2	保护3	保护4
Z	√或×	×	√	√

注："√"代表方向阻抗动作，"×"代表阻抗元件不动作。

闭锁式纵联距离保护的启动发信逻辑、正方向元件停信逻辑、远方启动功能、保护动作停信、断路器位置停信方式、单侧电源线路的弱电端保护以及功率倒向逻辑，都是与闭锁式纵联方向保护相同的。其原理框图与图 4-11 相似，只要把其中的方向元件换成阻抗元件，相关动作逻辑此处不再重述。

闭锁式纵联距离保护的启动发信元件除电流突变量和零序电流之外，也有些保护将距离保护Ⅲ段的阻抗元件用作启动发信。而对于纵联距离保护核心元件的阻抗元件的要求，首先，需保证其具有良好的方向性，这与纵联方向保护中的方向元件要求相同；其次，阻抗元件有整定的保护范围，为了确保线路故障时两侧阻抗元件都能可靠动作，应考虑使阻抗元件在本线路全长范围内故障都有足够的灵敏度。因此纵联距离保护中方向阻抗元件一般采用距离保护Ⅱ段或Ⅲ段的阻抗元件整定值。

4.4.2 系统振荡对纵联距离保护的影响

闭锁式纵联距离保护同样需面对功率倒向问题、单侧电源线路的弱电端保护问题，其解决方案与闭锁式纵联方向保护的解决方式相同。纵联距离保护的核心元件是阻抗元件，而阻抗元件在系统振荡时有可能误动，下面以图 4-15 为例，对系统振荡中的纵联距离保护动作行为进行分析。

假设线路两侧系统电动势幅值相等，系统中各元件阻抗角相等，以 M 侧保护安装处为原点。图 4-15（b）中的 SR 线表示了两端电动势间的总阻抗；圆 1 为 M 侧保护阻抗元件的动作特性圆，圆 2 为 N 侧保护阻抗元件的动作特性圆，二者公共部分即为线路区内故障时的阻抗特性。在 SR 线取中垂线 mn 线，是系统振荡时测量阻抗相量端点的变化轨迹，但每侧保护实际测得阻抗需以各自保护安装处为起点（M、N 点）。可见，当阻抗端点经过圆 1 和圆 2 的公共部分时，两侧阻抗元件均会动作，纵联距离保护将误动。

为避免纵联距离保护在系统振荡中误动，曾经采用过短时开放 150ms 的方式，但这使得启动元件启动后的 150ms 直至整组复归前，纵联距离保护都被闭锁。最好的方法是让纵联距离保护也受距离保护的振荡闭锁控制，利用目前已比较完善的距离保护振荡闭锁方法，来控制纵联距离保护，既可避免系统振荡时纵联距离保护误动，又能在区外短路后又紧接着发生本线路故障、非全相运行中发生本线路故障和振荡中发生本线路故障时，纵联距离保护仍能发挥作用。

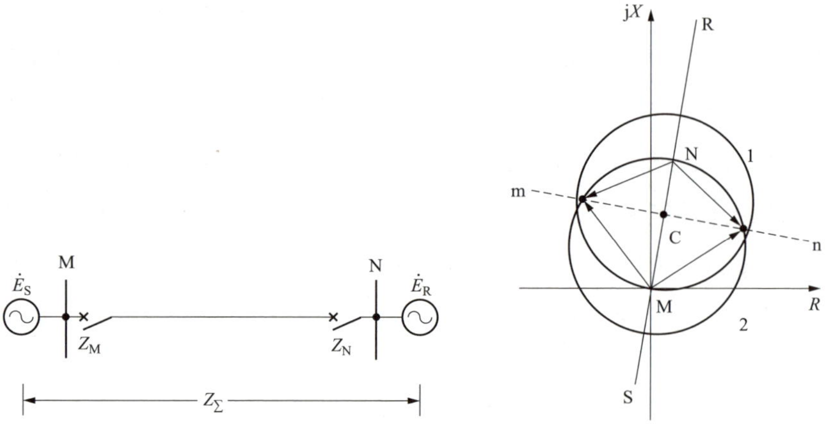

（a）系统图　　（b）系统振荡时阻抗元件动作行为分析

图 4-15　系统振荡时阻抗元件动作行为分析

小结

本章对线路的各类型纵联保护的工作原理、影响因素和对策，以及对通信通道的使用进行了较为详细的介绍。线路纵联保护最大的优点就是可以瞬时切除本线路全长范围内的短路，具有绝对选择性，能够实现全线速动。

目前上海电网的线路纵联保护优先考虑光纤通道，新投运的纵联保护已全部使用光纤通道，存量的电力线载波通道也将随一二次设备改造全部退出。导引线通道虽然也存量极少，但在距离很短的线路保护中仍具有一定的可用性，且该方式在变电站设备保护，如母线差动保护、变压器差动保护中获得了广泛应用。

本章重点介绍了纵联差动保护中的光纤分相电流差动保护，光纤通道容量大的特点，使其能够满足实时传输电流瞬时值或相量值的需求。折线式比率制动特性使纵联差动保护不仅提高了内部短路时的灵敏性，还提高了外部短路时不动作的可靠性。针对影响纵联差动保护正确动作的因素，如线路电容电流、电流互感器误差、负荷电流、采样同步、 TA 断线等问题，相应的提出了差动元件启动值高、低值相结合、电容电流补偿、变化量差动、零序差动、双侧启动、采样时刻调整法等解决方案。

本章在介绍纵联方向保护和纵联距离保护时都以闭锁式为例，分析了内外部故障时各元件的动作情况，对远方启动发信、保护动作停信、断路器位置停信等问题进行了说明，并对功率倒向、弱电端保护、系统振荡等影响保护正确动作的因素和解决对策予以介绍。采用闭锁式原理的优点是，在内部短路伴随通道破坏时不影响保护动作，不足是在外部故障伴随通道破坏时有可能保护误动，但这种情况概率很小。闭锁式的主要缺点是需要两套灵敏度不同、动作速度不同的启动元件，这使保护总的灵敏性降低；保护动作需等待对侧闭锁信号，使保护动作时间加长。

线路的纵联保护是对各种保护原理、通道特性的综合应用，是高压输电线路的主要保护方式，也是迄今为止解决输电线路实现快速全线保护难题的最有效手段。

习题与思考题

4-1 反应输电线路一侧电气量变化的保护，如距离保护、过电流保护，为什么不能瞬时切除本线路全长范围内的短路故障？

4-2 通信通道在线路纵联保护中的作用是什么？通道的种类和优缺点有哪些？

4-3 纵联保护的信号有哪几种？

4-4 为何要将纵联电流差动保护设计成折线式制动特性？常用的制动电流有哪些？

4-5 为什么要配备零序电流差动保护？

4-6 如图 4-16 所示系统，分析 k 点短路时各侧闭锁式纵联方向保护中方向元件的动作情况及保护动作结果。

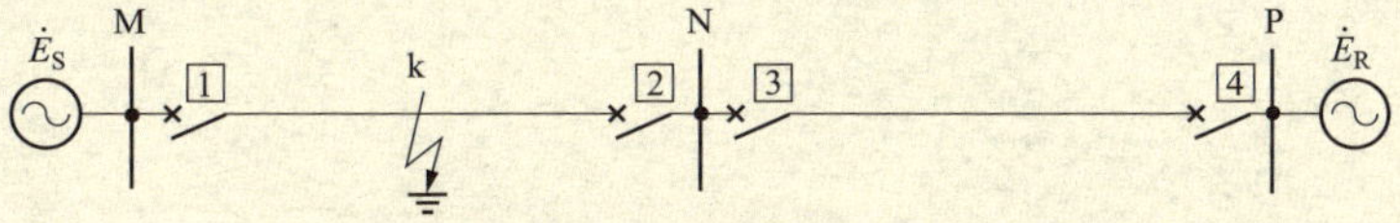

图 4-16 系统接线图

4-7 纵联方向保护对方向元件有哪些要求？

4-8 如何解决纵联方向保护中的功率倒向问题？

4-9 闭锁式纵联保护为什么要设置远方启信功能？

4-10 纵联距离保护对阻抗元件的要求有哪些？

第 5 章 CHAPTER FIVE

线路的自动重合闸 05

本章主要介绍了线路自动重合闸的概念、作用、类型、启动方式及基本要求，并根据上海电网自动重合闸的应用情况，重点阐述线路的三相自动重合闸及单相自动重合闸的原理、特点等。最后，结合自动重合闸与继电保护的配合，分析了重合闸前加速保护与重合闸后加速保护各自的优缺点。

5.1

自动重合闸概述

在电力系统中，输电线路故障分为瞬时性故障和永久性故障。运行统计分析证明，架空线路大多数故障是瞬时性的，架空线路的永久性故障一般不到 10%。对于瞬时性故障，例如雷击过电压引起的绝缘子表面闪络、大风引起的导线碰线以及通过鸟类、树枝等异物引起的短路放电等，继电保护动作断开相应断路器后，故障点与电源隔离，电弧熄灭，故障点的绝缘强度恢复，故障随即自行消除。对于瞬时性故障，若把断开的断路器再次合上，就能恢复供电，从而减小停电的时间，保障持续供电，提高输电线路的可靠性。为此，在电力系统中，自动重合闸（简称 ARC）在输、配电线路中已得到极其广泛的应用。当然，由运行人员手动操作，或由调度远方遥控操作，也能再次合上断开的断路器，但将导致停电时间过长，对能适应自恢复的用电设备降低了可靠性，对旋转电机多数已经停转，这样重新合闸取得的效果不显著。

自动重合闸装置不能判断故障是瞬时性的还是永久性的，若故障为瞬时性故障，则恢复正常供电，称为重合闸成功；若故障为永久性故障，重合闸装置使断路器合上后，继电保护将动作再次使断路器断开，称为重合闸不成功。对于永久性故障，当继电保护动作断开相应断路器后，故障点仍然存在，通常需要人工处理才能恢复正常。因此，即使将断开的断路器再合上，由于故障仍然存在，继电保护还要再次动作于跳闸，电力系统再一次受到故障的冲击却无法恢复正常的供电。另外，由于电缆线路的故障大部分都是永久性故障，所以电缆线路不装设自动重合闸。基于同样的考虑，重合闸技术也极少应用于电力变压器、电容器等电气设备中。

5.1.1 自动重合闸的作用

自动重合闸装置是将因故障跳开后的断路器按需要自动投入的一种自动装置。重合闸工作过程可简述为当线路发生短路故障时，由继电保护设备控制断路器跳闸，经一定延时后，自动重合闸控制断路器合闸，若是瞬时性故障则恢复供电；若是永久性故障则继电保护仍会动作，控制断路器跳闸，隔离故障点。

使用自动重合闸有利有弊，其优点有以下三点：

（1）在线路发生瞬时性故障时，可迅速恢复供电，缩短停电时间，提高供电的可靠性。

（2）对于双侧电源线路，可以提高系统并列运行的可靠性，提高线路的传输容量。

（3）当断路器机构不良或继电保护误动而引起误跳闸时，可以起到纠正作用。

配置自动重合闸后，当重合于永久性故障，也会产生如下的不利影响。

（1）对短路的设备将造成再一次的伤害，同时，电力系统也将再一次受到故障的冲击，对高压系统还可能损害并列运行的稳定性。

（2）使断路器的工作条件变得更加恶化，这是因为断路器需要在很短的时间内连续切断两次短路电流。断路器在第一次跳闸切除故障时，由于电弧的作用已经使绝缘介质的强度降低了，重合后的第二次跳闸是在绝缘已经降低的不利条件下进行的。这种情况在油断路器中显得尤为明显，当油断路器跳闸三次后，其绝缘和遮断容量约降低70%，此时将闭锁重合闸，并尽快安排油断路器的检修。正因如此，油断路器已经逐步退出使用。

所以，配置自动重合闸装置，主要应考虑两方面的因素：一是线路发生瞬时性故障的概率较大，发生永久性故障的概率较小；二是要考虑断路器本身的因素，当断路器的遮断容量、过电压、熄弧时间等不满足相应条件时，自动重合闸不仅无法保证恢复正常供电，还会对电力系统产生次生故障。

但总的来说，在 10kV 及以上电压等级的架空线路或架空电缆混合线路中，线路重合闸的利大于弊，一般装设了断路器，即可配置自动重合闸。

5.1.2 自动重合闸的类型

按重合闸作用于断路器的方式，可分为三相重合闸、单相重合闸和综合重合闸三种。

三相重合闸就是当线路发生单相、两相或三相短路等各类故障时，继电保护动作使三相断路器同时跳开，经预定的时间后再使三相断路器同时合上，若重合于永久性故障，则继电保护动作再次使三相断路器同时跳开。即“跳三相重合三相，永久故障跳三相”。

单相重合闸就是当线路发生单相故障时，继电保护动作使故障相断路器跳闸，经预定的时间后再使故障相断路器合上，若重合于永久性故障，则继电保护动作使三相断路器同时跳开，并不再进行重合。当线路发生两相或三相故障时，继电保护动作使三相断路器同时跳开，并不再进行重合。即“单相故障跳单相重合单相，永久故障跳三相；相间故障跳三相不重合”。单相重合闸适用于具备分相操作的断路器。

综合重合闸就是当线路发生单相故障时，实行单相重合闸；当线路发生相间故障时，实行三相重合闸。即“单相故障跳单相重合单相，相间故障跳三相重合三相；永久故障均跳三相”。

本章 5.2、5.3 将分别介绍线路的三相重合闸及单相重合闸。

5.1.3 自动重合闸的启动方式及基本要求

根据自动重合启动原理的不同，自动重合闸的启动方式分为保护启动方式和位置不对应启动方式。

保护启动方式就是用线路保护跳闸出口触点来启动重合闸。目前大多数线路自动重合闸装置中，在继电保护动作发出跳闸命令后，重合闸才发合闸命令，因此自动重合闸应具有保护跳闸命令启动的功能。

位置不对应启动方式也就是断路器控制开关位置与断路器位置不对应启动方式。位置不对应是指当断路器控制开关处于“合闸后”状态，断路器主触头处于断开状态，两者位置不对应。正常运行时，断路器控制开关与断路器的位置状态应该是对应的，即均为合闸或均为分闸。但当线路发生故障时，继电保护将断路器跳开后，出现断路器控制开关与断路器位置不对应，从而启动重合闸。

与保护启动方式相比，位置不对应启动方式的优点在于它可以纠正各种原因引起的断路器误碰或偷跳，因为在这种情况下，线路本身没有发生故障，保护启动方式处于不动作状态，保护不会启动重合闸，而位置不对应启动方式不受影响，这样就提高了供电可靠性和系统运行的稳定性。但是，当出现断路器辅助触点接触不良、跳闸位置继电器异常以及触点粘牢等情况时，位置不对应启动方式将失效。

自动重合闸的基本要求主要有如下几点：

（1）必须在故障切除之后才允许重合闸，判断故障切除的主要依据有继电保护动作、断路器位置变化、故障切除之后没有电流等。

（2）自动重合闸的次数应符合预先的规定，不允许任意多次重合。上海电网规定线路重合闸次数均为一次。

（3）自动重合闸之后，应能自动复归，准备好下一次的动作。

（4）自动重合闸时间应能整定，能与继电保护配合。

当出现如下任一类的情况时，自动重合闸均不应动作：

（1）由运行人员手动操作或通过遥控装置将断路器断开时，重合闸不应动作。

（2）手动合上断路器时，若线路上存在故障，断路器合于故障随即保护动作将其断开后，重合闸不应动作。

（3）自动重合闸具有接收外来闭锁信号的功能，若收到外来闭锁信号，则重合闸不应动作。例如，当断路器处于气压或液压过低、弹簧未储能等不正常状态时，不允许自动重合闸。当系统频率降低到按频率自动减负荷装置动作将断路器跳开时，也不允许自动重合闸。这时，断路器或按频率自动减负荷装置会发出闭锁信号，闭锁自动重合闸。

另外，在双侧电源线路中，自动重合闸应考虑两侧电源间的同步问题，详见本章 5.2.2。

5.2 线路的三相自动重合闸

根据线路电源性质不同，线路的三相自动重合闸按使用条件分为单侧电源线路的三相自动重合闸、双侧电源线路的三相自动重合闸。

5.2.1 单侧电源线路的三相自动重合闸

单侧电源线路只存在一个电源侧，电源侧的重合闸不需要考虑电源间的同步问题，因此单侧电源线路宜采用三相自动重合闸。此时，无论线路上发生何种故障，继电保护均动作于跳开三相断路器，随后启动重合闸，经过预定延时后，发出合闸脉冲，将三相断路器同时合上。由此看来，单侧电源线路的三相重合闸比较简单，只要启动后经过延时就可以发合闸命令，多应用在由几段串联线路构成的电力网中。一般在串联线路上各段线路均配置有电流速断等速动保护，且速动保护存在一定范围的无选择性，此时该串联线路上的三相重合闸可采用前加速保护动作方式补救选择性，提高线路的供电可靠性，详见本章 5.4.1。另外，通过合理设置重合闸动作时间，串联线路的三相重合闸也可采用顺序重合方式，此时断开的几段线路自电源侧顺序重合，在一定程度上弥补了瞬动保护的无选择性。

目前电力系统广泛使用的重合闸基本上不区分故障是瞬时性的还是永久性的。对于瞬时性故障，必须经过一定的延时，等待故障点的故障消除、绝缘强度恢复之后，才有可能重合成功。对于永久性故障，在重合闸之后断路器再次跳闸，必须考虑断路器内部的油压或气压恢复，以及绝缘介质和绝缘强度的恢复等因素，保证断路器能够再次切除短路电流。另外，还需要考虑一定的裕度。于是，按照以上条件和因素确定的重合闸最小延时，可称为最小重合闸动作时间。

单侧电源线路中重合闸的主要作用是尽可能缩短电源的中断时间，因此，重合闸的动作时间原则上越短越好，应按照最小重合闸动作时间整定。最小重合闸动作时间除应大于故障点熄弧时间及周围介质去游离时间外，还应大于断路器及操动机构复归原状准备好再次动作的时间。单侧电源线路的最小重合闸动作时间 t_{min} 的计算如式（5-1）所示。

$$t_{min} = t_t + t_{re} + t_{rel} - t_n \tag{5-1}$$

式中：t_t 为断路器固有跳闸时间；t_{re} 为短路点熄弧及去游离时间之和；t_{rel} 为裕度时间；t_n 为断路器合闸时间。

在220kV及以下电压等级线路中，短路点熄弧及去游离时间之和 t_{re} 取值不小于0.3s，220kV以上电压等级线路 t_{re} 可适当调大。220kV线路中当采用单相重合闸时，考虑潜供电流的影响后，t_{re} 取值不小于0.5s。当330~550kV线路中采用单相重合闸时，t_{re} 取值需根据线路长短及有无辅助消弧措施（如有没有中性点带小电抗的并联电抗器）适当进行调整。考虑到断路器操动机构复原并准备好再动作的时间，裕度时间 t_{rel} 一般取0.1~0.15s。

断路器合闸时间 t_n 是指从断路器收到合闸脉冲到断路器主触头闭合的时间，这与故障点的去游离同时进行，因此，计算最小重合闸动作时间时要减去断路器合闸时间。根据电力系统的运行经验，当重合闸采用位置不对应启动方式时，断路器固有跳闸时间 t_t 取0s。

根据上海电网的运行经验，一般情况下，110kV以下电压等级架空线路的最小重合闸动作时间取0.7s，110kV及以上电压等级线路的最小重合闸动作时间取1.0s。

5.2.2 双侧电源线路的三相自动重合闸

双侧电源线路的三相自动重合闸，除应考虑单侧电源线路重合闸提出的各种因素外，还应考虑线路两侧的继电保护可能以不同的时限切除故障带来的影响。

在如图 5-1 所示的双侧电源线路中，当线路上发生故障时，两侧的保护装置可能以不同的时限动作于跳闸。例如，在 k1 处发生短路，电源 M 侧过电流Ⅰ段动作；而在电源 N 侧，过电流Ⅱ段动作，长于 M 侧的过电流Ⅰ段动作时限。故障点 k1 离 M 侧更近，此时 M 侧称为近故障侧，N 侧称为远故障侧。两侧的重合闸为了保证故障点电弧已熄灭、绝缘强度已恢复，即本侧重合时故障已消除，必须在两侧的断路器均跳闸后，再进行重合。一般情况下，当本侧出口处发生短路时，故障电流最大，本侧保护动作时间最短，而对侧保护动作时间最长。因此，每一侧的重合闸都应当以本侧出口处发生短路作为考虑重合闸整定时间的依据，即本侧先跳闸而对侧经延时跳闸，目的仍然是确保本侧重合时故障已消除，且绝缘已恢复。

图 5-1 一次接线示意图

双侧电源线路实现三相自动重合闸时，近故障侧的最小重合闸动作时间 t'_{min} 计算如式（5-2）所示。

$$t'_{min} = t_{opmax} + t'_t + t_{re} + t_{rel} - t'_n \tag{5-2}$$

式中：t_{opmax} 为远故障侧对全线故障有足够灵敏度的保护动作时间最大值；t'_t 为远故障侧断路器固有跳闸时间；t'_n 为近故障侧断路器合闸时间；t_{re}、t_{rel} 的含义同式（5-1）中的定义。

对于 t_{opmax} 的取值，当线路配置有纵联保护等全线速动保护的情况下，t_{opmax} 可取 0s。当线路没有配置全线速动保护时，该值取对全线故障有足够灵敏度的保护最长整定时间，这时，双侧电源线路的最小重合闸动作时间比单侧电源最小重合闸动作时间长。

另外，当双侧电源线路上发生故障跳闸后，常常存在着重合闸时两侧电源是否同期，以及是否允许非同期合闸的问题。在双侧电源线路中使用单相重合闸方式或综合重合闸方式时，如果是单相跳闸，重合闸只要等够重合闸的延时就可以发合闸命令，因为两侧系统的三相中有两相原本就一直联系着，故障相也无必要再去检查同期。可是在双侧电源线路上发生三相跳闸后，两侧系统可能无任何联系，重合闸在合闸时就需要考虑同期问题。否则，当两侧电动势相位相差较大时合闸将会产生很大的冲击电流（在相差180°时冲击电流最大），影响电气设备的寿命，此外还可能会引起系统振荡。

目前在系统中使用的在三相跳闸后重合闸的检查条件有下述四种。

（1）检查线路无压和检查同期重合闸。检查线路无压和检查同期重合闸是目前应用最多的一种检查条件的重合闸。在图5-2中，假设MN线路的M侧装有检查线路无压重合闸，N侧装有检查同期重合闸。当MN线路上发生短路，两端断路器三相跳闸后，线路上三相电压为零。所以M侧检查到线路无电压满足了检查条件，经三相重合闸动作时间后发合闸命令。随后N侧检查到母线、线路均有电压，且母线与线路的同名相电压的相角差在整定值中规定的允许范围内，经三相重合闸动作时间后即可发出合闸命令，这时N侧合闸是满足同期条件的。

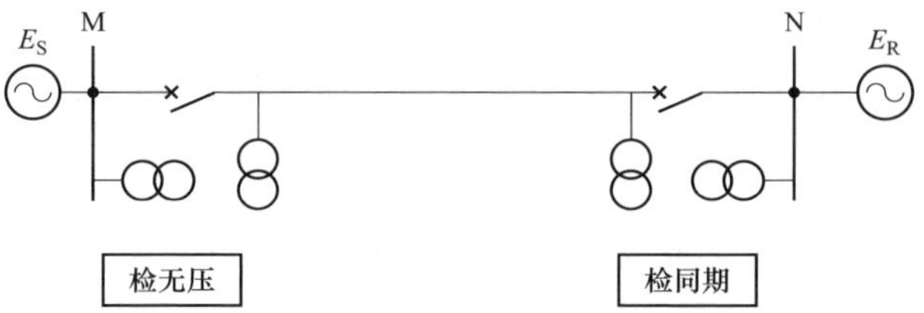

图5-2 检查线路无压和检查同期重合闸

从上述动作过程可以看出，检查线路无电压侧总是先重合的。因此该侧有可能重合在故障线路上再次跳闸。所以该侧断路器有可能在短时间内需切除两次短路电流，工作条件相对恶劣。检查同期侧是在线路有压且满足同期条件后才重合的，所以肯定重合在完好的线路上，断路器的工作条件相对好一些。为了均衡负担，检查线路无压端和检查同期端可定期倒换。

目前在线路保护中，均提供了上述两种检查条件的重合闸。检查线路无电压的条件是：线路电压小于线路无压定值，同时线路 TV 没有断线。检查同期的条件是：首先线路、母线电压都大于同期电压定值，再满足线路和母线同名相电压的相位差在同期角整定的范围内。一般在实际应用中，系统侧投检无压，发电厂侧投检同期，检无压侧总是先重合，防止重合于故障对发电机组造成冲击。

为了防止断路器误跳或保护误动，一般在检查线路无压侧将检同期功能也投入。因为如果在断路器误跳或本侧跳闸，且对侧没有跳闸，由于线路一直有压，重合闸无法发合闸命令。投入检同期功能后可用检同期的方法重合。需要特别指出，在检查同期端检查线路无电压的功能千万不能投入，否则线路两侧均有检线路无电压的功能，在两侧断路器跳闸后可能同时合闸造成非同期合闸。

（2）重合闸不检方式。对于不存在同期问题的线路上的重合闸在三相跳闸后可采用重合闸不检方式。例如在单侧电源线路上的重合闸，就可采用此种方式。这种方式的重合闸，只要启动以后经过延时就可发合闸命令。

例如在图 5-3 系统中，E_S 电源是一直有的，E_R 电源有时存在有时不存在。在 MN 线路上采用重合闸不检方式时，N 侧的重合闸投入重合闸不检方式。当 E_R 电源存在时，M 侧的重合闸再投入检同期方式，这样线路上短路三相跳闸后 N 侧按重合闸不检方式先合，然后 M 侧再检同期合闸。当 E_R 电源不存在时，M 侧的重合闸投入重合闸不检方式，这样线路上短路三相跳闸后如果 N 侧重合闸时间短，N 侧按重合闸不检方式先合，M 侧按重合闸不检方式后合；如果 M 端重合闸时间短，M 侧按重合闸不检方式先合，N 侧按重合闸不检方式后合。

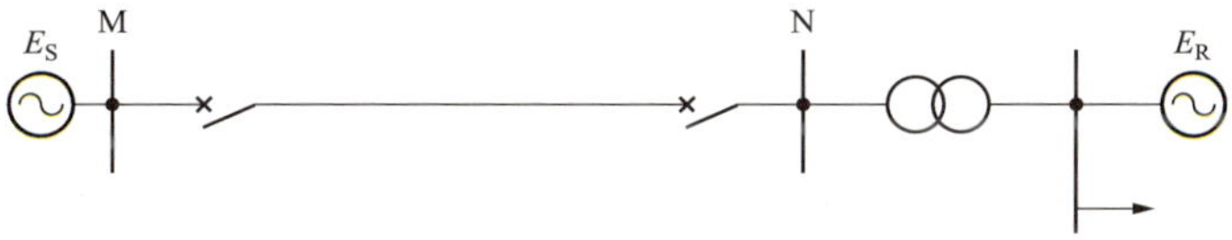

图 5-3 用重合闸不检方式的系统图

（3）检线无压母有压方式、检母无压线有压方式、检线无压母无压方式。有些厂家在 110kV 线路和 110kV 以下小接地电流系统线路上使用的微机保护中除检同期方式、重合闸不检方式外，还提供了检线无压母有压方式、检母无压线有压方式、检线无压母无压方式。检查条件的区别在于用于判别的电压来自线路 TV 还是母线 TV，电压是否满足有压或无压条件。所谓有压就是电压大于有压定值；所谓无压就是电压小于无压定值，且无相应的 TV 断线。这些重合闸方式可以单独投用，也可根据需求同时投入。

（4）检平行线有电流方式。这种重合闸检查条件用在双回线路上。当双回线路中某一回线发生短路并两侧三相跳开时，两侧系统还经过另一回线联系在一起。此时断开的线路上的重合闸只要检查另一回线有电流，从而确认另一回线处于运行状态，就可认为满足检查条件。此时两侧系统并没有失去联系，所以经延时可发出合闸命令。

5.2.3 3/2 接线方式的三相自动重合闸

一般的输电线路保护要发跳闸命令时只跳本线路的一个断路器，重合闸自然也只重合这个断路器，所以重合闸按保护配置。可是在 3/2 接线方式的线路中，保护发跳闸命令时要跳两个断路器。如图 5-4 中线路 L1 一端的保护要发跳令时，要跳 1、2 号两个断路器，重合闸自然也要合两个断路器。

如果在 L1 线路上发生短路，线路保护跳 1、2 号两个断路器后，到底是先合边断路器 1 还是先合中断路器 2？还是两个一起合？假设先合中断路器 2，若断路器 2 合于永久性故障，保护再去跳 2 号断路器，如果万一此时 2 号断路

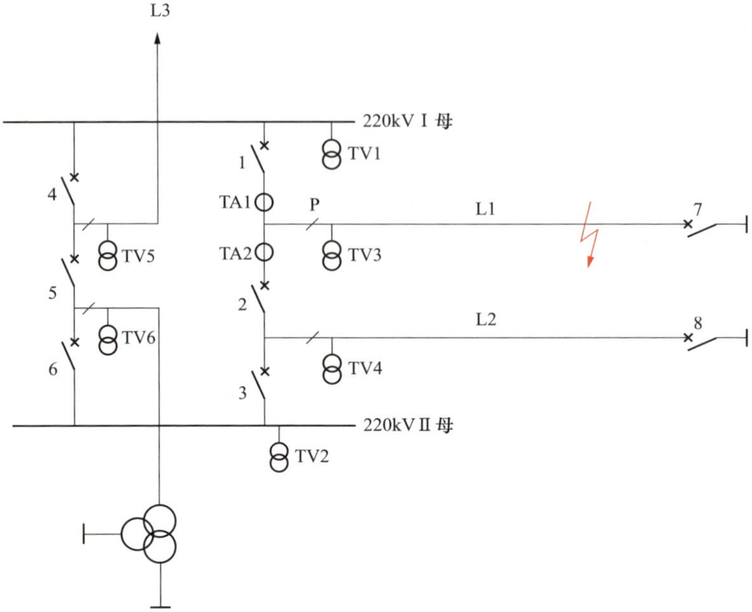

图 5-4　3/2 接线方式

器失灵，2 号断路器的失灵保护再将 3、8 号断路器跳开，这将造成 L2 线路失电。所以不能先合中断路器 2。如果先合边断路器 1，也是合于永久性故障，保护再去跳 1 号断路器，如果万一此时 1 号断路器失灵，1 号断路器的失灵保护再将Ⅰ母上所有断路器（即图 5-4 中 4 号断路器）都跳开，L2 线路及其所带负荷都不受影响。所以当线路保护跳开两个断路器后应先合边断路器，后合中断路器。如果边断路器重合不成功，合于故障线路，保护再次将边断路器跳开，此时中断路器就不再重合。

由于图 5-4 中与 L1 线路相连的有 1、2 号两个断路器，两个断路器都要进行重合，且两个断路器的重合有一个先后顺序问题，因此重合闸不应设置在线路保护装置内，而应按断路器单独设置。此外每个断路器的失灵保护跳闸对象也不一样，所以失灵保护也应按断路器单独设置。

当然，上海电网的运行经验表明，3/2 接线方式的重合闸方式是较为灵活的，不可一概而论。这是由于线路的实际运行需求不同，线路所在环网的可靠性程度也不一样，例如实际应用中，上海电网 220kV 电压等级采用 3/2 接线方式时，就存在重合闸设置为只合母线侧的情况，也就是只合边断路器、中断路器不重合。

5.3 线路的单相自动重合闸

在高压和超高压线路中，由于架空线路的线间距离较大，相间故障概率较小，而单相接地短路发生的概率却比较大，约占总故障数的 70% 以上。若超高压线路失电，系统可能失去稳定。为此，在超高压架空线路可以分相操作的断路器上装设单相自动重合闸。

若 220~500kV 的架空线路上装设有单相自动重合闸，当发生单相接地短路故障时，如果只把发生故障的一相断开，然后再进行单相重合，而未发生故障的两相仍然继续运行，有利于减少局部地区功率缺额，也有利于安全运行。单相重合不需要检定同期或无电压等安全措施，因此，若重合成功系统则恢复运行较快。如果线路发生的是瞬时性故障，则单相重合成功，即恢复三相的正常运行；如果是永久性故障，单相重合不成功，则需根据系统的具体情况，如不允许长期非全相运行时，即应切除三相并不再进行重合；如需要转入非全相运行时，则应再次切除单相并不再进行重合。目前一般都是采用重合不成功时跳开三相的方式，也就是单相重合闸方式。

5.3.1 单相自动重合闸的特点

线路采用单相自动重合闸时，要求保护只跳单相，重合闸仅自动重合单相。与三相自动重合闸相比，有以下两个显著的特点：

（1）进行单相自动重合闸操作必须有选择故障相的选相元件，即存在判别故障和选相的要求。

（2）单相跳闸后，应考虑非故障相对故障点去游离和灭弧的影响，即重合闸的动作时间相对要比三相自动重合闸长。

当采用单相重合闸时，其动作时限的选择除应满足三相重合闸时所提出的要求以外，还应考虑如下两个问题：

（1）不论是单侧电源还是双侧电源，均应考虑两侧选相元件与继电保护以不同时限切除故障的可能性。

（2）潜供电流对灭弧所产生的影响。

如图 5-5 所示，线路发生 C 相单相接地时，故障相线路（C 相）自两侧切除后，由于非故障相与断开相之间存在感应电压（电容耦合）和电磁（互感）的联系，因此短路电流已被切断，但在故障点的弧光中仍然流有如下的电流：

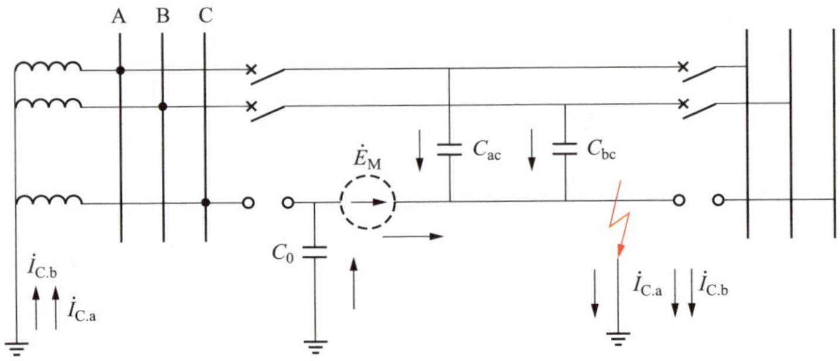

图 5-5　C 相单相接地时，潜供电流示意图

1）非故障相 A 通过 A-C 相间的电容 C_{ac} 供给的电流；

2）非故障相 B 通过 B-C 相间的电容 C_{bc} 供给的电流；

3）非全相继续运行的两相中，由于流过负荷电流 $\dot{I}_{LA}$ 和 $\dot{I}_{LB}$ 而在 C 相中产生互感电动势 $\dot{E}_M$，此电动势通过故障点和该相对地电容 C_0 而产生的电流，将出现负序电流、电压和零序电流、电压分量，因此要考虑该类分量出现时，对继电保护的影响。

以上电流的总和就称为潜供电流，其中 1）、2）称为潜供电流的电容分量，这部分的电流较大，且与短路点的位置无关；3）称为潜供电流的电感分量，这部分的电流较小，且与短路点的位置有关。

由于潜供电流的影响，将使短路时弧光通道的去游离受到严重阻碍，而自动重合闸只有在故障点电弧熄灭且绝缘强度恢复以后才有可能成功，因此单相重合闸的动作时间必须考虑潜供电流的影响。一般线路电压越高，线路越长，负荷电流越大，潜供电流越大。潜供电流的持续时间不仅与其大小有关，也与故障电流的大小、故障切除时间、弧光长度及故障点风速等因素有关。

当线路使用单相重合闸或综合重合闸方式时，潜供电流会使短路点的熄弧时间加长，所以重合闸动作时间应适当调大，一般220kV及以上电压等级线路上熄弧时间在0.6s以上。而当线路使用三相重合闸方式，即使线路上发生单相接地短路时也是三相跳闸的，线路两侧三相跳闸后三相都无电压、电流，因而不存在潜供电流。但对于同杆并架的线路，一条线路两侧三相断路器跳闸后，由于受到相邻线路的影响也存在潜供电流。

为减少潜供电流的影响，可以采用中性点带小电抗的并联电抗器来补偿潜供电流中的电容分量。

5.3.2 单相自动重合闸对选相元件的要求

选相元件是随着单相重合闸的出现而出现的。因为在使用单相重合闸时要求在发生单相故障时仅跳开故障相，这就必须先把故障相别选择出来。为实现单相重合闸，对选择故障相的选相元件的基本要求有如下两点：

（1）应保证选择性，即选相元件与保护装置相配合，只跳开发生故障的一相，而接于另外两相上的选相元件不应动作。

（2）在故障相末端发生单相接地短路时，接于该相上的选相元件应保证足够的灵敏性。

根据网络接线和运行的特点，常用选相元件有如下几种：

（1）电流选相元件。采用电流选相元件测量每相的电流，其启动电流按照大于最大负荷电流的原则进行整定，以保证动作的选择性。这种选相元件适用于装设在电源侧且短路电流较大的情况，它是根据故障相短路电流增大的原理而动作的。

（2）低电压选相元件。三个低电压选相元件分别用于测量三个相电压，低电压选相元件是根据故障相电压降低的原理而动作的。它的启动电压应小于正常运行以及非全相运行时可能出现的最低电压。这种选相元件一般适用于装设在小电源或单侧电源线路的受电侧，因为在这一侧如用电流选相元件，则往往不能满足选择性与灵敏性的要求。

（3）阻抗选相元件。三个阻抗选相元件分别用于测量三个相电压和经过零序补偿的相电流，以保证测量阻抗与短路点到保护安装地点之间的正序阻抗成正比。相比电流选相元件和低电压选相元件，阻抗选相元件具有更高的选择性与灵敏性，因而在复杂网络的接线中获得了较为广泛的应用。

（4）相电流差突变量选相元件。利用每两相的相电流之差构成三个选相元件，它们是利用故障时电气量发生突变的原理构成的。三个选相元件反应电流突变量分别如式（5-3）所示。

$$\begin{aligned}\Delta \dot{i}_{AB} &= \dot{i}_{A} - \dot{i}_{B}\\ \Delta \dot{i}_{BC} &= \dot{i}_{B} - \dot{i}_{C}\\ \Delta \dot{i}_{CA} &= \dot{i}_{C} - \dot{i}_{A}\end{aligned} \tag{5-3}$$

5.3.3 单相自动重合闸与三相自动重合闸的差异

与三相自动重合闸相比，单相自动重合闸的主要特点有：

（1）当采用单相重合闸方式，发生单相故障跳开故障相，会造成非全相运行，产生负序和零序分量，可以采取调整定值和动作时限、闭锁保护等方式来防止保护的误动，从而躲开非全相运行的影响。

（2）使用三相重合闸时，各种保护的出口回路可以直接动作于断路器。

而使用单相重合闸时，除了本身有选相能力的保护外，所有纵联保护、相间距离保护、零序电流保护等都必须经单相重合闸的选相元件控制，才能动作于断路器，增加了出口回路节点，降低了动作可靠性。

（3）当线路发生单相接地，进行三相重合闸时，会比单相重合闸产生较大的操作过电压。这是由于三相跳闸，电流过零时断电，在非故障相上会保留相当于相电压峰值的残余电荷电压，而重合闸的断电时间较短，上述非故障相的电压变化不大，因而在重合时会产生较大的操作过电压。

（4）采用三相重合闸时，在最不利的情况，有可能重合于三相短路故障，为了避免这种情况，可以考虑在三相重合闸中增设简单的相间故障判别元件，使其在单相故障时实现重合，在相间故障时不重合，上海 220kV 电网就是采用这种特殊的三相重合闸方式。

（5）采用三相重合闸时，对断路器的操控机构可以三相联动，而采用单相重合闸的断路器，其操控机构必须三相独立。因此，在中低压系统中采用的自动重合闸均为三相重合闸。

5.4 自动重合闸与继电保护的配合

自动重合闸与继电保护的配合一般采用重合闸前加速和重合闸后加速保护两种方式，根据不同的线路及其保护配置方式选用。

5.4.1 自动重合闸前加速保护动作方式

重合闸前加速保护方式指，当线路上（包括相邻线路及以后的线路）发生故障时，靠近电源侧的保护首先无选择性地瞬时动作于跳闸，而后再靠重合闸来纠正这种非选择性动作。重合闸前加速保护方式一般用于具有几段串联的辐射状线路中，重合闸装置仅装在靠近电源的一段线路上。

如图 5-6 所示，在 1 号保护处加一套重合闸装置（ARC），其他保护处不配置重合闸装置，当任何一段线路发生故障时，第一次都由保护 1 无时限切除故障（重合闸之前加速保护跳闸），若重合于瞬时故障，则迅速恢复供电，重合闸纠正了无选择性；若重合于永久性故障，则再按保护的阶梯时限特性配合的整定时间动作（如 k2 点故障先由保护 1 加速切除故障，若重合闸于永久性故障则由保护 4 动作切除故障）。

图 5-6　重合闸前加速示意图

重合闸前加速保护的主要优点有：

1）能够快速地切除瞬时性故障；

2）可能使瞬时性故障来不及发展成永久性故障，从而提高重合闸的成功率；

3）使用设备少，只需装设一套重合闸装置，简单、经济。

重合闸前加速保护也存在如下缺点：

1）装设重合闸装置的断路器动作次数多，工作条件恶劣；

2）永久性故障切除的时间可能较长；

3）若自动重合闸或保护 1 处的断路器拒动，则停电范围扩大。

5.4.2　自动重合闸后加速保护动作方式

重合闸后加速保护方式是指，若线路发生故障，保护有选择性地动作切除故障，重合闸进行一次重合以恢复供电。若重合与永久性故障时，保护装置即不带时限无选择性地动作断开断路器。

图 5-7 中，每条线路上均装置有选择性的保护和重合闸装置，当线路 k2 点第一次故障时，保护 3 和 4 有选择性地动作，然后再进行重合。如果重合

于永久性故障，则在断路器合闸后再加速保护动作瞬时切除故障。

图 5-7　重合闸后加速示意图

重合闸后加速保护的主要优点有：

1）第一次有选择性的切除故障，不会扩大停电范围；

2）保证永久性故障能瞬时切除，并仍然有选择性；

3）和重合闸前加速相比，使用时不受网络结构和负荷条件的限制。

重合闸后加速保护也存在如下缺点：

1）每个断路器上都需要装设一套重合闸，与前加速相比较为复杂；

2）第一次切除故障可能带有延时。

可以看出，重合闸前加速保护是在线路故障时由电源侧断路器先无时限加速动作，重合如果不成功，再按阶梯动作时间有选择性地动作，而重合闸后加速保护先按阶梯动作时限有选择性地动作，再无时限加速动作。

5.5 上海电网自动重合闸的配置及保护动作选择

实际运行经验表明，上海电网的自动重合闸配置存在区别于其他地区的特点，本节分别介绍上海电网自动重合闸的配置及不同电压等级中自动重合闸保护方式的选择。

5.5.1　上海电网自动重合闸的配置

上海电网 220kV 电压等级线路的重合闸为特殊三相重合闸方式，即当线路发生单相故障时，三相断路器同时跳闸，经预定时间后三相断路器同时合上；当发生相间故障时，闭锁重合闸。这种重合闸方式目前仅在上海电网220kV电压等级使用。由于上海电网220kV及以上电压等级网架坚强，供电可靠性高，当断路器发生三相不一致或断路器三相误跳时，考虑到系统短路容量及断路器的开断容量，为防止损坏断路器，可不启动重合闸，而直接三相不一致将断路器跳闸，此时即使不重合也不会破坏系统的稳定运行和影响供电可靠性。220kV及以上电压等级线路保护均为双重化配置，重合闸启动方式只采用保护启动方式，而不采用位置不对应启动，两套保护均启动和闭锁重合闸装置。另外，上海电网110kV及以下电压等级线路保护仍采用三相自动重合闸方式。

Q/GDW 1161—2014《线路保护及辅助装置标准化设计规范》中规定，重合闸方式分为单相重合闸、三相重合闸、禁止重合闸和停用重合闸，重合闸方式通过重合闸控制字实现，有且只能有一种方式投入。目前，上海地区综合重合闸已经退出使用。

5.5.2 上海电网自动重合闸保护动作方式的选择

在上海电网实际运行中，上海220kV及以上的架空及架空电缆混合线路，重合闸采用后加速保护动作方式；在10kV及以下电压等级，重合闸采用前加速保护动作方式，表5-1所示为A变电站某10kV线路的保护配置表，采用的就是重合闸前加速动作方式。A变电站的10kV系统采用中性点经小电阻接地方式，A变电站某10kV线路为架空线路，因此配置有过电流前加速、零序电流前加速和重合闸，重合闸时间取经验值0.7s。过电流采用一般反时限过电流保护。由于A变电站10kV系统为中性点经小电阻接地，该10kV线路的最大单相接地电流为1000A，零序电流保护配置有零序电流Ⅰ段、零序电流Ⅱ段和间歇性接地保护。

一般情况下，上海110kV及35kV电压等级的架空及架空电缆混合线路只投入重合闸并整定重合闸最小动作时间，不再配置加速保护动作。

表 5-1　　A 变电站某 10kV 线路保护配置表

<table>
<tr><th colspan="3">设备名称：A 变电站某 10kV 线路</th><th colspan="3">标称电压：10kV</th></tr>
<tr><th>继电器保护或自动装置类型</th><th>继电器型号</th><th>电流互感器变比</th><th colspan="2">整定值</th><th>作用</th></tr>
<tr><td>过电流前加速</td><td rowspan="7">WXH-823C</td><td rowspan="7">400/5</td><td colspan="2">20A</td><td>跳闸</td></tr>
<tr><td>零序电流前加速</td><td colspan="2">5A</td><td>跳闸</td></tr>
<tr><td>反时限过电流</td><td>7A</td><td>2 倍 1.9s
3 倍 1.2s
5 倍 0.8s</td><td>跳闸</td></tr>
<tr><td>零序电流Ⅰ段</td><td colspan="2">4.38A、3s</td><td>跳闸</td></tr>
<tr><td>零序电流Ⅱ段</td><td colspan="2">1.88A、4s</td><td>跳闸</td></tr>
<tr><td>间歇接地</td><td colspan="2">1.875A、10V、8s</td><td>跳闸</td></tr>
<tr><td>重合闸时间</td><td colspan="2">0.7s</td><td>合闸</td></tr>
<tr><td colspan="6">说明：以上整定值均为二次值。</td></tr>
</table>

【例 5-1】 在［例 2-2］中，B 变电站某 35kV 线路保护已采用三段式过电流保护，保护定值配置见表 2-4。请问该线路是否需要配置重合闸。如需配置，请给出相关的保护定值配置表。

答：从［例 2-2］可知，该 35kV 线路为架空电缆混合线路，故应配置自动重合闸。

根据式（5-1），重合闸最小动作时间 $t_{min}=0.7s$，采用三相自动重合闸方式。结合［例 2-2］已经配置有三段式过电流保护，该 35kV 线路保护配置见表 5-2。

表 5-2　　B 变电站某 35kV 线路保护配置表

<table>
<tr><th>继电器保护或自动装置类型</th><th>变比</th><th>保护装置型号</th><th>整定值</th><th>动作时间</th><th>作用</th></tr>
<tr><td>电流速断</td><td rowspan="4">400/5
35/0.1</td><td rowspan="4">CSD-211</td><td>10A、40V</td><td>0.3s</td><td>跳闸</td></tr>
<tr><td>过电流Ⅱ段</td><td>10A</td><td>2s</td><td>跳闸</td></tr>
<tr><td>过电流Ⅲ段</td><td>8A</td><td>2.5s</td><td>跳闸</td></tr>
<tr><td>重合闸时间</td><td></td><td>0.7s</td><td>一次重合</td></tr>
</table>

小结

本章节主要介绍了重合闸的概念、作用、分类，重合闸的启动方式及最小动作时间（分为单侧电源的三相重合闸和双侧电源的三相重合闸）的计算等内容。根据上海电网特点，着重介绍线路的三相自动重合闸及单相自动重合闸的原理、特点等。在重合闸与保护配合方面包括重合闸前加速保护和重合闸后加速保护，两者有其各自特点，应根据具体情形选用合适的配合方式。重合闸闭锁条件等涉及具体接线的内容可在实际现场作业中熟悉掌握。

习题与思考题

5-1　什么是自动重合闸（ARC）？电力系统中为什么要配置自动重合闸？

5-2　重合闸重合于永久性故障时对电力系统有什么不利影响？哪些情况下不能采用重合闸？

5-3　自动重合闸怎么分类？

5-4　重合闸的启动方式有哪两种？请分别做出简要介绍。

5-5　试比较线路单相自动重合闸与三相自动重合闸的优缺点。

5-6　装有重合闸的线路，当它们的断路器跳闸后，在哪些情况下不允许或不能重合闸？

5-7　请简述重合闸前加速与重合闸后加速两种动作方式的区别。

第 6 章 CHAPTER SIX

06 上海电网的线路保护典型配置

前面几章介绍了几种线路保护的基本原理，在电力生产中，这些功能都是通过一个或多个保护装置（或继电器）、二次回路、通道的整体配合而实现的。而且，不同电压等级的线路保护根据其电网结构特点等多种因素，所采用的保护功能也有所不同。本章通过对不同电压等级输配电线路保护配置原则、技术要求的阐述，介绍目前上海电网交流输配电线路中应用最广泛、最典型的线路保护配置情况，既包含各类型保护功能的选用，也包含装置组屏、回路配合等情况。

本章编写参考的标准规范、技术原则包括且不限于国家电网有限公司的标准化设计规范、反事故措施文件，华东地区的保护标准化设计要求，以及上海电网保护标准化技术原则。

6.1

500kV 线路保护典型配置

上海电网为紧密型强受端系统，500kV 电网上任一处发生故障时，在故障切除前普遍感受到低电压，而当故障消除后，电压能立即恢复到较高水平，甚至接近初始值。同时，受接地点较多和多回直流集中落点的影响，单相短路电流较大。目前，上海电网已形成 500kV 双环网并实现了以 500kV 变电站为中心的多个 220kV 分区独立运行。500kV 交流电网稳定性直接关系到各个 220kV 分区电网的稳定性，还关系到直流输电系统的安全运行。因此 500kV 电压等级继电保护动作的快速性和可靠性十分重要，是确保整个上海电网安全稳定的关键所在。上海电网 500kV 电压等级的变电站接线，除个别站采用线路-变压器组之外，其他都采用 3/2 接线方式，故本节介绍的 500kV 线路保护配置主要针对 3/2 接线方式。

6.1.1 配置原则与技术要求

1. 保护功能配置

根据系统稳定运行要求，500kV 线路近端故障切除时间不应大于 0.09s，远端故障切除时间不应大于 0.1s。因此，500kV 线路应采用能实现全线速动的纵联保护作为主保护，辅以距离保护和零序电流保护作为后备保护。纵联保护应采用分相电流差动保护，并应优先考虑采用 OPGW 作为线路保护的通道，构成光纤纵联电流差动保护；后备保护中，距离保护包括三段式接地距离保护和三段式相间距离保护，零序电流保护使用零序反时限保护。

在后备保护的功能配置中，三段式相间及接地距离保护的Ⅰ、Ⅱ段是否经振荡闭锁可经保护装置中的控制字选择，Ⅲ段固定不经振荡闭锁；零序反时限过电流保护的方向可经控制字选择投退，TV断线后自动改为不带方向的零序反时限过电流保护。

2. 双重化配置要求

虽然在功能配置上，主保护加后备保护的模式能够实现对线路全长范围内的各种故障快速切除，但为防止继电保护拒动，以及单套保护装置故障、异常或检修时避免一次设备缺少保护而导致不必要的停运，500kV线路保护要求双重化配置，应装设两套完全独立的全线速动的标准化设计的线路纵联保护装置，每套保护装置均应包含完整的主保护和后备保护。

需注意的是，双重化原则不仅是指保护装置的双重化，还包括与保护配合回路（包括通道）的双重化，双重化配置的保护装置及其回路之间应完全独立，无直接的电气联系（采用三相重合闸方式时，可采用两套重合闸相互闭锁方式）。除重合闸相互闭锁及合闸回路外，双重化配置的线路保护的交流电压回路、电流回路、直流电源、开关量输入、跳闸回路、信号传输通道均应彼此完全独立没有电气联系。同时，为防止装置家族性缺陷可能导致的双重化配置的两套继电保护装置同时拒动的问题，双重化配置的保护装置应采用不同生产厂家的产品。更多详细要求可参考《国家电网有限公司十八项电网重大反事故措施》中相关章节的规定。

双重化配置的线路保护应参照国家电网有限公司继电保护新“六统一”标准，要求以固定的厂家顺序定义第一套、第二套保护。每套保护的跳闸回路应与断路器的两个跳闸线圈分别一一对应，每一套保护均能独立反应被保护设备的各种故障及异常状态，并能作用于跳闸或发出信号，当一套保护退出时不应影响另一套保护的运行。

实际上在电力系统生产应用中，为提高保护动作的可靠性，220kV及以上电压等级的线路、变压器、母线等重要输变电设备的继电保护均应按双重化配置。

3. 相关装置与配合回路

上海电网500kV线路除线路保护装置外，还普遍配置了双重化的远方跳闸就地判别装置，使远方跳闸命令经本侧就地判据允许方能跳开本侧断路器。远方跳闸就地判别装置通常会投入低功率等判据，且因上海电网500kV线路长度均较短，一般不投入过电压保护功能。双重化配置的远方跳闸就地判别装置和纵联保护的纵联通道，均应采用相互独立的、高可靠性的光纤通道（光纤通道宜优先选用48芯及以上OPGW光纤）。

500kV线路的断路器均为分相断路器，投入的自动重合闸功能均采用单相重合闸模式，由断路器保护装置实现。同时断路器保护装置中还具有失灵保护功能。

500kV断路器不允许长期非全相运行，分相断路器需投入三相不一致保护，在三相位置不一致时经过整定时间将三相全部跳开。上海地区500kV断路器的实现方式与220kV断路器相同，均采用断路器机构内本体三相不一致保护。

光纤通道的正常工作对纵联保护至关重要，上海电网500kV输电线路相对较短，大多数双通道均采用专用光纤，其他地区在线路较长时还可以采用复用光纤模式。同时，500kV线路保护要求每套光纤纵联电流差动保护均采用双通道型式，两个通道应采用不同的光纤通道路由。双通道型式的光纤纵联电流差动保护装置，两个通道发送和接收相互独立，差动元件的计算也相互独立，两者为“或”的关系，相当于有两套独立的差动主保护，任意一套差动保护动作就出口跳闸。由于两个通道差动保护相互独立计算，任意一个通道发生故障时，自动闭锁本通道的差动保护，不影响另一个通道的差动计算，线路发生故障时仍能出口跳闸。

华东电网在关于500kV继电保护工程设计审查要点中要求：500kV线路保护应使用TPY级电流互感器，3/2接线方式下线路保护电流回路在条件允许时优先采用分电流接入方式；不论一次主接线为何种接线形式，线路保护应采用独立的线路侧电压互感器。

6.1.2 组屏方案

500kV 线路按双重化原则配置两套全线速断的数字式保护，每套保护应包含完整的主保护和后备保护；按双重化原则配置两套远方跳闸保护，采用一取一经就地判别方式，当系统需要配置过电压保护时，过电压保护集成在远方跳闸保护中。

各种类型的保护装置动作后，一般均需经分闸回路的配合方能使断路器跳开，3/2 接线方式下的 500kV 断路器通常将操作箱安装在断路器保护屏中，以完成跳合闸操作、压力闭锁、电源监视等功能；有些配置方式中会在线路保护屏中加装操作接口装置，专为线路保护装置提供与断路器操动机构的接口。

在 500kV 电压等级的回路中，为了增加保护出口的可靠性，在断路器分闸回路中使用了 LOCKOUT 继电器，该继电器为磁保持继电器，需人工复归。当线路保护启动三相跳闸、母线保护、失灵保护和远方保护等不启动重合闸的保护动作出口时，启动 LOCKOUT 继电器，其锁定式出口触点将始终闭合，直至人工手动复归。当线路单相故障仅跳故障相时，则不启动 LOCKOUT 继电器，出口触点随保护动作复归而打开。

500kV 线路保护屏按两面屏方案配置：

（1）线路保护屏 1：线路保护装置 1+过电压及远方跳闸保护装置 1+操作接口装置 1（选配）；

（2）线路保护屏 2：线路保护装置 2+过电压及远方跳闸保护装置 2+操作接口装置 2（选配）。

6.1.3 案例分析

某日 16 时 02 分 31 秒 572，MN 线发生 B 相瞬时性接地故障（图 6-1 为 M 变电站 MN 线所在串一次接线图）。M 变电站 MN 线第一套/第二套分相电流差动保护电流差动动作，MN 5071 断路器 B 相、MN/MP 5072 断路器 B 相跳闸；MN/MP 5072 断路器保护重合闸停用，保护沟通三跳动作（收到任一跳闸触点且线路有流时即联切三相），MN/MP 5072 断路器 A 相、C 相跳闸；约 1.3s 后，MN 5071 断路器保护重合闸动作，MN 5071 断路器 B 相重合成功。故障持续时间 40ms，故障电流为 6.7kA。此次保护动作同时造成与 MN 线同属一串的 MP 线失电。

1. 一次接线图

500kV MN 线为跨省输电线路，全长 100km，为架空线路。本侧 M 变电站为 500kV 交流变电站，500kV 电压等级为 3/2 接线方式，故障发生前后的运行方式如图 6-1 所示，断路器实心代表合位，空心代表分位。故障发生时，M 变电站内 500kV Ⅱ 母线处于检修状态，所有靠 Ⅱ 母侧边断路器均在分位。故障线路 MN 线所在串的另一条线路 MP 线通过中断路器供电。

2. 保护配置

M 站 500kV 线路保护第一套主保护配置为北京四方的 CSC-103A 分相电流差动保护装置以及 CSC-125A 远方跳闸就地判别装置，配以 JFZ-22F 操作箱；第二套主保护配置为长园深瑞的 PRS-753A 分相电流差动保护装置以及 PRS-725A 远跳就地判别装置，配以 PRS-789 系列操作继电器装置。MN/MP 5072 断路器为中断路器，配有断路器保护 PRS-721A；MN 5071 为边断路器，配有断路器保护 PRS-721A。

500kV MN 线 M 变电站侧线路保护配置情况见表 6-1。

3. 监控系统记录

故障发生时 M 变电站监控系统的信息记录见表 6-2，可见两套线路保护均 B 相动作跳闸；边断路器和中断路器保护在收到线路保护 B 相跳闸开入信息后，瞬时跟跳 B 相；边断路器和中断路器 B 相跳开后，中断路器因停用重合闸通过沟通三跳将 A、C 两相跳开；约 1.3s 后，边断路器重合闸成功，显示合位。

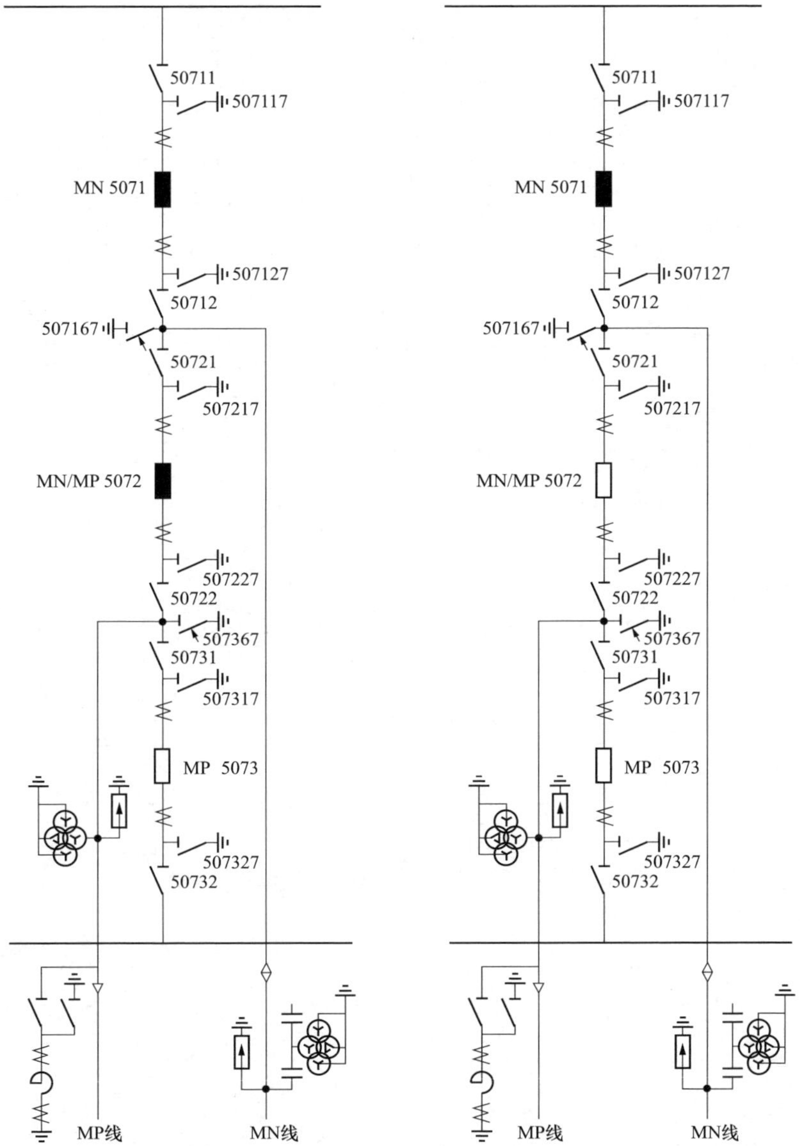

（a）故障发生前　　（b）故障发生后

图 6-1　M 变电站侧线路 MN 线所在串的一次接线图

表 6-1　　500kV MN 线 M 变电站侧线路保护配置情况

保护屏名称	型号	类型	功　能
MN 线第一套线路保护屏（RD71 保护柜）	CSC-103A	差动保护	分相电流差动
			零序电流差动
		后备保护	快速 I 段保护
			三段式相间和接地距离
			零序反时限
	CSC-125A	就地判别装置	投入低功率就地判据
	JFZ-522	操作接口装置	用于线路保护出口与开关操动机构的接口，提供两组独立的锁定式接口回路和闭锁合闸的触点
MN 线第二套线路保护屏（RD72 保护柜）	PRS-753A	差动保护	分相电流差动
			零序电流差动
		后备保护	三段式相间和接地距离
			零序反时限
	PRS-725A	就地判别装置	投入低功率就地判据
	PRS-789	操作接口装置	用于线路保护出口与开关操动机构的接口，提供两组独立的锁定式接口回路和闭锁合闸的触点
MN 5071 断路器保护屏	PRS-721A	断路器保护	断路器失灵保护 瞬时跟跳本断路器 投单相重合闸
	PRS-789	操作箱	完成跳合闸操作、压力闭锁、电源监视等功能
MN/MP 5072 断路器保护屏	PRS-721A	断路器保护	断路器失灵保护 瞬时跟跳本断路器 停用重合闸
	PRS-789	操作箱	完成跳合闸操作、压力闭锁、电源监视等功能

表 6-2　　监控信息记录

站名	时间	回路	动作情况
M 变电站	16：02：31.590	MN 线	MN 线 RD71 保护柜 B 相跳闸动作
M 变电站	16：02：31.594	MN 线	MN 线 RD72 保护柜 B 相跳闸动作
M 变电站	16：02：31.594	MN 5071 断路器	MN 5071 断路器保护 B 相跳闸开入动作
M 变电站	16：02：31.594	MN/MP 5072 断路器	MN/MP 5072 断路器保护 B 相跳闸开入动作
M 变电站	16：02：31.604	MN 5071 断路器	MN 5071 断路器分
M 变电站	16：02：31.604	MN/MP 5072 断路器	MN/MP 5072 断路器分
M 变电站	16：02：31.608	MN 5071 断路器	MN 5071 断路器保护动作
M 变电站	16：02：31.611	MN/MP 5072 断路器	MN/MP 5072 断路器 B 相分闸动作
M 变电站	16：02：31.612	MN 5071 断路器	MN 5071 断路器 B 相分闸动作
M 变电站	16：02：31.625	MN/MP 5072 断路器	MN/MP 5072 断路器保护动作
M 变电站	16：02：31.647	MN/MP 5072 断路器	MN/MP 5072 断路器 A 相分闸动作
M 变电站	16：02：31.647	MN/MP 5072 断路器	MN/MP 5072 断路器 C 相分闸动作
M 变电站	16：02：31.689	公共回路	500kV1 号故障录波仪动作
M 变电站	16：02：31.704	公共回路	500kV3 号故障录波仪动作
M 变电站	16：02：31.712	公共回路	500kV4 号故障录波仪动作
M 变电站	16：02：31.717	公共回路	500kV2 号故障录波仪动作
M 变电站	16：02：31.869	MN 5071 断路器	MN 5071 断路器油泵启动动作
M 变电站	16：02：32.200	MN/MP 5072 断路器	MN/MP 5072 断路器油泵启动动作
M 变电站	16：02：32.961	MN 5071 断路器	MN 5071 断路器保护重合闸动作
M 变电站	16：02：33.041	MN 5071 断路器	MN 5071 断路器合
M 变电站	16：02：34.484	MN/MP 5072 断路器	MN/MP 5072 断路器事故跳闸
M 变电站	16：02：34.484	MN 线	MN 线 RD71 保护柜线路保护动作
M 变电站	16：02：34.484	MN 线	MN 线 RD72 保护柜线路保护动作

4. 故障录波仪记录

M 变电站内故障录波仪记录的 MN 线故障电压电流录波图如图 6-2 所示，可见故障发生约 2 个周波后，线路 B 相故障电流即被切除；在约 1.3s 后，线路 B

相电压恢复正常，B 相电流也恢复至故障前水平，此时为边断路器重合闸成功。

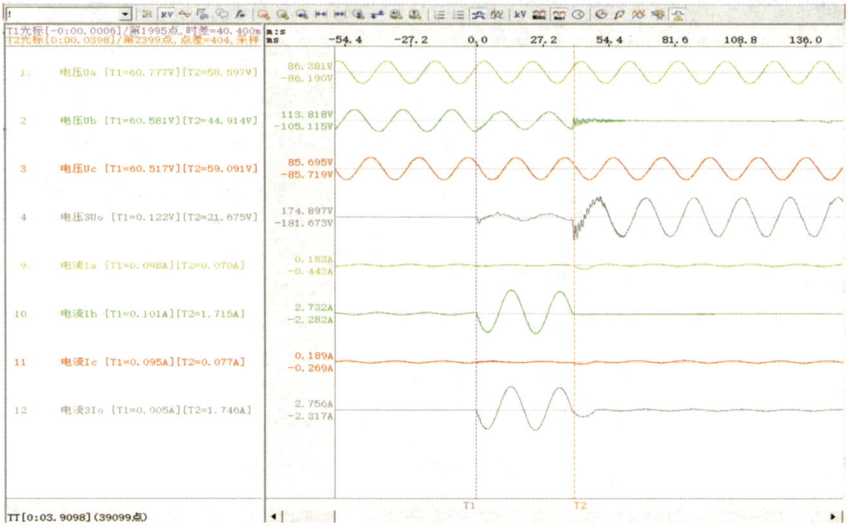

（a）故障刚发生时

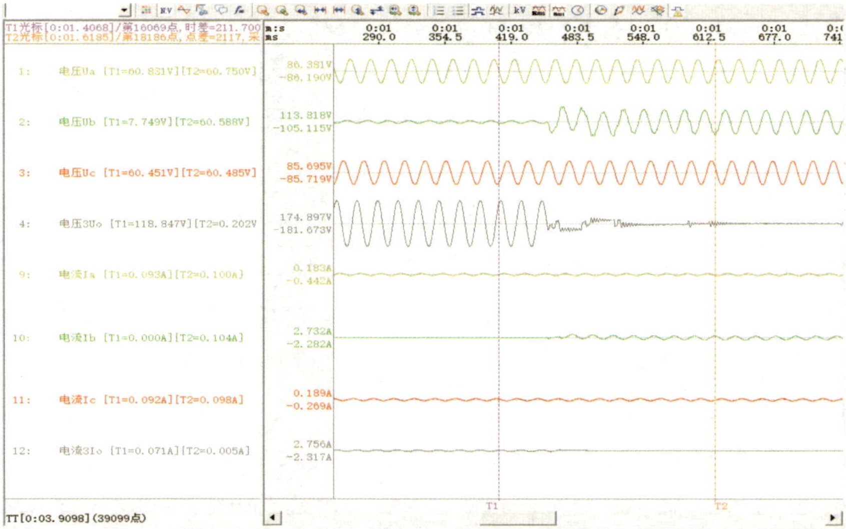

（b）故障发生1.3s后

图 6-2　M 变电站 MN 线故障电压电流录波图

5. 保护装置记录

检查保护屏内装置动作情况，记录见表 6-3。

表 6-3 保护装置内部记录

站名	设备名称	保护装置型号	保护屏盘面信号	保护动作情况
M 变电站	MN 线第一套线路保护	CSC-103A	运行、跳 B 灯、重合灯亮	分相电流差动
M 变电站	MN 线第二套线路保护	PRS-753A	管理运行、主保护运行、后备运行、跳 B 灯、主保动作灯亮	分相电流差动
M 变电站	MN 5071 断路器保护	PRS-721A	管理运行、运行 1、运行 2、动作、重合闸灯亮	重合闸动作
M 变电站	MN/MP 5072 断路器保护	PRS-721A	管理运行、运行 1、运行 2、动作灯亮	—

6. 动作行为分析

线路保护装置内测距结果为距离 M 变电站约 80km 处。故障当日为雷雨天气，经雷电定位系统查询到，在线路故障跳闸时段该区域范围内有雷电发生。经现场故障查找，在该范围某号杆塔处（距保护安装点 78km）发现明显闪络痕迹。最终确认故障为雷击造成的 B 相瞬时性故障，保护动作及测距正确。

6.2 220kV 线路保护典型配置

上海 220kV 分区电网的结构，原则上由 1000kV、500kV 变电站和发电厂提供电源，经过 220kV 大截面架空线路，向 220kV 中心变电站送电，再从 220kV 中心站（发电厂）经 220kV 电缆或架空线路，向 220kV 中间变电站或终端变电站提供电源。分区电网之间相对独立，但在必要时能互相支援，分区间建设有联络通道。

上海电网用电负荷密度高，线路输送容量大，结构紧密，各通道的电气距离短，电网整体的短路容量较高。虽通过采取以各 500kV 变电站为中心的分区运行方式，有效控制了 220kV 电网的短路容量，但在某些特殊方式下，部分变电站的短路电流仍接近断路器遮断容量；且由于 500kV 主变压器均为自耦变压器、中性点接地的 220kV 主变压器数目较多，上海 220kV 电网普遍具有单相短路电流水平高的特点，甚至出现部分单相短路电流超过三相短路电流的情况。因此，220kV 线路保护能否快速、可靠的动作，事关分区电网的安全稳定，在保护配置上也应采用双重化配置。

本节介绍主要针对双母线接线方式下的 220kV 线路保护配置，3/2 接线方式下的 220kV 线路配置则参考 6.1。

6.2.1 配置原则与技术要求

1. 保护功能与装置配置

220kV 线路按双侧电源和单侧电源的区别，分为联络线和终端负荷线路两种，在上海电网现有的配置模式中有以下两种方式：

（1）220kV 联络线：联络线的潮流方向随电网运行情况而变，阶段式保护难以实现全线速动，需以光纤纵联差动电流保护为主保护，辅以距离保护和零序保护作为后备保护。在线路两侧均配置双重化的光纤纵联电流差动保护，每套纵联差动保护装置都具有完备的主保护、后备保护及重合闸功能。另外，早期上海电网的 220kV 线路出现过“双主一后备”的配置方式，即两套全线速动的主保护装置加单套后备保护装置，这是一种不完善的双重化配置，两套保护装置之间没有完全独立，目前这种保护配置方式仍有较多存量，有待改造。

（2）220kV 终端负荷线路：潮流方向不变，可将距离Ⅰ段作为主保护，通过将整定范围向负荷侧（变压器）适当延伸来实现对线路全长的快速保护，将距离Ⅱ、Ⅲ段保护和零序过电流保护作为后备保护。一般是在电源侧配置两套完整的、独立的、能反映各种类型故障的、具有选相功能的全线速动距离保护装置；若负荷侧无断路器，则线路两侧各装设两套独立的光纤远方跳闸装置，通过负荷侧的元件保护启动光纤远方跳闸装置，跳开电源侧断路器，此方式目前亦有较多线路配置使用。

考虑今后分布式电源的建设，现要求 220kV 终端负荷线路的配置方式与 220kV 联络线相同，即新投运的 220kV 线路无论是联络线还是终端负荷线，均在线路两侧配置双套完整的、独立的、能反映各种类型故障的、具有选相功能的全线速动光纤纵联电流差动保护，每套保护装置均具有完整的后备保护（三段式距离和零序电流保护）以及重合闸功能。对于已投运的、配置两套距离保护的 220kV 终端负荷线路，将结合低压侧分布式电源的建设，同步实施改造。

表 6-4 所示为以纵联电流差动保护为主保护的 220kV 线路保护功能典型配置，表中所列保护功能除重合闸功能视需要投用之外，其他的线路保护功能（包括各个段数）一般均为投用。早期的线路保护中还配置了 TV 断线相过电流和 TV 断线零序过电流保护功能，在 Q/GDW 1161—2014《线路保护及辅助装置标准化设计规范》中，为简化后备保护的配合关系，已在线路保护中将该功能取消。

表 6-4　　上海电网 220kV 线路保护功能配置表

<table>
<tr><th colspan="2">功能描述</th><th>段数</th><th colspan="2">保护范围与功能特点</th><th>说明</th></tr>
<tr><td colspan="2">纵联电流差动保护</td><td>—</td><td colspan="2">快速切除全线范围内各种类型故障；
分相差动作为主保护，零序差动作为后备段差动，部分厂家还配有变化量差动等多种特性元件</td><td>TA 断线固定闭锁零序差动，可选择是否闭锁分相差动</td></tr>
<tr><td rowspan="3">距离保护</td><td>变化量距离</td><td>Ⅰ段</td><td colspan="2">耐过渡电阻能力较强；
动作速度快，但无法作为延时保护</td><td rowspan="3">距离Ⅰ段、Ⅱ段可选择是否受振荡闭锁控制；
距离Ⅰ段、Ⅱ段可设置偏移角以扩大测量过渡电阻能力；
TV 断线时退出距离保护；
TA 断线时退出距离Ⅰ段、快速距离保护</td></tr>
<tr><td>接地距离</td><td>Ⅰ段
Ⅱ段
Ⅲ段</td><td>用于切除接地故障</td><td rowspan="2">距离Ⅰ段：在终端负荷线作为主保护时，保护线路全长；在互馈线中，保护范围只有本线路的 80%。
距离Ⅱ段：保护范围覆盖线路全长及相邻元件（或相邻线路）的一部分。
距离Ⅲ段：躲过本线最大负荷；终端负荷线中保护范围伸至变压器中低压侧，互馈线中则与相邻线路配合，并应在时间上躲过变压器过电流保护</td></tr>
<tr><td>相间距离</td><td>Ⅰ段
Ⅱ段
Ⅲ段</td><td>用于切除相间故障</td></tr>
</table>

续表

功能描述	段数	保护范围与功能特点	说明
零序过电流保护	定时限Ⅱ段Ⅲ段	Ⅱ段：终端负荷线中，保护范围伸进变压器，但不伸出变压器中、低压侧；互馈线中覆盖本线全长，且与相邻线路配合。 Ⅲ段：用于应对本线高阻抗接地故障	Ⅱ段固定受方向元件控制，Ⅲ段可选择是否受方向元件控制； TV 断线时，零序Ⅱ段退出，零序Ⅲ段退出方向； TA 断线时闭锁零序Ⅱ段、Ⅲ段
重合闸	一次重合	严重故障时，如零序Ⅲ段、距离Ⅲ段跳闸等闭锁重合闸； Ⅱ段保护、相间故障可选择是否闭锁重合闸（上海电网均选择闭锁）	三相重合闸方式下，若投入检无压或检同期，当同期电压断线时将闭锁重合闸

2. 相关装置与配合回路

220kV 线路保护同样应双重化配置，具体要求同 500kV 线路保护。采用光纤通道时，短线、支线优先采用专用光纤；采用复用光纤时，宜采用带宽为 2Mbit/s 的数字接口。出于对通道安全的考虑，220kV 线路保护亦有光纤双通道配置的要求，上海电网的 220kV 线路一般是在第一组光纤通道使用专用光纤，第二组使用复用光纤。目前大部分新投运的 220kV 线路保护两套保护装置均采取双通道，部分不满足要求的存量线路尚待改造。

上海电网 220kV 架空线路除弱联系的部分线路采用单相重合闸外，一般均采用仅单相故障重合的三相一次重合闸，Ⅱ/Ⅲ段保护和相间故障均闭锁重合闸；220kV 线路除全线电缆外，宜配置自动重合闸功能。220kV 断路器的自动重合闸实现方式与 500kV 断路器不同，220kV 断路器仅在早期投运的线路保护中使用独立的重合闸装置，而在新投运的双重化线路保护中，每一套 220kV 线路保护均包含重合闸功能，两套重合闸采用一对一保护启动，两套重合闸之间不相互启动，但相互闭锁。线路保护独立完成合闸（手合、重合）后加速跳闸功能。

由于220kV线路保护是按近后备原则来配置和运行，为提升系统稳定性和缩小事故范围，除220kV终端站高压侧断路器外，所有的220kV断路器必须配置失灵保护。双母线接线（包括双母线分段和双母线双分段）的220kV断路器失灵保护采用母差保护装置内的失灵保护功能，线路的主保护、后备保护均启动断路器失灵保护，这与500kV线路通过断路器保护实现失灵保护的方式不同。

上海电网220kV线路的分相断路器均投入三相不一致保护功能，即当三相断路器位置不一致时，经过一定时间（秒级）后将三相断路器全部跳开，不允许长期非全相运行。该保护功能均采用断路器本体的三相不一致继电器来实现。

6.2.2 组屏方案

220kV线路保护除双套线路保护装置外，还需配置操作箱，双母线接线方式下还需配有电压切换回路。

上海电网的标准化设计要求，应配置双套单跳闸线圈分相操作箱，电压切换回路分别包含在各自操作箱内；国家电网标准中还允许配置单套双跳闸线圈分相操作箱。一般按两面屏方式合理布置，每套保护、操作箱（含电压切换）和打印机各组一面屏（见图6-3），组屏方案为：

1）线路保护屏Ⅰ：线路保护1+分相操作箱（含电压切换）1+打印机1。

2）线路保护屏Ⅱ：线路保护2+分相操作箱（含电压切换）2+打印机2。

传统变电站的继电保护装置均采用继电保护室内集中组屏的方式，继电保护室内温湿度等环境条件较好，有利于装置的运行安全，但在继电保护室和一次设备之间需敷设大量二次电缆，不但耗材量大，而且二次电缆绝缘不良、直流接地等问题也增加了运行维护难度。近年来发展的智能变电站，用光纤代替传统导引线二次回路（由光传输替代电传输），更多采用保护就地布

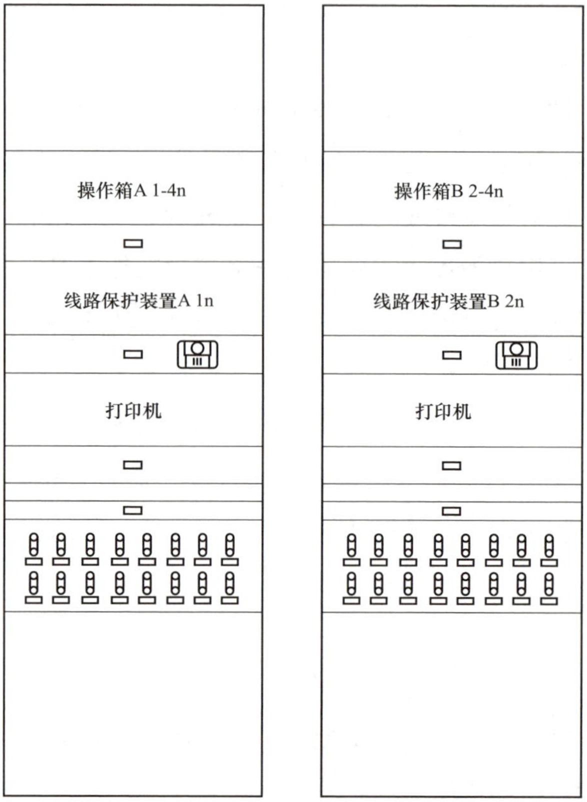

（a）第一套线路保护屏　　（b）第二套线路保护屏

图 6-3　220kV 线路保护屏柜布置图

置的方式，将保护装置、测控装置、智能终端（操作箱）、交换机等均布置在就地化的智能控制柜中，这节省了大量电缆和光纤，但随之也带来一次场地电磁干扰，温湿度、灰尘等环境条件比较恶劣，振动造成接线松动等问题，这对装置的机械结构、环境条件等技术参数提出了更高要求。

6.2.3　案例分析

某日 20：57：31.028，220kV MN 线进行线路复役操作（一次接线如图 6-4 所示），断路器合上后 C 相发生永久性接地故障，M 侧断路器跳闸；N 侧断路器热备用。

M变电站：MN线第一套保护差动动作，合闸于故障保护动作，第二套保护纵联差动动作，距离加速段动作，断路器跳闸。

（1）配置情况。MN线全长为电缆线路，两侧分别为220kV变电站（M变电站和N变电站），M变电站侧220kV电压等级为双母线接线方式，N变电站侧为双母双分段接线方式。图6-4为线路两侧的一次接线，断路器实心表示合位，空心表示分位。保护动作跳闸发生在M侧断路器刚一合上时，此时N侧断路器还在分位。

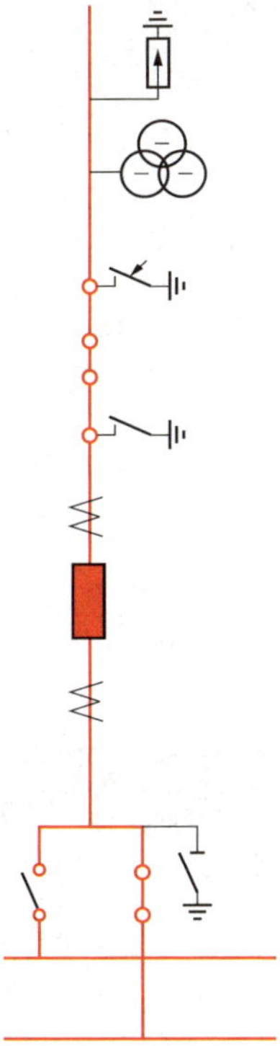
（a）M变电站侧

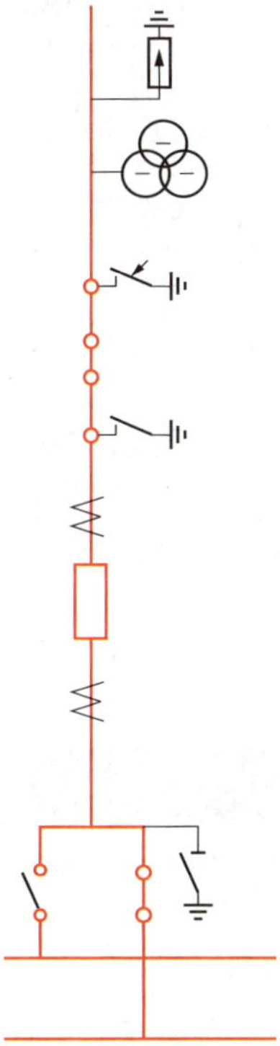
（b）N变电站侧

图6-4 线路两侧一次接线图

两侧保护配置情况一致，以M变电站侧为例，主要保护功能配置见表6-5，另外，两套保护均在后备保护中配有距离加速保护功能，使其在合于故障时能够快速切除故障。

表 6-5　　220kV MN 线 M 变电站侧保护配置情况

<table>
<tr><th>站名</th><th>保护屏</th><th>装置配置</th><th colspan="2">功 能 配 置</th></tr>
<tr><td rowspan="12">M 变电站</td><td rowspan="6">第一套保护屏</td><td rowspan="5">保护装置 PRS-753S</td><td rowspan="2">差动保护</td><td>分相电流差动</td></tr>
<tr><td>零序电流差动</td></tr>
<tr><td rowspan="2">后备保护</td><td>三段式相间和接地距离</td></tr>
<tr><td>零序过电流保护</td></tr>
<tr><td>重合闸</td><td>停用</td></tr>
<tr><td>操作箱（电压切换箱）PRS-789</td><td colspan="2">与保护配合，完成跳合闸操作、电压切换、压力闭锁等功能</td></tr>
<tr><td rowspan="6">第二套保护屏</td><td rowspan="5">保护装置 WXH-803A</td><td rowspan="2">差动保护</td><td>分相电流差动</td></tr>
<tr><td>零序电流差动</td></tr>
<tr><td rowspan="2">后备保护</td><td>三段式相间和接地距离</td></tr>
<tr><td>零序过电流保护</td></tr>
<tr><td>重合闸</td><td>停用</td></tr>
<tr><td>操作箱（电压切换箱）ZFZ-811/B</td><td colspan="2">与保护配合，完成跳合闸操作、电压切换、压力闭锁等功能</td></tr>
</table>

（2）监控系统记录的装置动作情况，监控记录见表 6-6。

表 6-6　　监 控 系 统 记 录

站名	时间	回路	动作情况
M 变电站	20：57：31.039	MN 线	PRS-753S 保护动作
M 变电站	20：57：31.050	MN 线	WXH-803A 保护动作
M 变电站	20：57：31.053	MN 线	第一套操作箱出口跳闸
M 变电站	20：57：31.061	MN 线	第二套操作箱出口跳闸
M 变电站	20：57：31.072	MN 线	断路器分
M 变电站	20：57：31.118	MN 线	WXH-803A 保护动作复归
M 变电站	20：57：31.134	MN 线	PRS-753S 保护动作复归

续表

站名	时间	回路	动作情况
M 变电站	20：57：31.165	MN 线	4 号故障录波器启动
M 变电站	20：57：33.080	MN 线	1 号故障录波器启动

（3）站内故障录波仪记录的故障录波图如图 6-5 所示，可见 C 相故障电流一次值接近 35~60kA，且波形畸变严重，发生 TA 饱和。

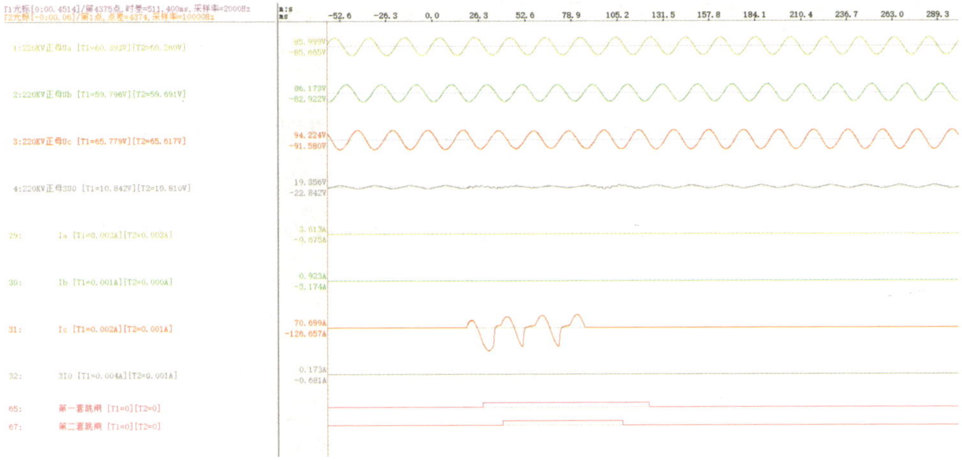

图 6-5　M 变电站侧故障录波图

（4）保护装置显示动作情况见表 6-7。

表 6-7　保护装置显示动作情况

站名	间隔名称	保护装置型号	保护屏盘面信号	保护动作情况
M 变电站	MN 线	PRS-753S	跳 A、跳 B、跳 C、主保护动作灯亮	分相比率差动保护动作，合闸于故障保护动作
M 变电站	MN 线	WXH-803A	跳 A、跳 B、跳 C、告警灯亮	纵联差动动作，距离加速段动作

综合保护装置内动作记录、故障录波仪波形和监控系统信息进行分析，初步判断为在 M 侧合闸向 MN 线路充电时，线路上发生 C 相接地，将 M 侧断

路器跳开。

经检查现场设备情况，发现在距离 M 站侧 1km 左右的位置，线路电缆有弧光烧过的痕迹，判断为电缆故障，此次保护动作正确。

6.3 110kV 线路保护典型配置

上海电网的 110kV 系统为大电流接地系统，根据上海电网标准化设计规范，110kV 线路保护应采用主后合一的保护测控集成装置，主保护为光纤纵联电流差动保护，后备保护的配置分为两种，即距离保护或是过电流保护。

6.3.1 配置原则与技术要求

考虑到建设成本等因素，早期仅在环网、双电源，或线路太短导致阶段式保护灵敏度不足等情况下，110kV 线路保护才考虑安装纵联电流差动保护。上海电网标准化设计规范中明确要求：每回 110kV 线路的电源侧应配置一套包含完整后备保护功能的光纤纵联电流差动保护，对于终端负荷线，电源侧纵联电流差动保护可不投运，仅投运后备保护功能。考虑以下几种情况时，宜配置纵联电流差动保护：

（1）需考虑互感影响；

（2）电缆线路以及电缆与架空混合线路；

（3）110kV 环网线（含平行双回线）、电厂并网线、开关站进线、环进环出线、长度低于 10km 短线路。

后备保护应包含完整的三段式距离保护或三段式低压闭锁过电流保护，还有四段零序过电流（方向）保护，在郊区比较长的线路中一般应用距离保护，市区内线路较短，距离保护整定可能会有级差无法配合的问题，一般采用低压闭锁过电流保护。另外，考虑到 TV 断线的影响，还配有 TV 断线相过电流和 TV 断线零序过电流保护。

110kV 线路保护装置应具备三相一次重合闸功能。

关于保护范围，110kV 线路的电流差动保护和距离保护在整定计算时对保护范围的考虑方式与 220kV 线路基本相同。110kV 线路的零序过电流Ⅰ段、Ⅱ段保护范围均伸进变压器，但不伸出变压器中、低压侧，保证线路末端短路时有足够的灵敏度；零序过电流Ⅲ段、Ⅳ段则考虑高阻接地故障时保护的可靠动作，同时应可靠躲过区外故障的最大不平衡电流。

上海电网要求线路保护采用保护测控合一，常规保护装置含操作和电压切换一体化功能，保护应能反映被保护线路的各种故障及异常状态。这里与国家电网要求稍有不同，国家电网对常规变电站 110kV 线路保护的测控功能不做要求。

110kV 线路纵联电流差动保护功能配置见表 6-8，其中：

1）距离保护Ⅰ、Ⅱ段固定带方向，可选择是否经振荡闭锁控制。

2）低压闭锁过电流保护应设置三段定时限，每段是否带方向可经选择。

3）零序过电流Ⅰ、Ⅱ、Ⅲ段是否带方向可经选择，零序Ⅳ段固定不带方向；当零序Ⅰ、Ⅱ、Ⅲ段不带方向时，无电压闭锁条件，为纯零序过电流保护。

表 6-8　　110kV 线路纵联电流差动保护功能配置表

序号	功能描述	段数及时限
1	纵联电流差动保护	速动
2	相间距离保护	Ⅰ段 1 时限，固定带方向 Ⅱ段 1 时限，固定带方向 Ⅲ段 1 时限
3	接地距离保护	Ⅰ段 1 时限，固定带方向 Ⅱ段 1 时限，固定带方向 Ⅲ段 1 时限
4	过电流保护	Ⅰ段 1 时限，方向、电压可投退 Ⅱ段 1 时限，方向、电压可投退 Ⅲ段 1 时限，方向、电压可投退

续表

序号	功能描述	段数及时限
5	零序过电流保护	Ⅰ段1时限，方向可投退 Ⅱ段1时限，方向可投退 Ⅲ段1时限，方向可投退 Ⅳ段1时限
6	零序过电流加速保护	Ⅰ段1时限
7	过电流加速保护	Ⅰ段1时限
8	TV断线相过电流保护	Ⅰ段1时限
9	TV断线零序过电流保护	Ⅰ段1时限
10	过负荷告警	Ⅰ段1时限
11	三相一次重合闸	1s
12	不对称相继速动	
13	冲击性负荷	
14	测控功能	

TV断线对保护功能的影响：TV断线自动退出与电压相关的保护，如使用电压的距离保护，带方向的零序过电流保护，带方向的过电流保护；并自动投入TV断线相过电流和TV断线零序过电流保护，不带方向的零序过电流保护和过电流保护不退出；是否闭锁重合闸受重合闸方式控制，若重合闸与此电压有关则闭锁，否则将开放。

TA断线对保护功能的影响：闭锁零序Ⅲ段、Ⅳ段，不闭锁零序Ⅰ段、Ⅱ段；不闭锁距离保护、过电流保护；可选择是否闭锁差动保护。

6.3.2 组屏方案

110kV的线路保护装置可以组屏也可以安装于GIS（气体绝缘开关设备）汇控柜上。若采用组屏方式，宜与该回线的自愈装置合组1面屏，也可两回线路组一面屏。当两回线路保护合组一面屏时，每回线路保护装置及其连接片、按钮等附件应相对集中，且两回线路保护装置之间应有明显的分隔标记，避免屏内一条线路检修、另一条线路运行时误碰运行回路。

6.3.3 案例分析

某日，A 变电站通过 110kV 线路 AB 向 B 变电站主变压器空充时，线路纵联电流差动保护误动作。

（1）接线方式及保护配置。该 110kV 线路 AB 线为终端负荷线，全长为电缆线路，A 变电站为电源侧，为单母分段接线；B 变电站为负荷侧，AB 线路带一台变压器，如图 6-6 所示。

图 6-6 一次接线图

两侧线路保护装置为 CSC-163A，该保护装置包含操作回路，在 A 变电站侧继电保护室内与另一条 110kV 线路保护合屏。保护配置情况见表 6-9。

表 6-9 110kV AB 线保护配置情况

保护装置型号	保护类型		作用
CSC-163A	纵联差动保护		跳闸
	相间距离保护	Ⅰ段	跳闸
		Ⅱ段	
		Ⅲ段	
	接地距离保护	Ⅰ段	跳闸
		Ⅱ段	
		Ⅲ段	
	零序过电流保护	Ⅰ段	跳闸
		Ⅱ段	
		Ⅲ段	
		Ⅳ段	

续表

保护装置型号	保 护 类 型	作用
CSC-163A	TV 断线相过电流	跳闸
	TV 断线零序电流	
	重合闸	停用

（2）波形分析。故障录波仪采集波形如图 6-7 所示，可见在 A 变电站通过 110kV AB 线向 B 变电站主变压器空充变压器时有励磁涌流出现，但这对线路来说属于穿越性电流，差动保护本不应该动作。分析波形发现，在第四个周波时 A 变电站侧 B 相电流出现了 TA 饱和，出现了 $3I_0$；而此时 B 变电站侧的线路电流没有发生 TA 饱和，$3I_0$ 基本为零。

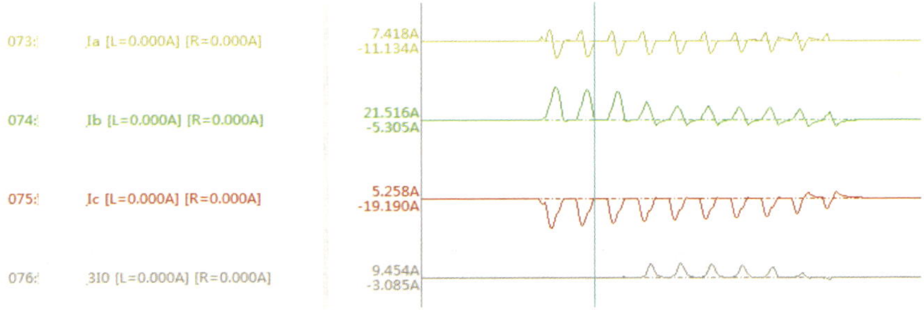

（a）A变电站侧故障录波仪采集的110kV AB线路电流波形

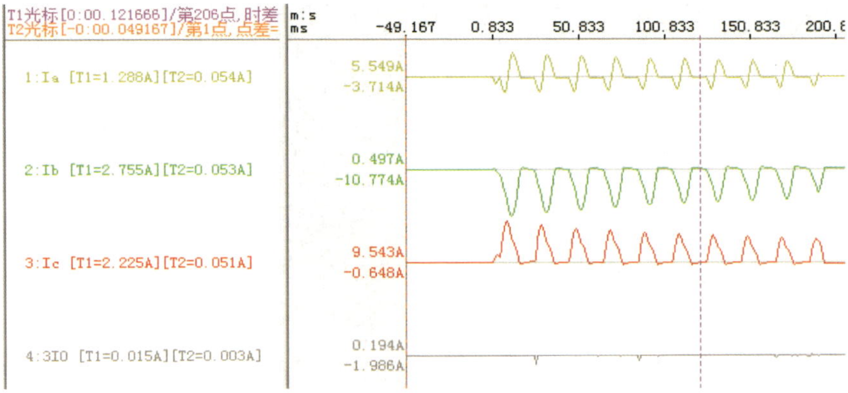

（b）B变电站侧故障录波仪采集的110kV AB线路电流波形

图 6-7　线路两侧变电站故障录波仪录波情况

(3) 保护动作行为分析。经检查确认，110kV AB 线路一次回路上无故障发生，该次保护动作为 B 相 TA 饱和造成的纵联差动保护误动作。

6.4 35（10）kV 线路保护典型配置

6.4.1 配置原则与技术要求

35kV 及以下线路保护采用保护测控合一、操作一体化的微机型继电保护装置，保护应能反映被保护线路的各种故障及异常状态。

1. 35kV 线路保护

上海电网标准化设计规范要求：35kV 线路保护应包括光纤纵联电流差动（相电流差动和零序电流差动）保护、三段式定时限过电流保护、两段式定时限零序过电流保护、低频减载保护和三相一次重合闸等配置功能，见表 6-10。

上海电网的 35kV 电压等级绝大多数为经小电阻接地系统，需配置两段零序电流保护，固定不带方向；部分经消弧线圈接地或不接地系统，则无须配置零序电流保护。

低频减载保护用于应对功率缺额问题，配置在 35kV 及以下电压等级的终端线中，均在线路保护装置中实现该功能，上海地区目前暂不采用低频减载装置集中跳闸。

表 6-10　　35kV 线路保护配置

序号	保护配置		作用
1	纵联差动保护（视需要配置）		跳闸
2	三段式定时限过电流	过电流 I 段保护（电流速断）	跳闸
		过电流 II 段保护（电压电流速断）	
		过电流 III 段保护	

续表

序号	保 护 配 置		作用
3	两段式定时限零序过电流	Ⅰ段	跳闸
		Ⅱ段	
4	低频减载		跳闸（视情况投入）
5	重合闸（全线电缆除外）		一次重合（视情况投入）

2. 10kV 线路保护

10kV 线路保护的配置方式按电缆线路和架空线路分类，有较大差别，见表 6-11。在变电站送第一级 K 型配电站的线路两侧可配置光纤纵联差动保护（K 型配电站等配电站的定义参考《上海电网若干技术原则》的规定）。

表 6-11　　10kV 线路保护配置

10kV 电缆线路保护配置		
序号	保护配置	作用
1	电流速断（选用）	跳闸
2	过电流	跳闸
3	零序电流	跳闸
4	间歇接地	跳闸
10kV 架空线路保护配置		
序号	保护配置	作用
1	前加速过电流	跳闸
2	前加速零序电流	跳闸
3	过电流	跳闸
4	零序电流	跳闸
5	三相一次重合闸	一次重合
6	间歇接地	跳闸
注：间歇接地保护仅安装于变电站及一、二级 K 型配电站。		

（1）前加速保护：当架空线路上发生故障时（包括短路或接地故障），

靠近电源侧的保护首先无选择性的瞬时动作于跳闸，再靠重合闸来弥补这种非选择性动作。由于架空线路上的故障90%以上均为瞬时故障，故10kV架空线保护广泛采用前加速过电流保护和前加速零序电流保护。

当线路发生短路故障时，断路器首先前加速过电流和前加速零序电流跳闸，由重合闸动作合闸，如果是瞬时故障，则重合闸动作成功，如果是永久性故障，则由过电流和零序电流保护动作跳闸。

前加速保护瞬时跳闸，可以减少瞬时故障发展成永久性故障的概率，其缺点是切除永久性故障时间较长，装有重合闸装置的断路器动作次数较多，且一旦断路器或重合闸拒动，将使停电范围扩大。

（2）目前，由于缺乏电源线，仓位紧张等原因，存在少数二级甚至三级开关站。对于这些开关站，绝大部分第一级K型配电站进线未配置纵联差动保护，仍采用反时限过电流保护。则当第一级K型配电站送第二级K型配电站时，由于第一级K型配电站进线、第一级K型配电站供第二级K型配电站进线及第二级K型配电站出线的线路短路电流值非常接近，无法区分，故导致过电流保护级差小于整定配置原则的0.3s，一旦第二级K型配电站出线发生故障，将导致第二级K型配电站该故障出线、第一级K型配电站供第二级K型配电站进线、第一级K型配电站进线保护几乎同时动作，最严重的后果是最终导致第一级K型配电站半站、第二级K型配电站半站失电。目前，第二级K型配电站甚至第三级K型配电站投运有上升的态势。故当10kV第一级K型配电站送第二级K型配电站时，建议第一级K型配电站进线配置能快速切除故障的纵联差动保护作为线路的主保护，以提高供电的可靠性。

（3）上述35（10）kV线路保护中的每段定时限过电流保护都可选择是否经方向、低电压闭锁，各段电流及时间定值可独立整定。另外对于纵联电流差动保护，TA断线固定不闭锁相电流差动保护而闭锁零序电流差动保护，而110kV及以上线路可经选择。

6.4.2 组屏方案

35（10）kV线路保护宜就地安装在开关柜内，保护装置能满足就地开关柜分散安装的要求，也能组屏柜安装。目前，上海电网一次设备为GIS或手车式的线路保护均就地安装在开关柜内，一次设备为敞开式的线路保护一般选择在保护小室内集中组屏。

6.4.3 案例分析

1. 案例一

某日14：26：53时，X站运行中的35kV XY线路保护动作跳闸。

（1）接线方式及保护配置。线路XY在X站侧线路保护装置为保护继电器SEL 351，保护功能配置见表6-12。

表6-12　　35kV XY线保护配置情况

保护装置型号	保护类型	作用
SEL 351	电流速断保护	跳闸
	电压电流速断保护	跳闸
	过电流保护	跳闸
	零序电流Ⅰ段保护	跳闸
	零序电流Ⅱ段保护	跳闸
	重合闸	停用

（2）波形分析。事故后调阅保护装置内故障录波结果，电压电流变化如图6-8所示。可见在大故障电流出现之前，三相电压已不平衡，B相电压明显偏低；而在故障时，A、C两相电流很大，接近10kA，而电压仅有正常值的1/4。

（3）保护装置动作情况。

14：26：53.997 XY零序电流保护启动；

14：26：54.002 过电流保护启动、速断保护动作；

14：26：54.066 断路器分闸。

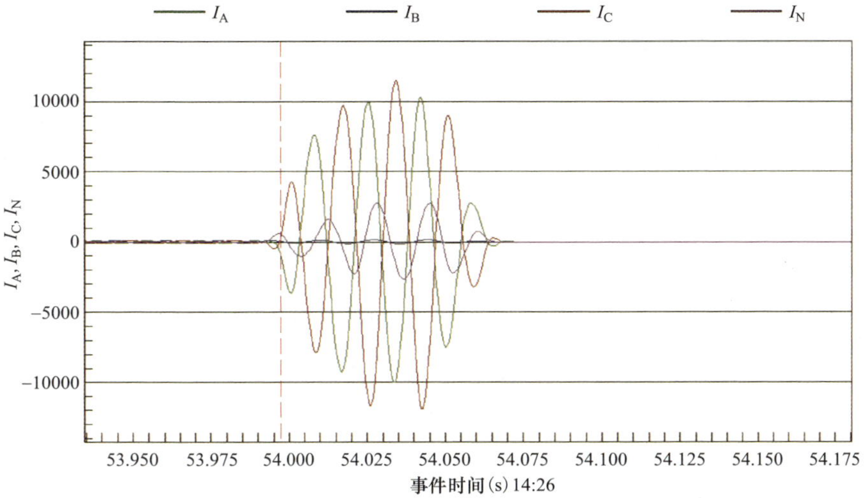

（a）保护装置内电流波形

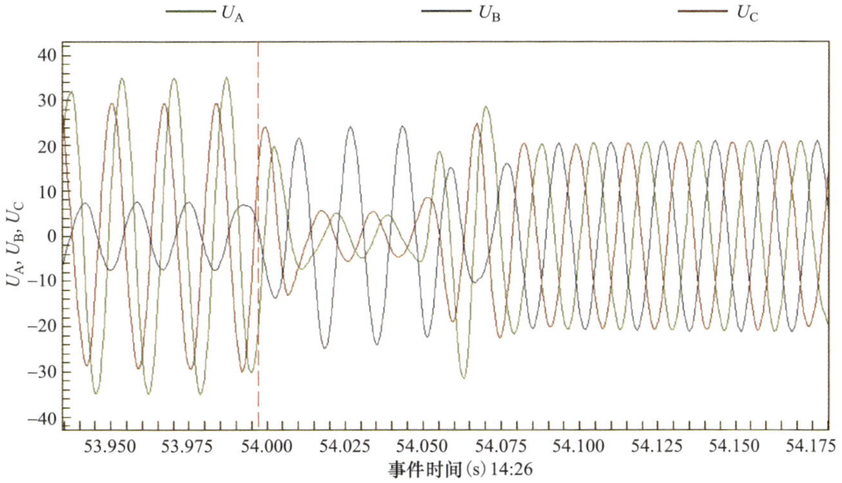

（b）保护装置内电压波形

图 6-8 保护装置内故障录波图形

最大瞬时值 A 相：10343A B 相：142A C 相：11900A。

（4）保护动作行为分析。由于该线路未接入故障录波仪，无法获得故障前电压、电流情况，仅从保护装置启动前几十毫秒的记录判断，应是故障跳闸之前首先出现了 B 相接地，此时 B 相电压有所降低但零序电流尚未达到启动值，却因 A、C 两相电压升高随后发生了 AC 相绝缘击穿，从而产生极大的故障电流，促使保护动作跳闸。

2. 案例二

某日 15：27：11，M 变电站 10kV MP 线因用户侧 10kV 电缆 A 相绝缘击穿接地，引起断路器跳闸；同时 10kV N 变电站 2 号站用变压器 10kV 断路器跳闸。

（1）故障线路相关的一次系统图，如图 6-9 所示。

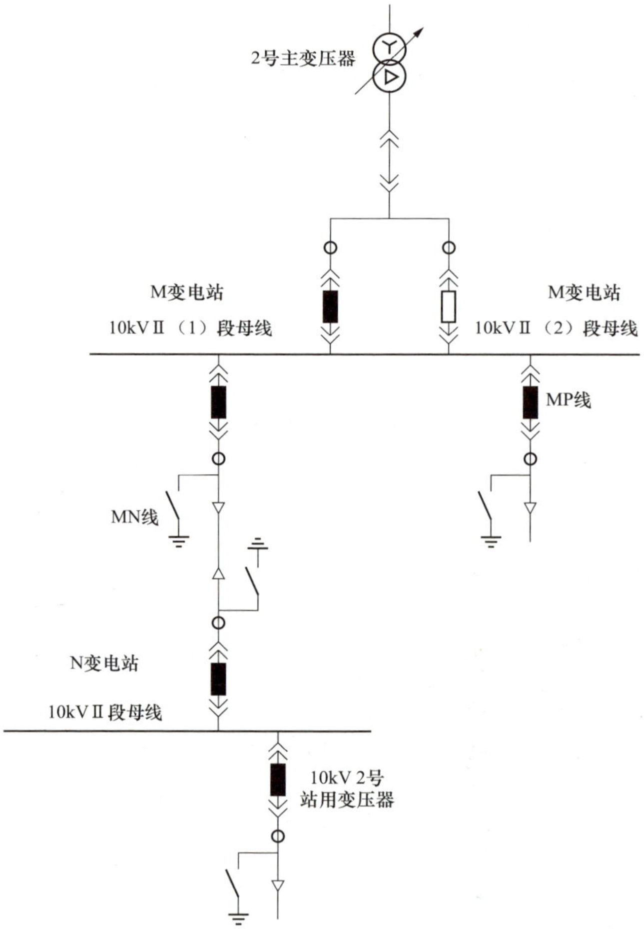

图 6-9　一次系统图（实心代表断路器合位，空心代表断路器分位）

（2）现场检查调取故障记录。

1）M变电站MP线保护装置显示A相速断动作，故障电流为28.37A（见图6-10，变比为600/5），一次电流为3404.4A。

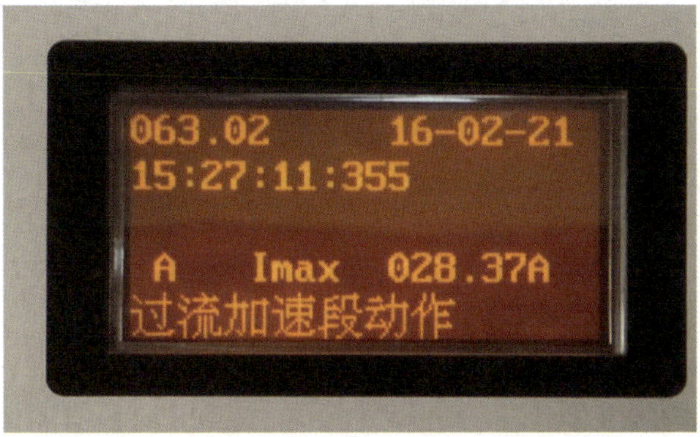

图6-10 M变电站MP线路保护装置动作情况

2）M变电站MN线主保护为光纤纵联差动保护，N变电站2号站用变压器的故障对其来说为区外故障，不应动作，保护装置只是启动，如图6-11所示。

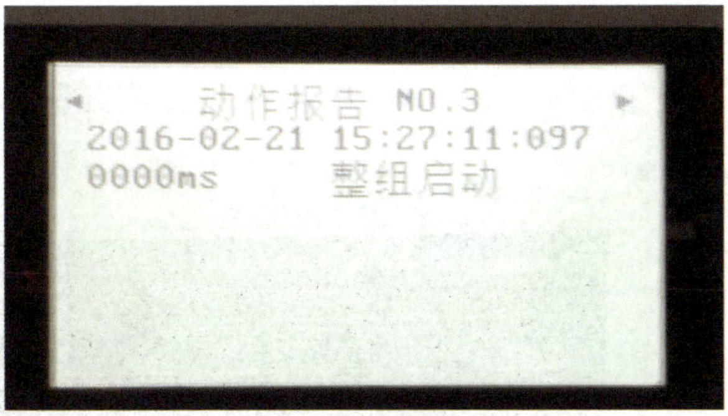

图6-11 M变电站MN线路主保护启动情况

3）N变电站2号站用变压器故障记录如图6-12所示。

N变电站装置未采用GPS对时，装置动作时间存在误差。保护装置显示过电流Ⅰ段动作时故障电流二次值为28.586A，根据电流互感器变比（200/5）可算出故障一次电流为1143.44A。

Device Name:	线路保护装置	
Device Type:	PCS-9611D	
Instance Name:	PCS-9611上海版	
Idx: 48	FaultStartTime:	2016-02-21 15:28:25:27
Time	Description	
0	整组启动	
7	过电流 I 段动作	
77	过电流 I 段动作 ：Return	
577	整组启动 ：Return	
0	Ip_Max ：28.586 A	
0	Upp_Max ：91.583 V	
0	3I0_Ext_Max ：19.604 A	

图 6-12　N 变电站 2 号站用变压器故障记录

4）图 6-13（a）为 M 变电站侧故障录波仪截图，可见 M 变电站侧 2 号主变压器 10kV 侧 A、C 两相均有故障电流；图 6-13（b）为 N 变电站侧保护装置内部记录的波形，可见有 C 相故障电流。

（3）保护动作行为分析。该地区电网 10kV 系统是不接地系统，单相接地不应跳闸。但结合 N 变电站 10kV 2 号站用变压器和 M 变电站 MP 线路保护装置的两组动作记录，以及两组故障录波记录情况，可判断出跳闸原因为：M 变电站侧 MP 线路 A 相接地，然后 N 变电站 2 号站用变压器 C 相接地，系统

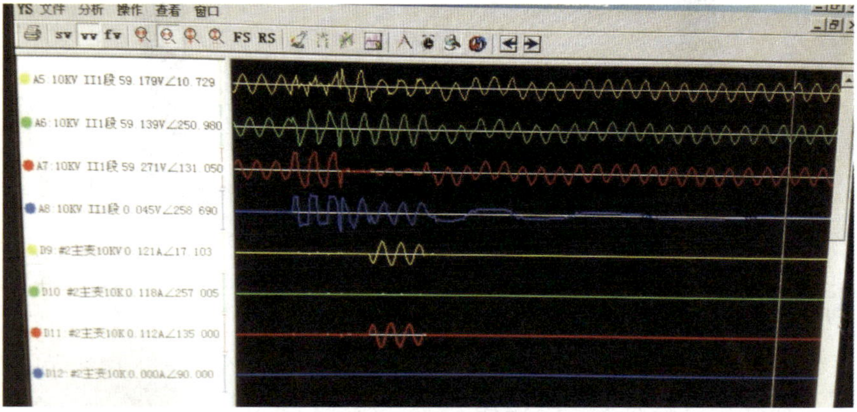

（a）M变电站故障录波图

图 6-13　发生跳闸的配电站故障录波情况（一）

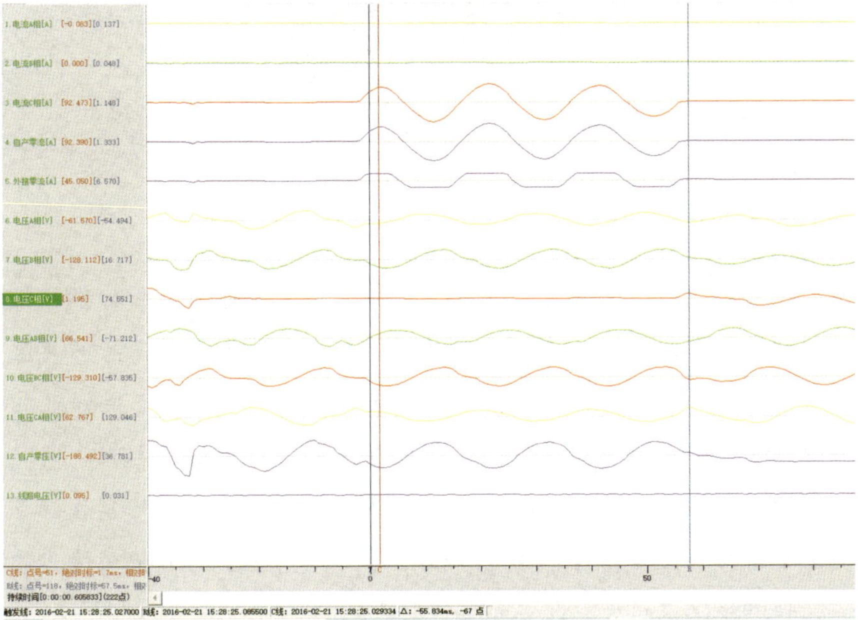

（b）N变电站故障录波图

图 6-13　发生跳闸的配电站故障录波情况（二）

不同地点异名相同时发生单相接地，相当于两相接地短路，其故障电流远大于不接地系统的单相接地电流，两处保护装置采集到的故障电流达到整定值，故而保护动作跳闸。该案例中，保护动作行为正确。

小结

本章按照国家电网有限公司企业标准和上海电网保护标准化技术原则的要求，介绍了目前上海电网各个电压等级线路保护的典型配置方式，概念理论与实际应用相结合，将第 2 章至第 5 章讲述的各类型线路保护原理与实际的保护装置关联在一起进行解析。同时还介绍了实际生产中遇到的事故跳闸案例，展示并分析了事故调查时经常借助的监控信号、故障录波图等信息，希望能够帮助读者更好的理解线路保护原理在实际生产中的应用。

习题与思考题

6-1 500kV 线路保护的后备保护功能都有哪些?

6-2 双重化配置的要求包含哪些方面?

6-3 请以 110kV 线路保护为例，试述 TV 断线对保护功能的影响。

6-4 传统变电站内，双母线接线方式下的 220kV 线路保护是如何组屏的?

6-5 标准化设计中， 35kV 线路保护的保护功能都有哪些?

第 7 章 CHAPTER SEVEN

变 压 器 保 护 07

变压器是电力传输中电压变换的主设备，在电力系统中的地位非常重要，特别是大型超高压变压器容量大，电压等级高，经济价值高，一旦发生故障，影响范围大。为保证电力系统中变压器的安全运行，对变压器继电保护的动作快速性、可靠性、灵敏性提出了更严格的要求。

7.1 变压器的常见故障和保护配置

7.1.1 变压器的常见故障和异常

变压器常见故障分为内部故障和外部故障。内部故障指的是变压器箱体内发生的故障，有绕组的相间短路故障、绕组的匝间短路故障、绕组与铁芯间的短路故障、变压器绕组引线与箱体发生的单相接地短路，此外还有绕组的断线故障等。外部故障指的是箱体外部引出线间的各种相间短路故障和引出线因绝缘套管闪络或破碎通过箱体发生的单相接地短路。

变压器的异常情况主要有过负荷、油箱漏油造成的油面降低（油浸式变压器）、外部短路故障（接地故障和相间故障）引起的过电流，运行中的变压器油温过高（包括有载调压部分）、变压器绕组温度过高、变压器压力过高以及变压器冷却系统故障等异常情况。对于超高压大容量变压器，因铁芯额定工作磁密与饱和磁密比较接近，所以当电压过高或频率降低时，变压器会发生过励磁的不正常状态。

当变压器处于异常运行状态时，应给出异常告警信号，告知运行值班人员及时处理。

7.1.2 变压器保护的配置

变压器的主保护包括差动保护和瓦斯保护，主要用来反映变压器外部短路故障和内部短路故障、异常气体、漏油造成的油面降低等。变压器的后备保护包括反映相间短路故障和反映接地故障的后备保护，以及根据变压器的容量配置的过负荷保护和过励磁保护。用作反映变压器外部相间短路故障和作为变压器内部绕组、引出线相间短路故障的后备保护，可采用复合电压启动的过电流（方向）保护、阻抗保护。对于中性点直接接地的变压器，可采用零序电流（方向）保护作为变压器接地故障的后备保护；对于中性点不接地的变压器，则可采用零序电压保护或中性点的间隙零序电流保护。变压器的非电量保护除瓦斯保护外，还有油温保护、压力保护、冷却器全停保护。

7.2 变压器差动保护

变压器差动保护作为变压器的主保护，保护范围是构成差动保护的各侧电流互感器之间所包围的部分，包括变压器本身、电流互感器与变压器之间的引出线。在这个范围内发生的绕组相间短路、严重匝间短路、引出线相间短路等故障时，差动保护均要动作。

7.2.1 变压器纵联差动保护的基本原理

变压器的纵联差动保护涉及电磁感应关系的各侧电流，它的构成原理是基尔霍夫定理，为此在变压器的各侧分别装设电流互感器，每侧电流互感器一次绕组的极性端在母线侧。以双绕组变压器为例，纵联差动保护原理接线如图 7-1 所示，图中规定一次侧电流的正方向从母线流向被保护的变压器，流入差动继电器的电流为各电流互感器二次电流的总和，即 $\dot{I}_K=\dot{I}_1'+\dot{I}_2'$。

如果变压器的变比和变压器绕组接线带来的相位差异都被正确补偿，则变压器在正常运行或外部故障时（k1 点短路），流过变压器的是穿越性电流，此时图中的 $\dot{I}_1'$、$\dot{I}_2'$电流的方向将与规定的电流正方向相反，流入差动继电器中的电流 $\dot{I}_K=\dot{I}_1'-\dot{I}_2'=0$。

当变压器内部故障时（k2 点短路），由于两侧电源向故障点提供短路电流，这时电路的实际方向与规定的正方向一致，且幅值均较大，差动继电器流过的电流就是 $\dot{I}_K=\dot{I}_1'+\dot{I}_2'$。当 $\dot{I}_K$ 大于继电器动作电流时，差动保护动作，将故障变压器从系统中切除。

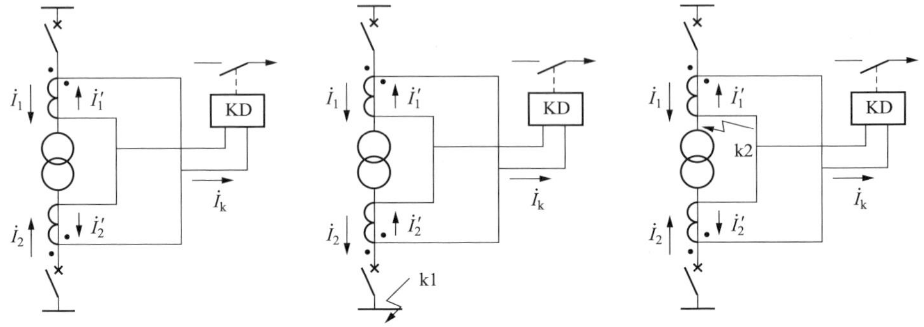

（a）电流正方向的规定　（b）外部故障时电流分布　（c）内部故障时电流分布

图 7-1　双绕组变压器差动保护接线原理图

一般情况下由于变压器存在绕组接线相位及互感器误差问题，$\dot{I}_1'$与 $\dot{I}_2'$的相位是不会完全相同的，因此必须有相位补偿等手段。电磁型保护和早期的微机保护都是通过改变电流互感器的电流二次回路接线进行相位补偿的，而目前微机保护则是根据变压器接线组别通过保护内软件计算变换来完成变压器各侧相位补偿的。

微机型变压器纵联差动保护原理就是利用软件计算的方法来实现的。为使在正常运行和区外故障时 $\sum\dot{I}=0$，必须考虑以下三个方面：①对 YNd 接线的变压器某侧差动 TA 二次电流进行移相；②滤除区外接地故障时流过变压器的零序电流；③使变压器各侧差动 TA 二次电流大小相同。

（1）移相消除电流相位不同产生的不平衡电流。图 7-2 示出了微机型纵联差动保护在正常情况下 Y、d 侧电流的相位情况。其中变压器的接线组别为 YNd11，假设差动 TA 的二次接线均采用 Y 接线，电流互感器各侧的极性都以母线侧为极性端。

从图 7-2 可以看出，在正常情况下 Y、d 侧同名相电流的相位相差 30°。

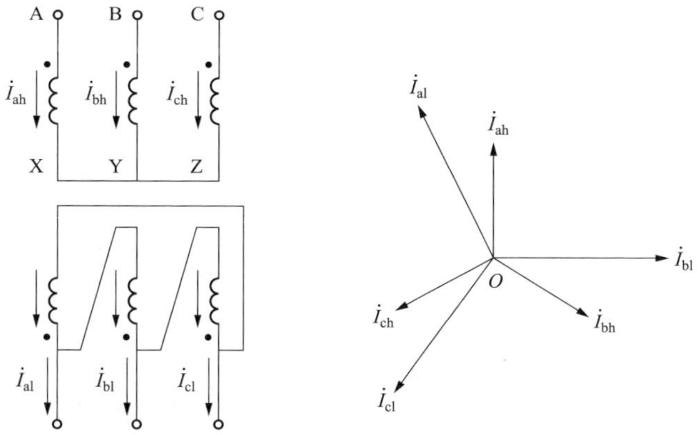

图 7-2　YNd11 接线变压器正常情况下两侧电流相位关系

例如 $\dot{I}_{al}$ 超前于 $\dot{I}_{ah}$30°。如果直接用两个电流构成变压器纵联差动保护，即使它们的幅值相同也会产生很大的不平衡电流，所以微机型变压器保护通过保护软件进行校正。校正方法有两种，一种是以 Y 侧为基准，将 d 侧电流进行移相，使 d 侧电流相位与 Y 侧电流相位一致；另一种是以 d 侧为基准，使 Y 侧电流相位与 d 侧一致。

1）以 d 侧电流相位为基准，用 Y 侧电流进行移相。正常运行时，微机型变压器保护中 Y 侧用作差动计算的三相电流表达式为

$$\begin{cases}\dot{I}_{AH}=(\dot{I}_{ah}-\dot{I}_{bh})/\sqrt{3}\\\dot{I}_{BH}=(\dot{I}_{ah}-\dot{I}_{ch})/\sqrt{3}\\\dot{I}_{CH}=(\dot{I}_{ch}-\dot{I}_{ah})/\sqrt{3}\end{cases}\tag{7-1}$$

式中：$\dot{I}_{AH}$、$\dot{I}_{BH}$、$\dot{I}_{CH}$ 为 Y 侧流入 A、B、C 三个差动元件的计算电流；$\dot{I}_{ah}$、$\dot{I}_{bh}$、$\dot{I}_{ch}$ 为 Y 侧流入 A、B、C 相电流，为了消除幅值上的差异，因此在计算差电流时需要缩小 $\sqrt{3}$ 倍。

由图 7-3 可见，正常运行和外部短路时 $\dot{I}_{al}$ 和 $\dot{I}_{AH}$ 相位相同，只要幅值相同，用这两个电流构成的纵联差动保护的不平衡电流就为 0。

2）以 Y 侧电流相位为基准，用 d 侧电流进行移相。正常运行时，微机型

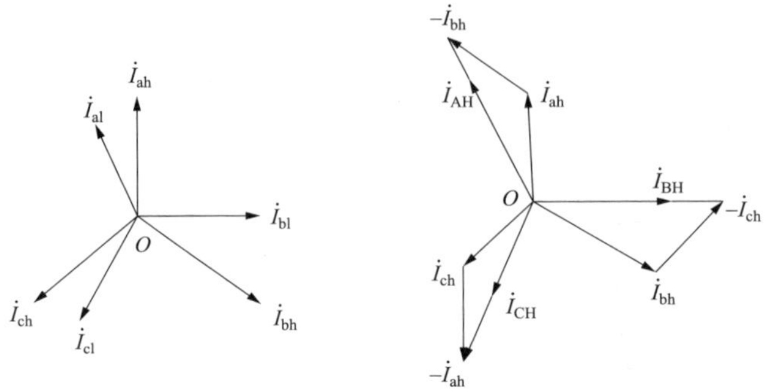

图 7-3　以 d 侧为基准的软件校正后两侧电流相位

变压器保护中 Y 侧用作差动计算的三相电流表达式为

$$\begin{cases}\dot{I}_{AL}=(\dot{I}_{al}-\dot{I}_{cl})/\sqrt{3}\\ \dot{I}_{BL}=(\dot{I}_{bl}-\dot{I}_{al})/\sqrt{3}\\ \dot{I}_{CL}=(\dot{I}_{cl}-\dot{I}_{bl})/\sqrt{3}\end{cases} \tag{7-2}$$

式中：$\dot{I}_{AL}$、$\dot{I}_{BL}$、$\dot{I}_{CL}$ 为 d 侧流入 A、B、C 三个差动元件的计算电流；$\dot{I}_{al}$、$\dot{I}_{bl}$、$\dot{I}_{cl}$ 为 d 侧流入 A、B、C 相电流，同样为了消除幅值上的差异，在计算差电流时需要缩小 $\sqrt{3}$ 倍。

由图 7-4 可见，正常运行和外部短路时 $\dot{I}_{ah}$ 和 $\dot{I}_{AL}$ 相位相同，只要幅值相同，用这两个电流构成的纵联差动保护的不平衡电流就为 0。

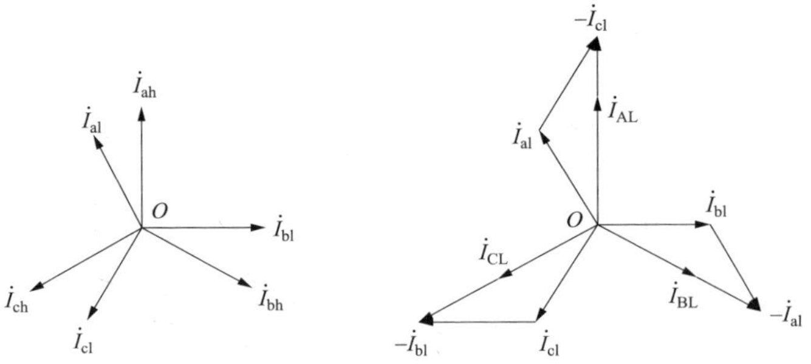

图 7-4　以 Y 侧为基准的软件校正后两侧电流相位

（2）滤除零序电流。对于 YNd 接线且高压侧 Y 侧中性点接地的变压器，当高压侧线路上发生接地故障时，高压侧 Y 侧有零序电流流过，而由于变压器低压侧绕组为 d 联结，在变压器的低压侧 d 接线外无零序电流输出，两侧零序电流不能平衡。若不采取措施，则当变压器高压侧系统中发生接地故障时，纵联差动保护将会误动。

微机型变压器保护通过保护软件滤除零序电流。当在高压侧 Y 侧进行移相时，由移相方法中从高压侧流入各相差动元件的电流为两相电流之差，已将零序电流滤去，不需要再单独滤除零序电流；在低压侧 d 侧进行移相时，高压侧流入各相差动元件的电流应减去 $\dot{I}_0$ 来滤除零序电流，各相电流表达式为

$$\dot{I}_{AH}=\dot{I}_{ah}-\dot{I}_0 \tag{7-3}$$

$$\dot{I}_{BH}=\dot{I}_{bh}-\dot{I}_0 \tag{7-4}$$

$$\dot{I}_{CH}=\dot{I}_{ch}-\dot{I}_0 \tag{7-5}$$

其中
$$\dot{I}_0=\frac{1}{3}(\dot{I}_{ah}+\dot{I}_{bh}+\dot{I}_{ch})$$

因此在 Y 侧系统中发生接地故障时，就不会有零序电流进入各相差动元件。

（3）差动元件各侧之间的平衡系数。由于变压器的变比和各侧实际使用 TA 变比之间不能满足一定的关系，那么即使经过相位校正，从各侧流入差动元件的电流大小也不相等，在正常运行和区外故障时无法满足 $\sum\dot{I}=0$。

在微机型变压器保护装置中，引入了一个将两个大小不等的电流折算成作用完全相同电流的折算系数，该系数称为平衡系数。根据变压器的容量、接线组别、各侧电压及各差动 TA 的变比，可以计算出变压器各侧的电流平衡系数。

假设变压器的容量为 S_N，联结组别为 YNd11 两侧的额定电压分别为 U_Y 及 U_d，两侧差动 TA 的变比分别为 n_Y 及 n_d，若以变压器 d 侧为基准侧，计算出差动元件两侧之间的平衡系数 K。

差动两侧 TA 二次电流分别为

$$I_{\mathrm{Y}}=\frac{S_{\mathrm{N}}}{\sqrt{3}U_{\mathrm{Y}}n_{\mathrm{Y}}} \tag{7-6}$$

$$I_{\mathrm{d}}=\frac{S_{\mathrm{N}}}{\sqrt{3}U_{\mathrm{d}}n_{\mathrm{d}}} \tag{7-7}$$

经软件在高压侧移相后，每相差动元件两侧的计算电流为：

高压侧，两相电流之差

$$I'_{\mathrm{Y}}=\frac{S_{\mathrm{N}}}{\sqrt{3}U_{\mathrm{Y}}n_{\mathrm{Y}}}\times\sqrt{3}=\frac{S_{\mathrm{N}}}{U_{\mathrm{Y}}n_{\mathrm{Y}}} \tag{7-8}$$

低压侧

$$I'_{\mathrm{d}}=\frac{S_{\mathrm{N}}}{\sqrt{3}U_{\mathrm{d}}n_{\mathrm{d}}} \tag{7-9}$$

故平衡系数

$$K=\frac{U_{\mathrm{Y}}n_{\mathrm{Y}}}{\sqrt{3}U_{\mathrm{d}}n_{\mathrm{d}}} \tag{7-10}$$

7.2.2 变压器纵联差动保护的不平衡电流

变压器纵联差动保护的技术难点是需躲开流过差动回路的不平衡电流，不平衡电流产生的原因和消除方法讨论如下。

1. 由变压器励磁涌流所产生的不平衡电流

变压器的励磁电流仅流过变压器的某一侧，因此，通过电流互感器反映到差动回路中不能被平衡。在正常运行情况下，此电流很小，一般不超过额定电流的 2%～10%。在外部故障时，由于电压降低、励磁电流减小，其影响更小。

但是当变压器空载投入或外部故障切除后电压恢复时，则可能出现数值很大的励磁电流（又称励磁涌流）。这是因为在电压瞬时值 $u=0$ 时空载合闸，变压器铁芯中的磁通由于不能突变，导致铁芯严重饱和，励磁电流将剧烈增大，其数值最大可达到额定电流的 6～8 倍，同时包含有大量的非周期分量和高次谐波分量。励磁涌流的大小和衰减时间，与外加电压的相位、铁芯中的剩磁的方向和大小、电源容量的大小、回路的阻抗以及变压器容量的大小和铁芯性质等都有关系。

（1）通过试验分析，励磁涌流具有以下特点：

1）包含很大的非周期分量，使涌流偏向时间轴的一侧。

2）包含很大的二次谐波分量，绝大多数涌流中二次谐波分量与基波分量的百分比大于15%，有的甚至达50%以上。

3）波形出现间断，且间断角一般大于60°。

（2）基于以上特点，微机化变压器纵联差动保护中防止励磁涌流影响的方法如下：

1）二次谐波制动原理。分析差动电流中二次谐波分量电流与基波分量电流比值的百分比，称作二次谐波制动比K，当$K>15\%$时，说明是励磁涌流则闭锁差动保护，否则开放差动保护。

2）间断角原理。变压器内部故障时，故障电流波形无间断，间断角很小；而变压器空投时，励磁涌流的波形是间断的，具有很大的间断角。按间断角原理构成的差动保护，是根据差动电流波形是否有间断及间断角的大小来区分故障电流与励磁涌流的。

变压器纵联差动保护根据“波形畸变”或“谐波分量”等励磁涌流特征设置了涌流闭锁元件来避免励磁涌流时差动保护误动，但是判断“波形畸变”或“谐波分量”是需要时间的，这将造成变压器内部严重故障时差动保护不能迅速切除故障的不良后果。此外变压器内部严重故障时如果TA饱和，TA二次电流的波形将发生严重畸变，并含有大量的谐波分量，从而使涌流判别元件误判断成励磁涌流，致使差动保护拒动，造成变压器严重损坏。

为克服纵联差动保护的上述缺点，设置了差动速断元件。它的动作电流整定值很大，比最大的励磁涌流值还大，依靠定值来躲励磁涌流。这样差动速断元件可以不经励磁涌流闭锁，也不经过励磁判据、TA饱和判据的闭锁。所以对于变压器内部的严重故障，只要差动电流大于电流定值就可以快速跳闸。差动电流速断元件的整定原则详见后面的叙述。

2. 由于变压器各侧电流相位不同引起的不平衡电流

大、中型变压器采用 YNd11 接线的很多，上一部分已经分析了微机化变压器保护通过幅值校正和相位补偿，使得正常运行及外部故障情况下流入差动回路的电流为零。在实际工作中，必须严格注意变压器与两侧电流互感器的极性要求，防止二次电流回路出现相别接错、极性接反现象，在变压器保护投入运行前要进行 380V 交流通电试验，验证差动电流回路的正确性，另外在保护投运时进行带负荷试验，判断接线是否正确。

3. 计算变比与实际变比不同产生的不平衡电流

由于两侧的电流互感器都是根据产品目录选取标准的变比，实际选用的电流互感器变比与设计的计算变比难以完全相同，此时差动回路中将有不平衡电流流过。两侧电流互感器变比误差在差动保护中产生的不平衡电流可取 6%~10% 变压器额定电流。

4. 各侧电流互感器型号不同产生的不平衡电流

变压器各侧电流互感器型号不同，在饱和特性、励磁电流的数值上也就不同。因此在差动回路中所产生的不平衡电流也就较大，这种不平衡电流是不可避免的，只能靠尽可能减少电流互感器铁芯的饱和程度来削弱它的影响。为此应严格按照电流互感器的 10% 误差曲线来选择二次负载，负载减小相当于降低了二次电压，也就降低了电流互感器的磁通密度，减弱了铁芯饱和程度，相应地也就减小了不平衡电流。

5. 变压器带负荷调整分接头产生的不平衡电流

带负荷调整变压器的分接头是保证电力系统运行电压稳定的重要手段，而改变分接头就是改变变压器的变比，如果差动保护已按照某一变比调整好，则当分接头改变时，就会产生一个新的不平衡电流流入差动回路。

7.2.3 其他差动保护

1. 分侧差动保护

分侧差动保护是将变压器的 Y 侧绕组作为被保护对象，在每相 Y 侧绕组的两端（自耦变压器用三端）均设置电流互感器而实现分相的分侧差动保护，实际上，分侧差动保护多用于超高压大型变压器的高压侧，其原理接线如图 7-5 所示。

该保护两端或三端所用的电流是同一电路中的电流，电流之间没有电磁耦合关系。因此与纵联差动保护相比，其构成简单，保护动作可靠，不受励磁涌流、过励磁的影响，可作为 Y 侧除轻微匝间短路外的各种短路故障的保护。

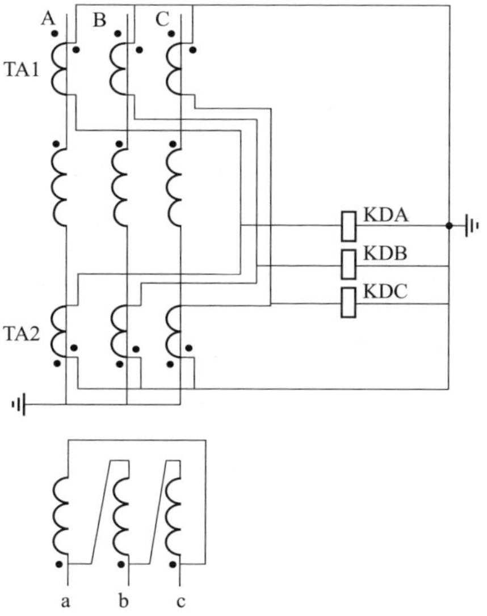

图 7-5　变压器高压侧分侧差动原理接线图

2. 零序差动保护

零序差动保护由高压侧、中压侧和公共绕组侧的零序电流构成。零序差动保护主要用于大容量超高压三绕组自耦变压器 Y 侧内部接地故障。零序差动保护不受变压器励磁涌流、过励磁及带负荷调压的影响，其构成简单，动作灵敏度高。图 7-6 为自耦变压器零序差动保护原理接线图。

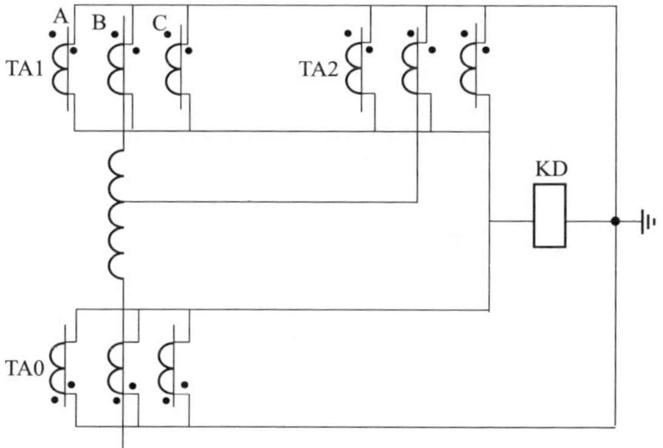

图 7-6　自耦变压器零序差动保护原理接线图

7.2.4 差动保护整定原则

根据《国网上海市电力公司地调继电保护及安全自动装置整定计算原则》，差动保护在整定计算时按照以下原则：

（1）躲过变压器外部短路的最大不平衡电流。

（2）躲过变压器空载投入及外部故障后电压恢复时的励磁涌流。

（3）校核各侧相间故障短路电流最小时必须有 2 倍的灵敏度。差动继电器具体整定方法参照相应保护装置的技术说明书。

差动速断保护整定原则：

（1）按最大运行方式下躲过变压器低压侧三相短路时的最大短路不平衡电流整定。

（2）躲过变压器空载投入及外部故障后电压恢复时的励磁涌流。

7.3 变压器后备保护

本节介绍变压器复合电压闭锁（方向）过电流保护、零序电流（方向）保护、阻抗保护的基本原理。通过原理讲解、图形示意，掌握变压器后备保护的特点。

大、中型变压器后备保护的类型，通常有复合电压闭锁的（方向）过电流保护、零序电流（方向）保护、阻抗保护、变压器中性点间隙保护和零序电压保护。

7.3.1 复合电压闭锁的（方向）过电流保护

为确保动作的选择性要求，在两侧或三侧有电源的三绕组变压器上配置复压闭锁的方向过电流保护，作为变压器和相邻元件（包括母线）相间短路故障的后备保护。

1. 以正序电压为极化量方向元件的基本原理

现在在微机型的复合电压闭锁的方向过电流保护中，方向元件一般采用以正序电压为极化量的方向元件。该方向元件用0°接线方式，同名相的正序电压与相电流做相位比较。用于保护正方向短路的正方向元件，其最大灵敏角为45°，动作方程为

$$-90^\circ < \arg\frac{\dot{I}_\varphi e^{j45^\circ}}{\dot{U}_{\varphi1}} < 90^\circ \tag{7-11}$$

式中：φ 为A、B、C。

式（7-11）说明：当 $\dot{U}_{\varphi1}$ 超前于 $\dot{I}_\varphi$45°时，分子与分母同相，方向元件动作最灵敏，所以最大灵敏角为45°。

反方向的方向元件用于保护反方向的短路，因此反方向的方向元件的动作区实际上是正方向元件的不动作区，其动作方程为

$$45^\circ < \arg\frac{\dot{I}_\varphi}{\dot{U}_{\varphi1}} < 225^\circ \tag{7-12}$$

由式（7-12）可见，当 $\dot{I}_\varphi$ 超前于 $\dot{U}_{\varphi1}$135°（即电压超前电流225°）时反方向的方向元件动作最灵敏，所以最大灵敏角为225°。

但是需要注意的是，在正向或反向出口三相金属性短路时由于电压 $\dot{U}_{\varphi1}$ 为零，方向元件无法正确进行相位比较。如果不采取相应措施，将可能造成方向元件在正向出口短路时拒动——产生“死区”，而在反向出口短路时误动。所以为了让方向元件此时仍能正确动作，应对电压 $\dot{U}_{\varphi1}$ 实行“记忆”，从而保证方向元件正确判别故障方向，消除死区。

在保护装置定值单中设有控制字来控制过电流保护的方向指向。接入装置的TA极性，都设定电流互感器正极性端应在母线侧。当控制字为“1”时，表示方向指向系统（母线），最大灵敏角为225°；当控制字为“0”时，表示方向指向变压器，最大灵敏角为45°。

2. 复合电压闭锁元件

复合电压闭锁元件由相间低电压元件和负序过电压元件按“或”逻辑构成。负序过电压元件对不对称短路有很高的灵敏度，相间低电压元件用于反映三相短路。

复合电压闭锁元件的动作方程为

$$\begin{cases}\min(\dot{U}_{ab},\dot{U}_{bc},\dot{U}_{ca}) < \dot{U}_{set}\\ U_2 > U_{2set}\end{cases} \tag{7-13}$$

式中：$\dot{U}_{set}$ 为低电压动作整定值；U_{2set} 为负序电压动作整定值。

3. 过电流元件

采用保护安装处 TA 的三相电流构成过电流元件，动作方程为

$$I_{\varphi} \geqslant I_{set} \tag{7-14}$$

式中：φ 为 A、B、C 相中的一相；I_{set} 为电流元件动作整定值。

复合电压闭锁方向过电流保护中同名相的过电流元件和方向元件构成“与”逻辑，然后再与复合电压元件构成“与”逻辑后经延时出口跳闸。当变压器某侧 TV 检修时，复压闭锁方向过电流保护的方向元件将退出，保护装置根据保护整定自动转换为复压闭锁过电流保护或者过电流保护。

7.3.2 阻抗保护

Q/GDW 1175—2013《变压器、高压并联电抗器和母线保护及辅助装置标准化设计规范》中规定在 330kV 及以上电压等级的变压器上在高（中）压侧需配置阻抗保护作为本侧母线故障和变压器部分绕组故障的后备保护。阻抗元件采用具有偏移圆动作特性的相间、接地阻抗元件，保护相间故障和接地故障。偏移圆特性的阻抗元件，其正、反方向都有保护范围，如果所用的 TA 的正极性端在母线侧，则偏移圆特性的正方向指向变压器，反方向指向母线（系统）。安装在高（中）压侧的阻抗元件，指向变压器方向的整定阻抗其保护范围要求不伸出中（高）压侧和低压侧的母线。而阻抗元件指向母线（系

统）方向的整定阻抗按照与线路保护配合整定。

7.3.3 零序电流（方向）保护

对于中性点直接接地的变压器，应装设零序电流（方向）保护，作为变压器和相邻元件（包括母线）接地短路故障的后备保护。

普通三绕组变压器高、中压侧同时接地运行时，任一侧发生接地故障，高、中压侧均会流过零序电流，为使两侧的零序电流保护相互配合，因此需要零序电流方向元件；同样对于三绕组自耦变压器，高、中压侧通过共同的中性点直接接地，任意一侧发生接地故障，零序电流在两侧流通，自然也需要零序电流方向元件以使两侧变压器的零序电流保护相互配合。

零序电流（方向）保护由零序过电流元件与零序方向元件的“与”逻辑构成。当零序电流大于零序电流定值时，该零序过电流元件动作。零序电流方向由保护安装处的零序电压和零序电流来判别。需要注意的是，方向元件所用的零序电压固定为自产零序电压。用自产零序电流时，TA 的正极性端在母线侧，用变压器中性点的零序电流时，TA 的正极性端在变压器侧。

7.3.4 中性点间隙保护

当系统发生接地故障时，中性点不接地的半绝缘变压器若因某种原因导致中性点电压大幅升高，为避免变压器中性点绝缘损坏，在变压器中性点安装一个放电间隙，放电间隙的另一端接地。当电压升高至一定值时，放电间隙击穿接地，放电间隙处将流过一个电流，利用该电流可构成间隙零序电流保护。

利用上述的放电间隙击穿以后产生的间隙零序电流 $3I_0$ 和在接地故障时在故障母线 TV 的开口三角形绕组两端产生的零序电压 $3U_0$ 构成“或”逻辑，组成间隙保护。图 7-7 是间隙保护原理接线图。

间隙零序电流保护与零序电压保护的动作方程为

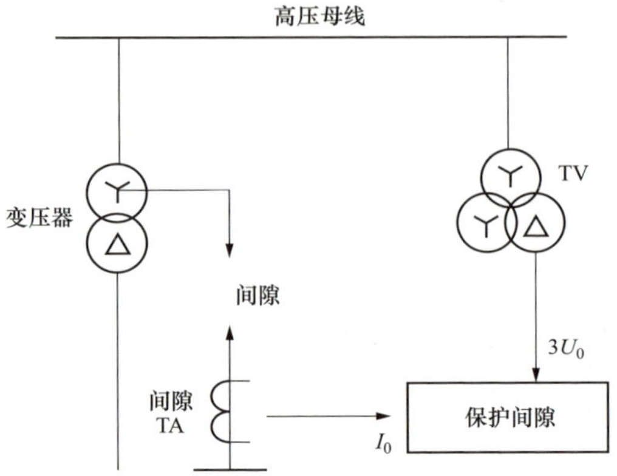

图 7-7　间隙保护原理接线图

$$\begin{cases} 3I_0 \geqslant I_{0op} \\ 3U_0 \geqslant U_{0op} \end{cases} \tag{7-15}$$

式中：I_0 为间隙电流（二次值）；$3U_0$ 为 TV 开口三角电压；I_{0op} 为间隙保护动作电流，通常整定为 100A（一次值）；U_{0op} 为间隙保护动作电压，通常整定为 180V（二次值）。

当间隙零序电流和 TV 开口零序电压任一条件满足时，保护动作经延时跳开变压器各侧断路器。

7.3.5　过励磁保护

变压器在运行中由于电压升高或频率降低，将会使变压器处于过励磁运行状态，此时变压器铁芯饱和，励磁电流急剧增加，励磁电流波形发生畸变，产生高次谐波，从而使内部损耗增大、铁芯温度升高。另外，铁芯饱和之后，漏磁通增大，会在导线、油箱壁及其他构件中产生涡流，引起局部过热。严重时造成铁芯变形、损伤介质绝缘。为了保证大型变压器的安全稳定运行，非常有必要设置过励磁保护。

变压器运行时，其输入端的电压为

$$U=4.44fWSB \tag{7-16}$$

式中：U 为电源电压；W 为一次绕组的匝数；S 为变压器铁芯的有效截面；f 为电源频率；B 为铁芯中的磁密。

由于绕组匝数 W、铁芯截面 S 均为定数，故将式（7-16）简化成

$$B=\frac{U}{Kf} \tag{7-17}$$

式中：K 为常数，$K=4.44WS$。

由式（7-17）可以看出，运行时变压器铁芯中的磁密与电源电压成正比，与电源的频率成反比。即电源电压的升高或频率的降低，均会造成铁芯中的磁密增大，进而产生过励磁。

在变压器过励磁保护中，采用了一个重要的物理量，称为过励磁倍数。过励磁倍数 n，等于铁芯中的实际磁密 B 与额定磁密 B_N 之比，即

$$n=\frac{B}{B_N}=\frac{\dfrac{U}{U_N}}{\dfrac{f}{f_N}} \tag{7-18}$$

式中：n 为过励磁倍数；U_N 为变压器的额定电压；f_N 为电源的额定频率，取 50Hz。

变压器过励磁时，$n>1$。n 值越大，过励磁倍数越高，对变压器的危害越严重。

过励磁保护由定时限和反时限两部分构成。定时限保护动作后作用于告警信号；反时限保护动作后切除变压器。实际变压器过励磁越严重时，发热越多，为防止变压器的损坏，允许变压器运行的时间越短；反之变压器过励磁较轻时，允许变压器运行的时间较长，这是一个反时限特性。所以保护也采用反时限特性与之适应，即过励磁倍数越大时，保护动作跳闸的时间越短；反之过励磁倍数越小时，保护动作跳闸的时间越长。

7.3.6 过负荷保护

变压器长期过负荷运行时，绕组会因发热而受到损伤。对于容量在

0.4MVA 及以上的变压器，当数台并列运行，或单独运行并作为其他负荷的备用电源时，应根据可能过负荷的情况，装设过负荷保护。过负荷保护只需要用一相电流，延时作用于信号。过负荷保护定值固定为 1.1 倍变压器额定电流。

7.3.7 后备保护整定原则

复压闭锁方向过电流保护的整定原则如下：躲过正常运行的最大负荷电流；保证主变压器相间短路故障有足够的灵敏度；与上一级定时限过电流保护配合；复合电压闭锁相间低电压定值一般整定为 60~70V，负序电压定值一般整定为 6~10V。

阻抗保护作为变压器部分绕组的后备保护，不作为变压器低压侧故障的后备。带偏移特性的阻抗保护，指向变压器的阻抗不伸出对侧母线，可靠系数宜取 70%；指向母线侧的定值按保证母线故障有足够灵敏度整定。时间定值应躲过系统振荡周期并满足主变压器热过负荷的要求，不宜大于 2s。

变压器高、中压侧零序电流保护带方向段指向母线，按本母线故障有灵敏度整定，时间定值与本侧出线零序电流保护配合，如果零序电流保护时间过长，可与接地距离保护最后一段时间配合。变压器高、中压侧零序电流保护无方向段，作为系统的总后备，按本侧母线经高阻接地故障有灵敏度整定，时间定值与高、中压侧所有出线接地故障保护最后一段时间配合，应大于有方向段时间定值。

变压器中性点零序电流保护作为电网接地故障的总后备，时间与线路的末段零序电流保护配合，并可靠躲过断路器三相不一致保护动作时间。同一变电站两台及以上变压器并列运行的中性点零序电流保护动作时间可以按不同时限整定。

变压器低压侧三相过电流保护作为变压器低压侧后备保护及低压母线的主保护，整定值按可靠躲过低压侧额定电流整定，按变压器低压侧相间故障有灵敏度校核，动作时间小于 2s。

7.4

变压器非电量保护

利用变压器的油、气、温度等非电气量构成的变压器保护称为非电量保护，主要有瓦斯保护、压力保护、温度保护、油位保护及冷却器全停保护。非电量保护根据设备性能和现场需要动作于跳闸或发信。

当非电量保护动作于发信后，运行人员应根据动作信号及时联系调度和检修部门对变压器异常情况进行处理。

7.4.1 瓦斯保护

油浸式变压器箱体内发生故障时，由于短路电流和短路点电弧的作用，变压器油箱内部会产生大量气体，同时导致变压器油流速度加快，利用气体和油流来实现的保护称为瓦斯保护，瓦斯保护也是变压器的主保护之一。对于容量为800kVA及以上的油浸式变压器和400kVA及以上的室内油浸式变压器，应装设瓦斯保护。瓦斯保护的测量继电器称为气体继电器，图7-8是气体继电器实物图。

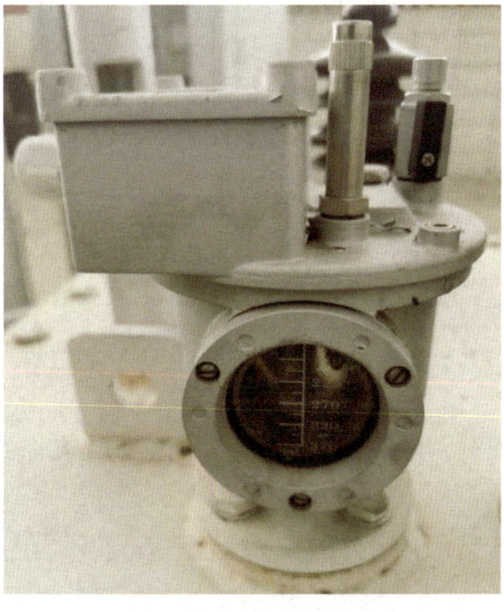

图7-8 某型号变压器气体继电器实物图

如图7-9所示，气体继电器一般安装于变压器油箱和储油柜的通道上，为了便于气体的排放，安装时需要有一定的倾斜度：变压器顶盖与水平面之间应有1%~1.5%的坡度，连

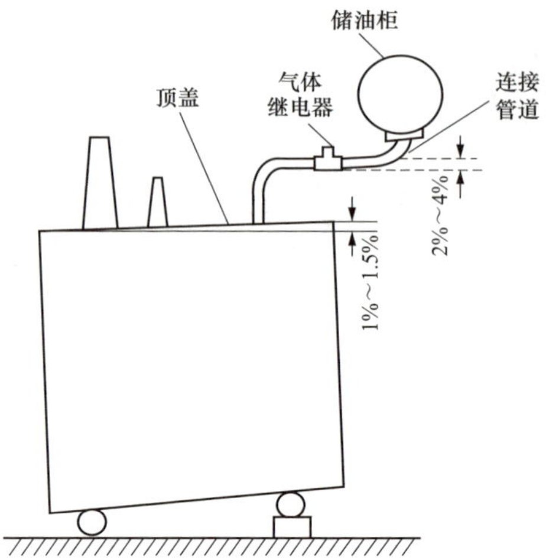

图 7-9　气体继电器安装示意图

接管道应有 2%～4% 的坡度。（坡度要求是针对早期的气体继电器所采用的水银开关触点，目前均采用干簧管开关触点，对变压器坡度不强制要求，在制造中连接管道会有坡度预制。）

轻瓦斯保护作用于信号，重瓦斯保护作用于跳闸。当变压器内部发生轻微故障或油位降低时，轻瓦斯保护动作，非电量保护发出轻瓦斯动作信号；当变压器内部发生严重故障时，产生故障气流使重瓦斯保护动作，非电量保护发出重瓦斯动作信号并根据保护连接片投退情况进行出口跳闸，如图 7-10 所示。

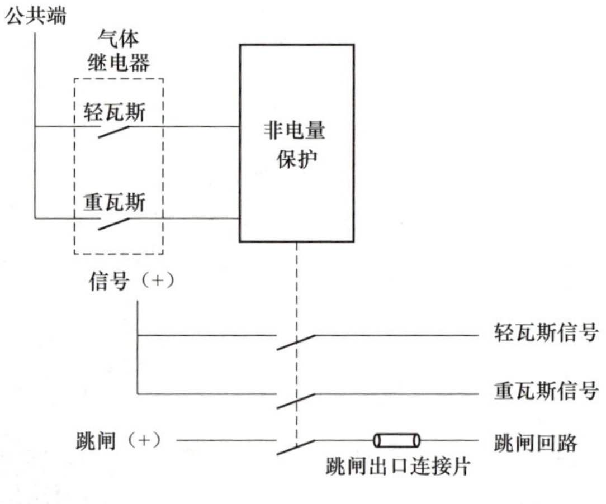

图 7-10　瓦斯保护动作简易原理图

瓦斯保护的保护范围是变压器内部多相短路，包括匝间短路、匝间与铁芯或外皮短路、铁芯故障（铁芯接地、发热）、油面下降或漏油、分接开关接触不良或导线焊接不良等。

瓦斯保护不仅能反映变压器油箱内部的各种故障，而且还能反映差动保护所不能反映的不严重的匝间短路和铁芯故障。此外，当变压器内部进入空气时也有所反映。因此瓦斯保护是灵敏度高、结构简单、动作迅速的一种保护。其缺点是不能反映变压器外部故障（套管和引出线），故瓦斯保护不能作为变压器各种故障的唯一保护，须与纵联差动保护或电流速断保护配合使用。气体继电器装在变压器本体上方，为露天放置，受外界环境条件影响大。运行实践表明，由于下雨及漏水造成瓦斯保护误动次数较多。为提高瓦斯保护的正确动作率，气体继电器应密封性能好，并加装防雨罩。

7.4.2 压力保护

压力保护也是变压器油箱内部故障的主保护，含压力和压力突变量保护。其作用原理与重瓦斯保护基本相同，但它是反映变压器油的压力的。

压力继电器又称压力开关，由压力弹簧阀和触点构成，置于变压器本体油箱上部。当变压器内部故障时，温度升高，油膨胀压力增高，压力阀动作带动继电器动触点，使触点闭合，切除变压器。

7.4.3 温度及油位保护

当变压器温度升高时，温度保护动作发出报警信号。

油位保护是反映油箱内油位异常的保护。运行时，因变压器漏油或其他原因使油位降低时动作，发出报警信号。

7.4.4 冷却器全停保护

为提高传输能力，大型变压器均配置有各种冷却系统。变压器在运行中若冷却系统全停，则变压器的温度将升高。若不及时处理，可能导致变压器绕组绝缘损坏，因此设置冷却器全停保护。变压器在运行过程中若冷却器全停，该保护应立即动作发出报警信号，并经延时切除变压器。

7.5 上海电网变压器保护典型配置

上海电网 500kV 和 220kV 变压器保护按照双套保护配置，配置原则同第 6 章线路保护所述，110kV 和 35kV 变压器则配置单套保护。同时变压器因电压等级、结构、容量不同所配置的保护也略有差异，下面结合上海电网的特点列出不同电压等级变压器保护的典型配置。

7.5.1 500kV 电压等级变压器保护功能配置

500kV 变压器为自耦变压器，保护功能配置见表 7-1。在实际应用中，根据电网接线方式、变压器结构和容量选择不同的保护段数及时限。例如上海电网 500kV 变压器一般配置如下保护：主保护配置差动速断保护、纵联差动保护、分侧差动保护、故障分量差动保护；高压侧后备保护配置相间阻抗保护 2 时限、接地阻抗保护 2 时限；中压侧后备保护配置相间阻抗保护 4 时限、接地阻抗保护 4 时限；低压侧后备保护配置过电流保护 1、2 时限；公共绕组保护配置零序过电流保护；高压侧和公共绕组保护配置过负荷保护，仅发信；过励磁保护目前仅发信。

表 7-1　500kV 变压器保护功能配置表

类别	序号	功能描述	段数及时限	说明	跳闸对象
主保护	1	差动速断保护	—		跳各侧断路器
	2	纵联差动保护	—		
	3	分相差动保护	—		
	4	低压侧小区差动保护	—		
	5	分侧差动保护	—		
	6	故障分量差动保护	—		

续表

类别	序号	功能描述	段数及时限	说明	跳闸对象
	7	相间阻抗保护	Ⅰ段2时限		1时限跳本侧断路器； 2时限跳各侧断路器
高压侧后备保护	8	接地阻抗保护	Ⅰ段2时限		1时限跳本侧断路器； 2时限跳各侧断路器
	9	复压过电流保护	Ⅰ段1时限		跳各侧断路器
	10	零序过电流保护	Ⅰ段2时限 Ⅱ段2时限 Ⅲ段1时限	Ⅰ段、Ⅱ段带方向，方向可投退，指向可整定；Ⅲ段不带方向。方向元件和过电流元件均取自产零序电流	Ⅰ段1时限跳本侧断路器； Ⅰ段2时限跳各侧断路器； Ⅱ段1时限跳本侧断路器； Ⅱ段2时限跳各侧断路器； Ⅲ段跳各侧断路器
	11	定时限过励磁告警	Ⅰ段1时限		仅发信
	12	反时限过励磁保护	—	可选择跳闸或告警	跳各侧断路器
	13	失灵联跳	Ⅰ段1时限		跳各侧断路器
	14	过负荷保护	Ⅰ段1时限	固定投入	仅发信
中压侧后备保护	15	相间阻抗保护	Ⅰ段4时限		1时限跳分段断路器； 2时限跳母联断路器； 3时限跳本侧断路器； 4时限跳各侧断路器
	16	接地阻抗保护	Ⅰ段4时限		1时限跳分段断路器； 2时限跳母联断路器； 3时限跳本侧断路器； 4时限跳各侧断路器
	17	复压过电流保护	Ⅰ段1时限		跳各侧断路器

续表

类别	序号	功能描述	段数及时限	说明	跳闸对象
中压侧后备保护	18	零序过电流保护	Ⅰ段3时限 Ⅱ段3时限 Ⅲ段1时限	Ⅰ段、Ⅱ段带方向，方向可投退，方向指向可整定；Ⅲ段不带方向。方向元件和过电流元件均取自产零序电流	Ⅰ段1时限跳母联断路器； Ⅰ段2时限跳本侧断路器； Ⅰ段3时限跳各侧断路器； Ⅱ段1时限跳母联断路器； Ⅱ段2时限跳各侧断路器； Ⅱ段3时限跳各侧断路器； Ⅲ段跳各侧断路器
	19	失灵联跳	Ⅰ段1时限		跳各侧断路器
	20	过负荷保护	Ⅰ段1时限	固定投入	仅发信
低压绕组后备保护	21	过电流保护	Ⅰ段2时限		1时限跳本侧断路器； 2时限跳各侧断路器
	22	复压过电流保护	Ⅰ段2时限		1时限跳本侧断路器； 2时限跳各侧断路器
	23	过负荷保护	Ⅰ段1时限	固定投入	仅发信
低压侧后备保护	24	过电流保护	Ⅰ段2时限		1时限跳本侧断路器； 2时限跳各侧断路器
	25	复压过电流保护	Ⅰ段2时限		1时限跳本侧断路器； 2时限跳各侧断路器
	26	零序过电压保护	Ⅰ段1时限	固定采用自产零压	仅发信
	27	过负荷保护	Ⅰ段1时限	固定投入	仅发信
公共绕组保护	28	零序过电流保护	Ⅰ段1时限	自产零流和外接零流“或”门判别	跳各侧断路器
	29	过负荷保护	Ⅰ段1时限	固定投入	仅发信

7.5.2 220kV 电压等级变压器保护功能配置

220kV 变压器通常为三绕组变压器，保护功能配置见表 7-2。同样在实际应用中，根据电网接线方式、变压器结构和容量选择不同的保护段数及时限。例如上海电网 220kV 三绕组变压器一般配置如下保护：主保护配置差动速断保护、纵联差动保护、故障分量差动保护；高压侧后备保护配置复压过电流保护Ⅲ段、零序过电流保护Ⅲ段、间隙过电流保护、零序电压保护；中压侧后备保护配置复压过电流保护Ⅲ段、零序过电流保护Ⅰ、Ⅲ段；低压 1/2 分支后备保护配置复压过电流保Ⅱ段、零序过电流保护；接地变压器保护配置电流速断保护、过电流保护及零序过电流保护；高、中、低三侧均配置过负荷保护，仅发信。另外需要说明的是上海电网 220kV 变压器配置中各侧后备保护目前均不跳母联断路器或分段断路器。

表 7-2　　220kV 变压器保护功能配置

类别	序号	功能描述	段数及时限	说明	跳闸对象
主保护	1	差动速断保护	—		跳各侧断路器
	2	纵联差动保护	—		
	3	故障分量差动保护	—		
高压侧后备保护	4	复压过电流保护	Ⅰ段 3 时限 Ⅱ段 3 时限 Ⅲ段 2 时限	Ⅰ段、Ⅱ段复压可投退、方向可投退、方向指向可整定； Ⅲ段不带方向，复压可投退	Ⅰ段 1 时限方向指向变压器跳中压侧母联断路器； 方向指向母线跳高压侧母联断路器； Ⅰ段 2 时限方向指向变压器跳中压侧断路器； 方向指向母线跳高压侧断路器； Ⅰ段 3 时限跳各侧断路器； Ⅱ段 1 时限方向指向变压器跳中压侧母联断路器；

续表

类别	序号	功能描述	段数及时限	说明	跳闸对象
高压侧后备保护	4	复压过电流保护	Ⅰ段 3 时限 Ⅱ段 3 时限 Ⅲ段 2 时限	Ⅰ段、Ⅱ段复压可投退、方向可投退、方向指向可整定； Ⅲ段不带方向，复压可投退	方向指向母线跳高压侧母联断路器； Ⅱ段 2 时限方向指向变压器跳中压侧断路器； 方向指向母线跳高压侧断路器； Ⅱ段 3 时限跳各侧断路器； Ⅲ段 1 时限跳高压侧断路器； Ⅲ段 2 时限跳各侧断路器
	5	零序过电流保护	Ⅰ段 3 时限 Ⅱ段 3 时限 Ⅲ段 2 时限	Ⅰ段、Ⅱ段方向可投退、方向指向可整定； Ⅲ段不带方向。 Ⅰ段、Ⅱ段、Ⅲ段过电流元件可选择自产或外接	Ⅰ段 1 时限方向指向变压器跳中压侧母联断路器； 方向指向母线跳高压侧母联断路器； Ⅰ段 2 时限方向指向变压器跳中压侧断路器； 方向指向母线跳高压侧断路器； Ⅰ段 3 时限跳各侧断路器； Ⅱ段 1 时限方向指向变压器跳中压侧母联断路器； 方向指向母线跳高压侧母联断路器； Ⅱ段 2 时限方向指向变压器跳中压侧断路器； 方向指向母线跳高压侧断路器；

续表

类别	序号	功能描述	段数及时限	说明	跳闸对象
高压侧后备保护	5	零序过电流保护	Ⅰ段3时限 Ⅱ段3时限 Ⅲ段2时限	Ⅰ段、Ⅱ段方向可投退、方向指向可整定； Ⅲ段不带方向。 Ⅰ段、Ⅱ段、Ⅲ段过电流元件可选择自产或外接	Ⅱ段3时限跳各侧断路器； Ⅲ段1时限跳高压侧断路器； Ⅲ段2时限跳各侧断路器
	6	间隙过电流保护	Ⅰ段1时限		跳各侧断路器
	7	零序过电压保护	Ⅰ段1时限	零序电压可选自产或外接	跳各侧断路器
	8	失灵联跳	Ⅰ段1时限		跳各侧断路器
	9	过负荷保护	Ⅰ段1时限	固定投入	仅发信
中压侧后备保护	10	复压过电流保护	Ⅰ段3时限 Ⅱ段3时限 Ⅲ段2时限	Ⅰ段、Ⅱ段复压可投退、方向可投退、方向指向可整定； Ⅲ段不带方向，复压可投退	Ⅰ段1时限方向指向变压器跳高压侧母联断路器； 方向指向母线跳中压侧母联断路器； Ⅰ段2时限方向指向变压器跳高压侧断路器； 方向指向母线跳中压侧断路器； Ⅰ段3时限跳各侧断路器； Ⅱ段1时限方向指向变压器跳高压侧母联断路器； 方向指向母线跳中压侧母联断路器； Ⅱ段2时限方向指向变压器跳高压侧断路器；

续表

类别	序号	功能描述	段数及时限	说明	跳闸对象
中压侧后备保护	10	复压过电流保护	Ⅰ段3时限 Ⅱ段3时限 Ⅲ段2时限	Ⅰ段、Ⅱ段复压可投退、方向可投退、方向指向可整定； Ⅲ段不带方向，复压可投退	方向指向母线跳中压侧断路器； Ⅱ段3时限跳各侧断路器； Ⅲ段1时限跳中压侧断路器； Ⅲ段2时限跳各侧断路器
	11	零序过电流保护	Ⅰ段3时限 Ⅱ段3时限 Ⅲ段2时限	Ⅰ段、Ⅱ段方向可投退、方向指向可整定； Ⅲ段不带方向。 Ⅰ段、Ⅱ段、Ⅲ段过电流元件可选择自产或外接	Ⅰ段1时限方向指向变压器跳高压侧母联断路器； 方向指向母线跳中压侧母联断路器； Ⅰ段2时限方向指向变压器跳高压侧断路器； 方向指向母线跳中压侧断路器； Ⅰ段3时限跳各侧断路器； Ⅱ段1时限方向指向变压器跳高压侧母联断路器； 方向指向母线跳中压侧母联断路器； Ⅱ段2时限方向指向变压器跳高压侧断路器； 方向指向母线跳中压侧断路器； Ⅱ段3时限跳各侧断路器； Ⅲ段1时限跳中压侧断路器； Ⅲ段2时限跳各侧断路器

续表

类别	序号	功能描述	段数及时限	说明	跳闸对象
中压侧后备保护	12	间隙过电流保护	Ⅰ段2时限		1时限跳小电源； 2时限跳各侧断路器
	13	零序过电压保护	Ⅰ段2时限	零序电压可选自产或外接	1时限跳小电源； 2时限跳各侧断路器
	14	失灵联跳	Ⅰ段1时限		跳各侧断路器
	15	过负荷保护	Ⅰ段1时限	固定投入	仅发信
低压1分支后备保护	16	复压过电流保护	Ⅰ段3时限 Ⅱ段3时限	Ⅰ段复压可投退、方向可投退、方向指向可整定； Ⅱ段不带方向，复压可投退	Ⅰ段1时限跳本分支分段断路器； Ⅰ段2时限跳本分支断路器； Ⅰ段3时限跳各侧断路器； Ⅱ段1时限跳本分支分段断路器； Ⅱ段2时限跳本分支断路器； Ⅱ段3时限跳各侧断路器
	17	零序过电流保护	Ⅱ段2时限		1时限跳本分支断路器； 2时限跳各侧断路器
低压2分支后备保护	18	复压过电流保护	Ⅰ段3时限 Ⅱ段3时限	Ⅰ段复压可投退、方向可投退、方向指向可整定； Ⅱ段不带方向，复压可投退	Ⅰ段1时限跳本分支分段断路器； Ⅰ段2时限跳本分支断路器； Ⅰ段3时限跳各侧断路器； Ⅱ段1时限跳本分支分段断路器； Ⅱ段2时限跳本分支断路器； Ⅱ段3时限跳各侧断路器

续表

类别	序号	功能描述	段数及时限	说明	跳闸对象
低压2分支后备保护	19	零序过电流保护	Ⅱ段2时限		1时限跳本分支断路器； 2时限跳各侧断路器
接地变压器保护	20	电流速断保护	Ⅰ段1时限		跳各侧断路器
	21	过电流保护	Ⅰ段1时限		跳各侧断路器
	22	零序过电流保护	Ⅰ段3时限 Ⅱ段1时限	固定采用外接零序电流	Ⅰ段1时限跳低压侧分段断路器； Ⅰ段2时限跳低压侧断路器； Ⅰ段3时限跳各侧断路器

7.5.3 110（35）kV电压等级变压器保护功能配置

110（35）kV变压器保护功能配置见表7-3。在实际应用中，根据电网接线方式、变压器结构和容量选择不同的保护段数及时限。

表7-3　　110（35）kV变压器保护功能配置表

类别	序号	功能描述	段数及时限	说明	跳闸对象
主保护	1	差动速断	—		跳各侧断路器
	2	纵差保护	—		
高压侧后备保护	3	过电流保护	Ⅰ段1时限		跳各侧断路器
	4	充电保护		主变压器启动充电时投入	跳各侧断路器
	5	零序过电流保护	Ⅰ段1时限		跳各侧断路器
	6	过负荷保护	Ⅰ段1时限	固定投入	仅发信
低压侧后备保护	7	零序过电流保护	Ⅰ段1时限 Ⅱ段1时限	仅低压侧系统接地时投入	Ⅰ段跳本侧断路器； Ⅱ段跳各侧断路器

下面以上海电网某110kV变压器为例说明保护配置情况。某110kV变电站的1号主变压器（110/10.5kV），容量为50MVA，配置了一套南瑞继保的PCS-9671D保护，该保护配置见表7-4。

表7-4　1号主变压器保护配置

保护配置	保护范围	整定值	作用
瓦斯保护	变压器本体故障（油面降低，轻瓦斯发信；绕组间故障，油面产生气体，重瓦斯动作）	0s	跳各侧断路器
差动保护	变压器各侧电流互感器之间故障（包括相间、接地以及主变压器绕组间严重的层间短路故障）	0s	跳各侧断路器
110kV过电流保护	变压器高、低压侧相间故障近后备及低压侧出线相间故障远后备	6A、2s	跳各侧断路器
110kV充电保护	正常运行时停用	6A、0.6s	跳各侧断路器
110kV零序电流保护	主变压器高压侧接地故障	3A、0.5s	跳各侧断路器
110kV过负荷保护	主变压器110kV过负荷时发信	3.6A、6s	信号
10kV零序电流保护1	主保护：10kV母线接地；后备保护：10kV出线接地	—	—
10kV零序电流保护2	主变压器10kV侧至电流互感器间接地	—	—

由于该主变压器10kV侧不接地，因此零序电流保护停用，其余保护功能均按照典型配置设定。

7.6 案例分析

某日10：20：24：679 220kV M变电站2号主变压器事故跳闸，2号主变压器第一套保护（RCS-978GB-SH）差动保护动作，2 号主变压器第二套保护（CSC-326D）差动保护动作，2 号主变压器 220kV 断路器、110kV 断路器、35kV 断路器跳闸。

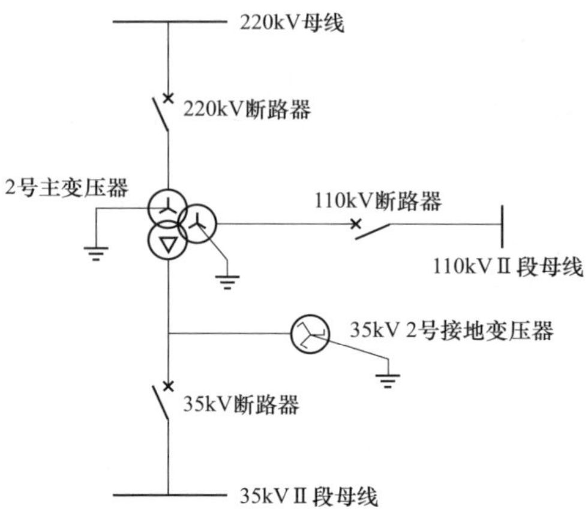

图 7-11　M 变电站 2 号主变压器一次接线图

1. 一次接线及保护功能配置情况

M 变电站 220kV 电压等级为双母单分段接线方式，110kV、35kV 电压等级为单母线接线方式。2 号主变压器是三绕组变压器，容量为 180/180/120MVA，一次接线如图 7-11 所示。

根据调度部门下发的 2 号主变压器整定书，2 号主变压器保护功能配置见表 7-5。

表 7-5　　2 号主变压器保护功能配置表

站名	保护屏	装置配置	功能配置	
M 变电站	第一套保护屏	保护装置 RCS-978GB	差动保护	纵联差动保护
			后备保护	220kV 复压闭锁过电流Ⅱ段、220kV 零序过电压、220kV 零序过电流Ⅱ段、220kV 间隙接地零序电流
				110kV 复压闭锁过电流 3 时限、110kV 限时速断 1 时限、110kV 零序电流Ⅰ段 1 时限、110kV 零序电流Ⅱ段
				35kV 过电流 1 时限、35kV 复压闭锁过电流 1 时限、35kV 接地变压器速断过电流、35kV 接地变压器过电流、35kV 接地变压器零序电流Ⅰ、Ⅱ段

续表

站名	保护屏	装置配置	功能配置	
M 变电站	第二套保护屏	保护装置 CSC-326D	差动保护	纵联差动保护
			后备保护	220kV 复压闭锁过电流Ⅱ段、220kV 零序过电压、220kV 零序过电流Ⅱ段、220kV 间隙接地零序电流
				110kV 复压闭锁过电流 3 时限、110kV 限时速断 1 时限、110kV 零序电流Ⅰ段 1 时限、110kV 零序电流Ⅱ段
				35kV 过电流 1 时限、35kV 复压闭锁过电流 1 时限、35kV 接地变压器速断过电流、35kV 接地变压器过电流、35kV 接地变压器零序电流Ⅰ、Ⅱ段

2. 监控系统记录的装置动作情况

事故发生后调阅该站自动化监控系统的自动化信息，保护装置动作情况及断路器变位信息见表 7-6。

表 7-6 监控系统记录

站名	时间	回路	动作情况
M 变电站	10：20：24：817	2 号主变压器	2 号主变压器 RCS-978GB 保护动作
M 变电站	10：20：24：824	2 号主变压器	2 号主变压器 CSC-326D 保护动作
M 变电站	10：20：24：842	2 号主变压器	2 号主变压器第一组出口跳闸
M 变电站	10：20：24：844	2 号主变压器	2 号主变压器第二组出口跳闸
M 变电站	10：20：24：856	2 号主变压器 110kV	110kV 断路器分
M 变电站	10：20：24：862	2 号主变压器 220kV	220kV 断路器分
M 变电站	10：20：24：863	2 号主变压器 35kV	35kV 断路器分

3. 保护装置动作情况

现场工作人员查阅 2 号主变压器两套保护装置上的动作报文，具体情况如表 7-7 所示。

表 7-7　　保护装置动作报文

站名	间隔名称	保护装置型号	保护动作情况
M 变电站	2 号主变压器	RCS-978GB	比率差动保护动作， 工频变化量差动保护动作
M 变电站	2 号主变压器	CSC-326D	比率差动保护动作

4. 故障录波器记录情况

站内故障录波器记录情况如图 7-12 所示。由图可知，故障发生时 2 号主变压器 35kV 侧 A 相电压基本降为 0，B、C 两相电压升至线电压值 35kV，因此可判断 35kV 侧发生了 A 相接地故障，140ms 后 35kV 侧 B 相电压降为 0，C 相电压恢复成正常相电压值，故障转变成 AB 两相接地故障。

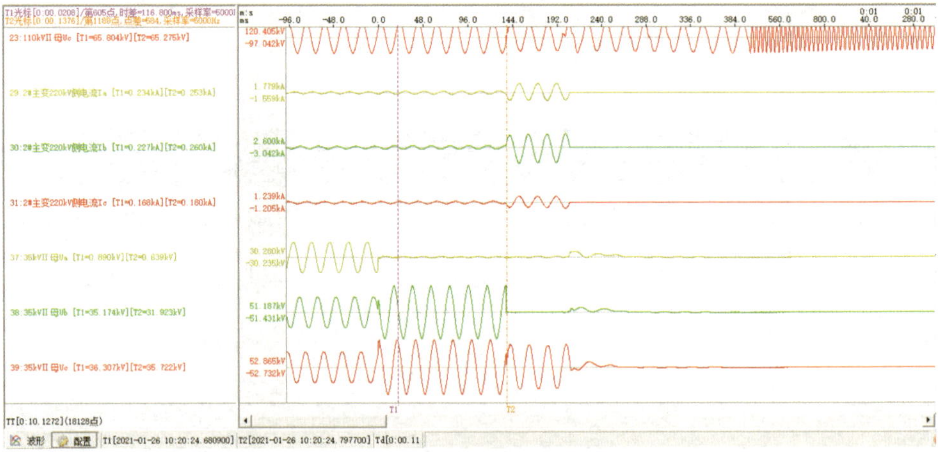

图 7-12　2 号主变压器故障波形图

经检查现场设备情况，发现 2 号主变压器室内的 35kV 母排 A、B 相有放电痕迹，如图 7-13 所示，验证了上述分析。

图 7-13　2 号主变压器 35kV 母排 A、 B 相

小结

变压器是电力系统中重要的电能转换设备。变压器一旦发生故障，尤其是内部绕组故障，如果不能及时切除，将会严重损坏变压器。因此不同电压等级变压器根据结构特点配置了具有速动特性的纵联差动保护、分侧差动保护、零序差动保护，以及反映变压器内部故障的非电气量保护。同时变压器作为不同电压等级系统的联络元件，也配有反映自身故障和相邻母线故障的后备保护。本章列举了上海电网不同电压等级变压器的典型保护配置，同时结合某220kV变压器故障案例分析了主变压器保护的动作行为。目前电力系统中广泛采用了主后一体的微机型变压器保护，能够快速、准确地切除变压器故障，可靠保证了电网安全稳定运行。

习题与思考题

7-1　变压器的常见故障有哪些？

7-2　变压器的异常情况包括哪些？

7-3　变压器的纵联差动保护和瓦斯保护作用有何不同？

7-4　变压器轻、重瓦斯保护的行为有什么区别？

7-5　变压器不平衡电流的产生原因有哪些？

7-6　说明变压器励磁涌流的主要特征，微机型变压器纵联差动保护是如何防止励磁涌流的影响？

7-7　上海电网关于变压器差动保护的整定原则是什么？

7-8　请写出 YNd11 变压器保护 Y 侧向 d 侧转角时，对 Y 侧二次电流的处理公式并给出相应的相量图。

7-9　变压器差动保护为什么要滤除零序电流？

7-10　YNd11 接线的降压变压器，在三角形外侧发生单相接地故障时，零序电流保护会误动吗？

7-11　谐波制动的变压器差动保护中为什么要设置差动速断元件？

第 8 章　CHAPTER EIGHT

母线保护　08

母线是汇集和分配电能的重要设备，连接元件较多，包括线路、变压器、电容器、电压互感器等。母线一旦发生故障，影响范围甚广，若不能及时切除故障，可能会造成电力设备的损坏，甚至电力系统的瓦解。因此母线保护应能快速检测出母线保护范围的故障，并及时地有选择性地切除故障，保证电力系统的稳定运行。

8.1 母线的常见故障及保护配置

母线的故障类型主要有母线单相闪络接地和相间短路故障，两相接地短路故障及三相短路故障发生的概率相对较小。从实际运行经验来看，在众多的连接电气设备中，由于绝缘子的老化、污秽引起的闪络接地故障和雷击造成的过电压击穿短路故障次数居多，母线电压互感器故障及母线出线间隔断路器和电流互感器之间的故障也时有发生。另外运行人员的误操作，如带负荷拉隔离开关、带地线合断路器等均会造成母线故障。

母线的接线方式有很多种类，根据变电站在电网中的地位、母线的电压等级、连接元件的数量等条件，选择最适宜的接线方式。上海电网中 500kV 母线一般采用 3/2 接线方式；220kV 母线主要采用双母线接线方式（包括双母双分段、双母单分段），个别 500kV 变电站内的 220kV 母线采用 3/2 接线方式；220kV 变电站站内的 110kV 母线一般采用单母分段接线方式，35kV 母线大部分采用单母分段接线方式，少数变电站采用双母线或双母单分段接线方式；110kV、35kV 变电站站内的母线通常为单母线接线方式。

500kV、220kV 变电站站内的 35kV 及以上母线一般配有母线差动保护（简称母差保护），单母线接线方式的母线配置母差保护，单母分段接线方式的母线配置母差保护、分段失灵保护、分段死区保护，双母线接线方式的母线除配置母差保护外还包含母联死区保护、母联失灵保护以及断路器失灵保护等功能，保护范围包括构成差动保护的各出线间隔电流互感器之间所包围的部分，包括母线本身、母联断路器与母线连接部位。部分 35kV、10kV 母线根据实际情况需要配置母线专用保护，即用主变压器保护装置的过电流保护功能作为所连接母线的保护。110kV、35kV 变电站站内的母线根据母线上连接的回路数量考虑是否配置母线保护，目前基本不配置专用母线保护。母线保护应具有高度的安全性和可靠性，且要求选择性强、动作速度快。由于母线安全运行影响到系统的稳定性，母线保护的拒动和误动都会造成严重的后果，因此母线保护的可靠性尤为重要。

8.2 母线差动保护

母差保护是母线的主保护，其基本原理与线路电流差动保护一致。母线在正常运行及外部故障时，流入母线的电流等于流出母线的电流；当母线上发生故障时，各连接元件的电流都流入母线，差动电流幅值很大，大于保护整定值时，保护动作切除故障。

目前电力系统中主要采用国产微机型母差保护和中阻抗母差保护，但上海电网正逐步用国产微机型母差保护替代国外中阻抗母差保护，故本节将对其进行重点介绍。

8.2.1 高压母线差动保护

双母线接线方式的母差保护由母线大差和各段母线的小差组成（单母分段接线方式亦如此），母线大差是由除母联断路器（简称母联）和分段断路器（简称分段）以外的母线所有支路的电流构成的差动元件，其作用是区分母线内还是母线外故障。某段母线小差是由与该母线相连的各支路电流构成的差动元件，其中包括与该母线相连的母联和分段支路电流，其作用是鉴别具体哪段母线故障。大差是母线保护的启动元件，小差是故障母线的选择元件，但微机型母线保护中大差已不兼做启动元件。为保证保护的可靠性还设置有复合电压闭锁元件、启动元件。3/2 接线的母线相当于单母线，单母线接线母差保护的大差元件和小差元件相同。双母线或单母分段单相母差保护的逻辑简图如图 8-1 所示。

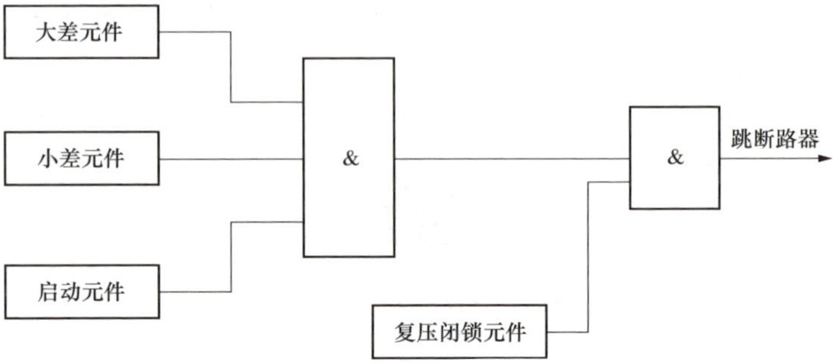

图 8-1　双母线或单母分段单相母差保护逻辑简图（以一相为例）

由图 8-1 可看出，当小差元件、大差元件及启动元件同时动作，且复合电压元件也动作时，母差保护才能跳该条母线各断路器。

1. 差动元件

常见的母线差动元件包括常规比率差动元件、复式比率差动元件。这些差动元件的差动电流的构成都相同，制动电流的计算有差异，因而在区外故障及区内故障时制动能力和动作灵敏度有差异。差动元件的动作特性是比率制动特性曲线，简单来说就是使差动电流定值随制动电流的增大而成某一比率的提高，使制动电流在不平衡电流较大的外部故障时有制动作用，在内部故障时，制动作用最小，有足够的灵敏度。

（1）常规比率差动元件。常规比率差动的动作方程为

$$\begin{cases} I_d \geqslant I_{dop} \\ \dfrac{I_d}{I_{res}} \geqslant K_{res} \end{cases} \tag{8-1}$$

式中：$I_d = \left| \sum_{j=1}^{n} \dot{I}_j \right|$ 是差动电流；$I_{res} = \sum_{j=1}^{n} |\dot{I}_j|$ 是制动电流；$\dot{I}_j$ 是母线上第 j 个支路电流；K_{res} 是制动系数；I_{dop} 是差动电流启动定值。

根据式（8-1）绘制的比率制动特性曲线如图 8-2 所示。

由于 I_d 不可能大于 I_{res}，故斜率为 1 的虚线上方是无意义区。双折线的上方和斜率为 1 的虚线下方所包含的区域是差动保护的动作区，此外均是制动区。

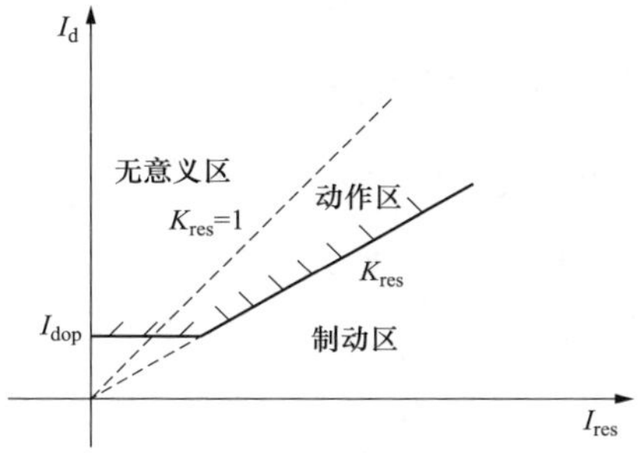

图 8-2　常规比率差动元件特性曲线

（2）复式比率差动元件。复式比率差动保护的动作方程为

$$\begin{cases} I_d \geqslant I_{dop} \\ \dfrac{I_d}{I_{res} - I_d} \geqslant K_{res} \end{cases} \tag{8-2}$$

式中：$I_d = \left| \sum_{j=1}^{n} \dot{I}_j \right|$ 是差动电流；$I_{res} = \sum_{j=1}^{n} |\dot{I}_j|$ 是制动电流；$\dot{I}_j$ 是母线上第 j 个支路电流；K_{res} 是制动系数；I_{dop} 是差动电流启动定值。

式（8-2）对应的复式比率制动曲线如图 8-3 所示。

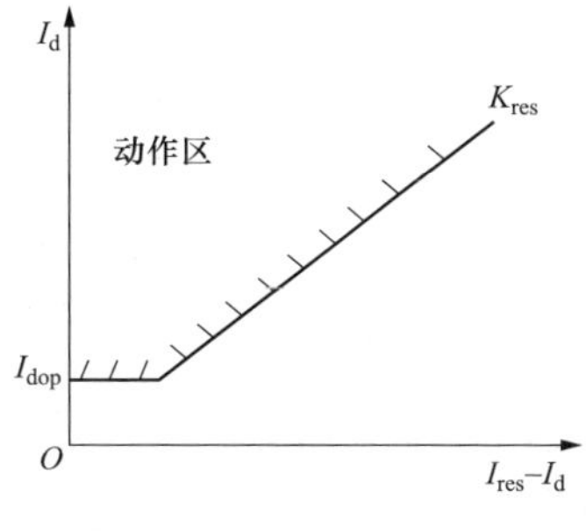

图 8-3　复式比率差动元件特性曲线

若忽略电流互感器误差和流出电流的影响，在区外故障时 $I_d = 0$，$\dfrac{I_d}{I_{res}-I_d} = \dfrac{0}{I_{res}} = 0$；在区内故障时，$I_d = I_{res}$，$\dfrac{I_d}{I_{res}-I_d} = \dfrac{I_d}{0} = \infty$。由此可见，$K_{res}$ 值的选取范

围从 0 到∞，使得在母线区外故障时由于 K_{res} 值可选得大于 1 而有很强的制动特性，而在母线区内故障时又无制动作用，因此能更明确的区分区内、区外故障。

2. 大差元件比率制动系数的调整

在国内生产并广泛应用的微机型双母线及单母线分段的母差保护装置中，设置了两个小差元件及一个大差元件。以图 8-4 所示的双母线接线为例，分析差动元件的动作灵敏度。假设各支路 TA 极性端安装在母线侧，母联 TA 极性端安装在Ⅰ母侧。

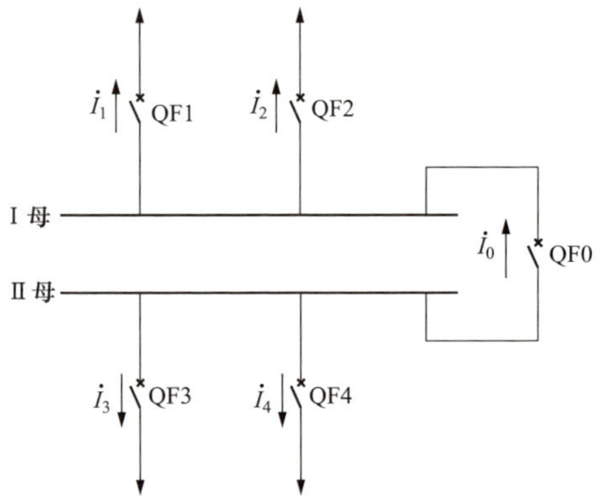

图 8-4　双母线接线示意图

当Ⅰ、Ⅱ母线并列运行，Ⅰ母发生故障时，如图 8-5 所示，大差差动电流 $\Sigma I_d = |\dot{I}_1+\dot{I}_2+\dot{I}_3+\dot{I}_4|$；制动电流 $\Sigma I_{res} = |\dot{I}_1|+|\dot{I}_2|+|\dot{I}_3|+|\dot{I}_4|$，那么 $\Sigma I_d/\Sigma I_{res}=1$。

当Ⅰ、Ⅱ母线分列运行（母联断路器在分位），Ⅰ母发生故障时，如图 8-6 所示，大差差动电流 $\Sigma I_d = |\dot{I}_1+\dot{I}_2+\dot{I}_3+\dot{I}_4| = |\dot{I}_1+\dot{I}_2|$；制动电流 $\Sigma I_{res} = |\dot{I}_1|+|\dot{I}_2|+|\dot{I}_3|+|\dot{I}_4|$，那么 $\Sigma I_d/\Sigma I_{res} < 1$。

显然大差元件的动作灵敏度大大下降，上述情况特别是在Ⅰ、Ⅱ母线分别接大、小电源或者重负荷线路时，电流流出母线的现象特别严重，保护性能下降也最为严重，目前微机保护装置采用将大差元件的制动系数减小的措施来解决这一问题（一般采用 0.3），根据国网新“六统一”保护要求，保护装置大差元件的制动系数固定取低值 0.3。小差由于计入母联电流，因此不存在这个问题，小差制动系数固定取 0.5。

3. 复合电压闭锁元件

由于母线是电力系统中的重要元件，母差保护动作后会跳开所连接的所

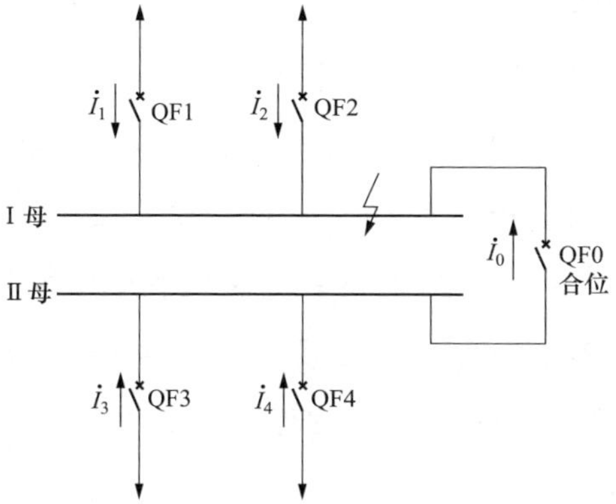

图 8-5 并列运行时故障电流图

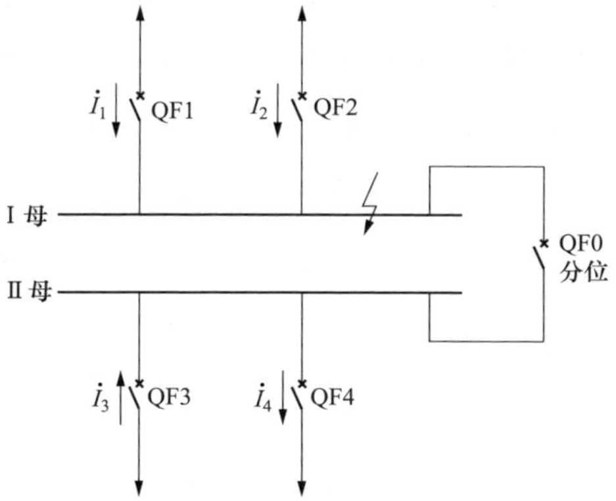

图 8-6 分列运行时故障电流图

有元件的断路器，如果母差误动将会带来严重的后果。为防止出口继电器误动作，通常采用复合电压闭锁元件，当母差保护的差动元件及复合电压闭锁元件同时动作时，出口跳断路器才能动作。

复合电压闭锁元件由相电压元件、负序电压元件及零序电压元件组成，三者采用“或”逻辑。其动作方程为

$$\begin{cases} U_{\varphi} \leqslant U_{\varphi op} \\ 3U_0 \geqslant U_{0op} \\ U_2 \geqslant U_{2op} \end{cases} \tag{8-3}$$

式中：U_{φ} 为最小的相电压；$3U_0$ 为零序电压；U_2 为负序相电压；$U_{\varphi op}$、U_{0op}、U_{2op} 分别为相电压元件、零序电压元件及负序电压元件的动作整定值。

一般在母线保护中，母线差动保护、断路器失灵保护、母联死区保护、母联失灵保护都要经复合电压闭锁。但双母双分段接线方式的分段断路器，其跳闸不经电压闭锁，除此之外的母联断路器和分段断路器跳闸经两段母线电压“或门”闭锁。3/2 接线方式的母线保护不采用复合电压闭锁，原因是母线电压互感器为单相式，且即使母线保护误动作也不会造成严重后果。

4. 中阻抗母差保护

模拟型的母差保护有实际的差动回路。在差动回路中将按正方向规定的二次电流方向加入差动继电器。按差动回路中的电阻大小分类可将保护分为低阻抗型、中阻抗型和高阻抗型的母差保护，在电网中经常用到的是中阻抗母差保护。中阻抗母差保护是指差流回路的阻抗较大的母差保护，电阻介于高阻抗型和低阻抗型之间，其差动回路总电阻约有 200Ω，可大大减小外部短路时进入继电器的不平衡电流，并与制动电流相配合，可以保证保护动作的选择性。该类保护的特点是动作速度快，躲故障时 TA 饱和的能力强。

8.2.2 中低压母线差动保护

上海电网 220kV 变电站内 110kV、35kV 电压等级母线通常分别采用单母分段接线方式。单母分段接线方式的母线保护原理同上述所述，110kV 电压等级母线一次接线方式虽然是单母分段接线，但每段母线配置一套保护，该保护称为单母线母差保护，另外个别变电站内的 35kV 母线采用双母线或双母单分段接线方式，此类接线方式的母线保护采用大差加低电压选择故障母线原理。

中低压母差保护均应设电压闭锁元件，主要包括低电压闭锁元件、零序电压闭锁元件以及负序电压闭锁元件。但不同接线方式的母差保护跳分段断路器是否经电压闭锁稍有不同，根据上海电网标准化设计规范的要求，单母分段接线母差保护跳分段断路器宜经两段母线电压“或门”闭锁，单母线接线母差保护跳分段断路器不经母线电压闭锁。

此外，不同接地方式的母差保护的跳闸延时也略有区别。上海电网110kV系统采用直接接地方式，35kV系统采用经小电阻接地方式。110kV母差保护跳分段延时定值和跳母线延时定值均不起作用，固定为0s。35kV母差保护跳分段及电源线的时间按各自的整定延时动作。35kV母差保护跳分段延时整定为0.1s，跳母线上电源线延时整定为0.5s。

8.2.3 母差保护整定原则

为保证母线故障后，母差保护有足够的灵敏度和可靠性，不同电压等级的母差保护依据不同的整定原则进行整定计算。

DL/T 559—2018《220kV～750kV电网继电保护装置运行整定规程》规定：

（1）母线差动电流保护的差电流启动元件定值，应可靠躲过区外故障最大不平衡电流和任一元件电流回路断线时由于负荷电流引起的最大差电流，可靠系数取1.5。差电流启动元件定值，按连接母线的最小故障类型校验灵敏度，应保证母线短路故障在母联断路器跳闸前后有足够灵敏度，灵敏系数不小于1.5。

（2）比例制动原理的母线差动保护的启动元件，应可靠躲过最大负荷时的不平衡电流并尽量躲最大负荷电流，按被保护母线最小短路故障有足够灵敏度校验，灵敏系数不小于2。

按照上海电网的实际运行情况，母差保护的电流定值以保证灵敏度为主，宜整定为2500A（一次值）左右。

根据《国网上海市电力公司地调继电保护及安全自动装置整定计算原则》，中低压母线差动保护在整定计算时按照以下原则：

（1）比例制动原理母差保护的启动元件，应保证主变压器供电方式下母线短路故障有足够灵敏度，灵敏系数不低于1.5。

（2）母线专用保护电流定值按最小运行方式下，母线故障有2倍灵敏度整定，且应与馈线的速断保护配合。

8.3 母联相关保护

双母线接线方式的母差保护集成了与母联相关的保护，主要有母联死区保护、母联失灵保护、母联充电保护。下面对这三种保护分别介绍。

8.3.1 母联死区保护

所谓死区保护是指母联断路器和母联 TA 之间发生故障，断路器侧母线跳开后故障仍然存在，正好处于 TA 侧母线小差的死区，为可靠、快速地切除故障，通常设置了母联死区保护。

以图 8-7 所示的双母线接线为例。当母联断路器和母联 TA 之间发生故障时，大差动作和Ⅱ母小差动作，跳开母联断路器及Ⅱ母后，故障点仍未隔离，母联 TA 仍有电流，大差差流为 $\dot{I}_1+\dot{I}_2\neq 0$，Ⅰ母小差差流为 $\dot{I}_1+\dot{I}_2+\dot{I}_0=0$，Ⅱ母小差差流为 $\dot{I}_0\neq 0$，此时母联死区保护动作，经 150ms 延时后母联电流退出小差电流计算，那么Ⅰ母小差差流为 $\dot{I}_1+\dot{I}_2\neq 0$，Ⅱ母小差差流为 0，跳开Ⅰ母，故障被完全隔离。

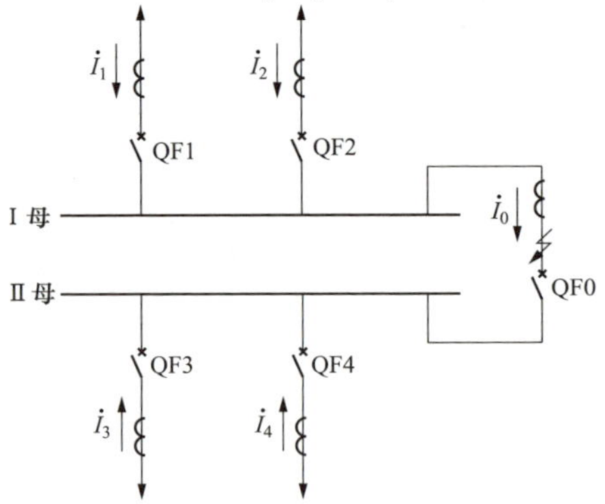

图 8-7 母联死区保护分析图

微机型母联死区保护的逻辑框图如图 8-8 所示。在发生如图 8-7 所示的母联断路器和母联 TA 之间死区范围内的故障时，母联死区保护可同时满足下述四个条件：①母差保护发过Ⅱ母跳令；②母联断路器已跳开（跳闸位置继电器 KTP = 1）；③母联 TA 任一相仍有电流；④大差比率差动元件及Ⅱ母的小差比率差动元件动作后一直不返回。同时满足上述四个条件经死区动作延时后经过复合电压闭锁去跳开Ⅰ母上的各连接元件。

注：跳闸位置继电器旧符号为 TWJ，本书统一用新符号 KTP 表示。

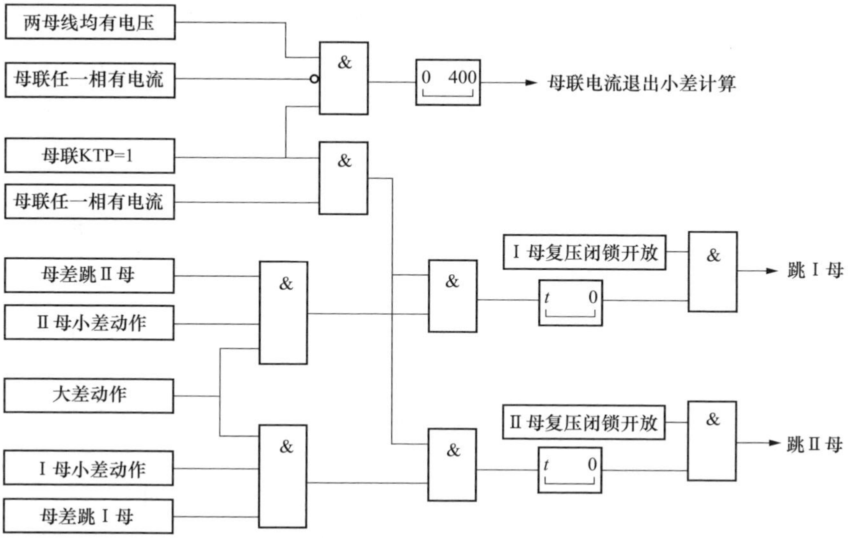

图 8-8 微机型母联死区保护逻辑框图

当双母线分列运行时（母联断路器在分位），若发生死区故障，大差及Ⅱ母小差动作跳开Ⅱ母上各连接元件后（实际Ⅱ母无故障，该跳闸方式是错误的），大差及Ⅱ母小差动作后又一直不返回，母联断路器又一直在跳闸位置，所以母联死区保护经动作延时后又跳开Ⅰ母上的各连接元件，造成两条母线全部被切除的严重后果。为了避免上述恶果，可采取当两母线都有电压（说明两条母线都在运行），母联三相均无电流且母联 KTP = 1 时母联电流不计入两个小差的电流计算中去的措施（上述措施延时返回 400ms）。这样再出现该种故障时大差及Ⅰ母小差均能动作跳Ⅰ母上的各断路器，而Ⅱ母小差差流为 0 不会动作，Ⅱ母就不会被误切除了。但是在双母线分列运行时采用了母联电流不再计入小差的计算措施后，在死区内故障Ⅰ母小差动作跳Ⅰ母时，如果恰逢某一个断路器失灵时，母联死区保护将跳Ⅱ母线。为避免这种错误的发生，在双母线分列运行时，在母联电流不再计入小差的计算后，再将母联死区保护退出。

8.3.2 母联失灵保护

如果在图 8-9 所示的 Ⅰ 母上发生短路故障，Ⅰ 母的差动保护动作跳母联及Ⅰ母上的所有断路器。但是如果母联断路器失灵而拒跳，那么Ⅱ母上的断路器也应跳开才能切除故障，这就通过母联失灵保护来实现。一般来说 220kV 双母线接线的母差保护配置母联失灵保护功能。

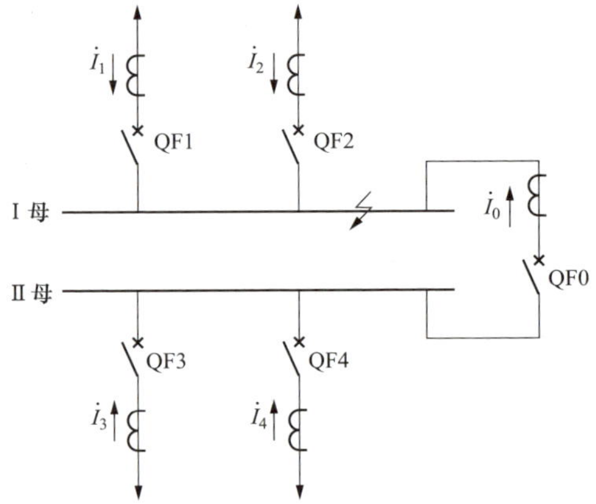

图 8-9 母联失灵保护分析图

微机型母联失灵保护的逻辑框图如图 8-10 所示。母联失灵保护由以下几部分构成：①保护动作跳母联断路器同时启动失灵保护；②母联任一相仍一直有电流（大于母联失灵电流定值）。同时满足上述两条件的时间大于母联失灵延时时间，再经两个母线电压闭锁（与门）后切除两母线上的所有断路器。一般情况下，只有母差保护和母联充电保护动作才启动母联失灵保护。

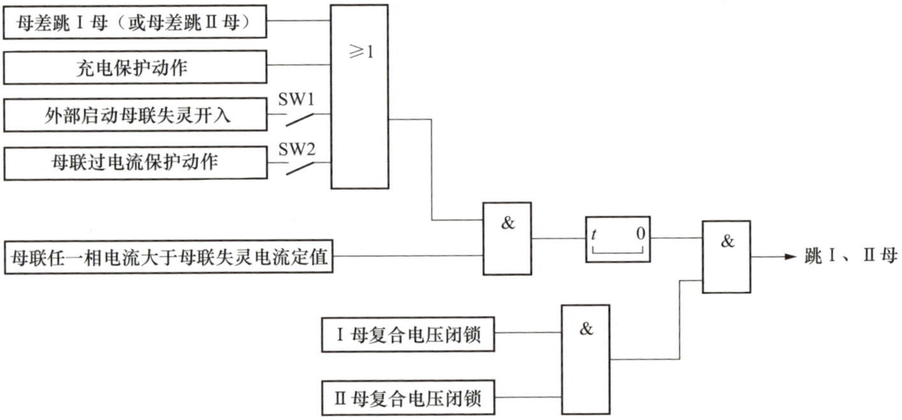

图 8-10 微机型母联失灵保护逻辑框图

8.3.3 母联充电保护

母联充电保护用于母线安装后投运之前或母线检修后再投入之前，利用母联断路器对母线充电时。如图 8-11 所示，当Ⅰ母由检修恢复到运行状态时，先合母联断路器对该母线充电。如果该母线没有故障，再将某些连接元件倒到该母线上。但如果该母线有故障，在合母联断路器后应立即切除母联断路器，以使原运行Ⅱ母继续正常运行。

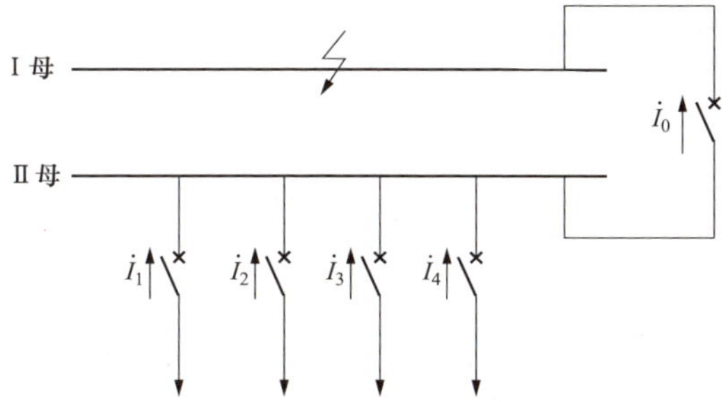

图 8-11 母联充电保护对Ⅰ母充电分析图

微机型母联充电保护逻辑框图如图 8-12 所示，当母联断路器的跳闸位置 KTP 由 “1” 变为 “0”，或虽然母联断路器的 KTP = 1 但母联已有电流，或两母线均变为有电压状态，这时说明母联断路器已在合闸位置了，于是开放充电保护 300ms。在充电保护开放期间，若母联任一相电流大于充电保护整定电流值，说明母联断路器合于故障母线上，那么经短延时跳母联断路器。

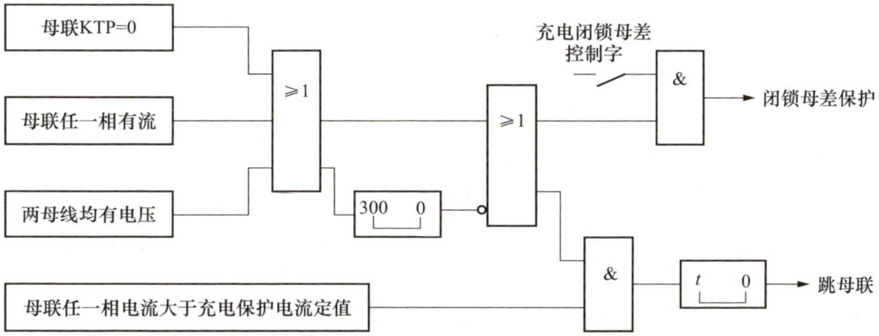

图 8-12 微机型母联充电保护逻辑框图

母联充电保护投入期间需要闭锁母差保护的原因是基于下述考虑：在母联充电于母联死区故障的情况下，由于母联 KTP 已经返回，母线保护已经把母联电流引入小差计算，因此会导致运行母线的差动保护动作而误将运行母线切除。

上海电网 110kV 和 35kV 母线的分段失灵保护和分段死区保护原理与母联失灵保护、母联死区保护基本相同。但 110kV 和 35kV 母联（分段）断路器均配置独立于母线保护的充电过电流保护装置，独立配置的母联（分段）充电过电流保护跳闸不闭锁母差保护。

8.4 断路器失灵保护

本节介绍 3/2 接线方式和双母线接线方式断路器失灵保护的基本原理。通过原理讲解、图形示意，掌握断路器失灵保护的特点。

继电保护装置动作发出跳闸命令后，在断路器失灵而拒绝动作情况下，能以较短时限切除其他有关断路器，使停电范围影响减到最小的后备保护称为断路器失灵保护，它是防止事故范围扩大，保证电力系统稳定运行的一种有效措施。

8.4.1 断路器失灵的原因

运行实践表明，发生断路器失灵故障的原因很多，主要有：断路器跳闸线圈断线、断路器操动机构出现故障、空气断路器的气压降低或液压式断路器的液压降低、直流电源消失及控制回路故障等。其中发生较多的是气压或液压降低、直流电源消失及操作回路出现问题。

8.4.2 断路器失灵的影响

系统发生故障之后，如果出现了断路器失灵而又没采取其他措施，将会造成严重的后果。

(1) 损坏主设备或引起火灾。例如变压器出口短路而保护动作后断路器拒绝跳闸，将严重损坏变压器或造成变压器着火。

(2) 扩大停电范围。如图 8-13 所示，当线路 L1 上发生故障，断路器 QF5 跳开而断路器 QF1 拒动时，只能由线路 L2、L3 对侧的后备保护及发电机–变压器的后备保护分别跳开断路器 QF6、QF7、QF4。这样扩大了停电的范围，将造成很大的经济损失。

(3) 可能使电力系统瓦解。当发生断路器失灵故障时，要靠各相邻元件的后备保护切除故障，由于故障被切除时间过长，可能会影响系统的稳定运行，甚至可能使系统瓦解。

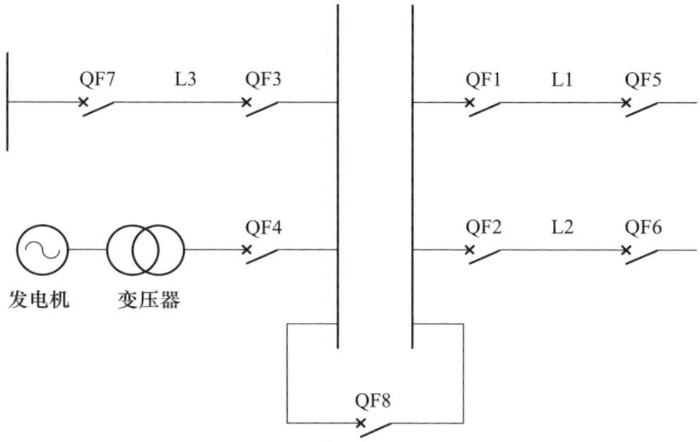

图 8-13 双母线接线断路器失灵分析图

8.4.3 断路器失灵保护原理

当图 8-13 中 L1 线路故障 QF1 失灵时，采用断路器失灵保护后经过短延时跳开 QF2、QF8，保留了 L3 线路与发电机–变压器组的运行，减少了停电范围，而且故障切除时间也缩短了。因此目前要求在 220～500kV 电网中，都应按规定设置断路器失灵保护。

对于双母线和单母线接线方式，由于失灵保护的跳闸对象是失灵断路器所在母线上的所有断路器，与母差保护的跳闸对象相同，所以断路器失灵保护集成在母差保护中。断路器失灵保护动作后以短延时（一般为 0.3s）跳开母联断路器或分段断路器，再经长延时（一般为 0.5s）跳开失灵断路器所在母线上的所有其他断路器。即图 8-9 中 QF1 失灵时，0.3s 跳开 QF8，0.5s 跳开 QF2。

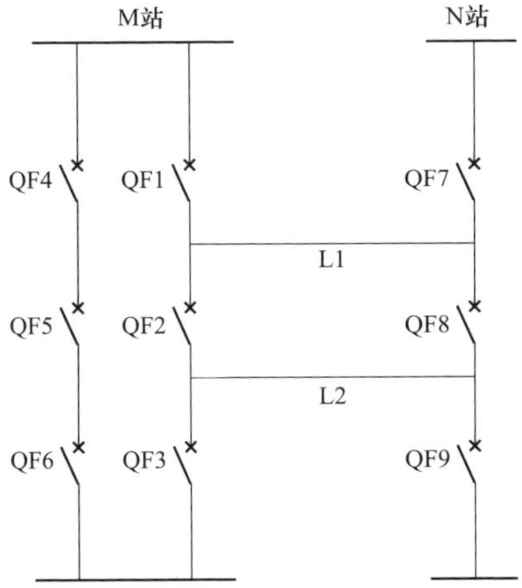

图 8-14 3/2 接线断路器失灵跳闸示意图

对于 3/2 接线方式，每个断路器均配置单独的断路器保护，其中包含了断路器失灵保护。原因是当边断路器 QF1 失灵时（如图 8-14 所示），除了跳开所在母线上的 QF4，还需跳开中断路器 QF2，同时经线路 L1 的保护发远跳命令到对侧跳开 N 站的 QF7、QF8；当中断路器 QF2 失灵时，应跳开两个边断路器 QF1、QF3，同时发远跳命令到对侧跳开 QF7、QF8、QF9。可以看出 3/2 接线方式的断路器失灵保护跳闸对象不在母差保护范围内，所以无法集成在母差保护中。

判断断路器失灵应有两个主要条件：一是有保护对该断路器发过跳闸命令，应引入故障设备的继电保护装置的跳闸触点作为失灵开入；二是该断路器在一段时间里一直有电流，指的是任意一相有相电流，或者是流有零序电流或负序电流，以上两个条件同时满足时才能判断是断路器失灵。

为了防止失灵保护出口继电器误动，采用复合电压闭锁元件作为动作判据之一，具体为如下三个方程的“或”逻辑。

$$\begin{cases} U_{\varphi} \leqslant U_{\varphi op} \\ 3U_0 \geqslant U_{0op} \\ U_2 \geqslant U_{2op} \end{cases} \tag{8-4}$$

式中：U_{φ} 为母线 TV 二次相电压；$3U_0$ 为零序电压（二次值）；U_2 为负序电压（二次值）；$U_{\varphi op}$、U_{0op}、U_{2op} 分别为相电压元件、零序电压元件及负序电压元件的动作整定值。

失灵保护一旦动作后，事故影响面很大，将造成严重的后果，因此失灵保护必须十分可靠。由于失灵保护与其他回路联系紧密，相互依赖性高，投运后很难有机会再对其进行全面校验。所以在安装、调试及验收时应严把质量关，确保无隐患。另外需要注意非电量保护不启动失灵，非电量保护主要是指重瓦斯保护、压力释放等，因为非电量保护动作后不能快速复归，很容易造成断路器失灵保护误动。

8.5 上海电网母差保护典型配置

8.5.1 3/2 接线母差保护配置

母线保护配置要求：每段母线应配置两套母差保护，每套母差保护应具有边断路器失灵经母线保护跳闸功能。典型功能配置表，见表 8-1。

表 8-1　3/2 接线母差保护功能配置表

序号	功能描述	段数及时限	备注
1	差动保护	—	
2	失灵经母差跳闸	—	
3	TA 断线功能判别	—	

8.5.2 双母线接线母差保护配置

母线保护配置要求：配置双套含失灵保护功能的母差保护，每套线路保护及变压器保护各启动一套失灵保护。典型功能配置表（双母线接线，含双母双分段接线、双母单分段接线），见表 8-2。

表 8-2 双母线功能配置表

序号	功能描述	段数及时限	备注
1	差动保护	—	
2	失灵保护	—	
3	母联（分段）失灵保护	—	
4	TA 断线功能判别	—	
5	TV 断线功能判别	—	
序号	选配功能	代码	
1	母联（分段）充电过电流保护	M	功能同独立的母联（分段）过电流保护
2	母联（分段）非全相保护	P	功能同线路保护的非全相保护
3	线路失灵解除电压闭锁	X	

8.5.3 单母线或单母分段接线母差保护配置

母线保护配置要求：配置单套含分段失灵保护功能的母差保护。典型功能配置表（含单母线接线、单母线分段接线），见表 8-3。

表 8-3 单母线或单母分段功能配置表

序号	功能描述	段数及时限	备注
1	差动保护	—	
2	分段死区保护	—	
3	分段失灵保护	—	

续表

序号	功能描述	段数及时限	备注
4	TA 断线功能判别	—	
5	TV 断线功能判别	—	

8.6 案 例 分 析

某日 06：37：41：963 M 变电站 220kV Ⅲ母故障，M 变电站 220kV Ⅲ/Ⅳ母第一、二套母差保护动作，M 变电站 220kV Ⅲ母上所有出线及主变压器间隔断路器、220kV Ⅰ-Ⅲ母分段断路器、220kV 2 号母联断路器均跳闸，同时远跳线路对侧 A、B、C 变电站内的断路器。

1. 一次接线及保护功能配置情况

M 变电站 220kV 电压等级为双母双分段接线方式，一次接线如图 8-15 所示。

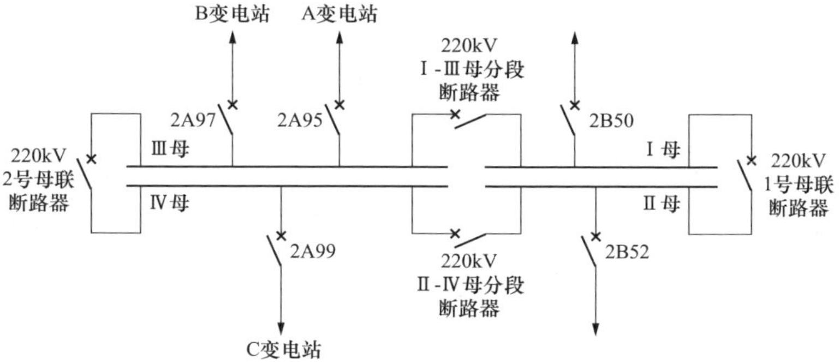

图 8-15 M 变电站 220kV 侧一次接线图

根据调度部门下发的 220kV Ⅲ/Ⅳ母线母差保护整定书，220kV Ⅲ/Ⅳ母线母差保护功能配置见表 8-4。

表 8-4　　220kV Ⅲ/Ⅳ母线母差保护功能配置表

站名	保护屏	保护装置型号	功能配置
M 变电站	第一套母差保护屏	保护装置 RCS-915GB	母线差动保护
			失灵保护
	第二套母差保护屏	保护装置 BP-2CS	母线差动保护
			失灵保护

2. 监控系统记录的装置动作情况

事故发生后调阅该站自动化监控系统的自动化信息，保护装置动作情况及断路器变位信息见表 8-5。

表 8-5　　监控系统记录

站名	时间	回路	动作情况
M 变电站	06：37：41：973	220kV Ⅲ/Ⅳ母第一套母差	母差跳Ⅲ母
M 变电站	06：37：41：974	220kV Ⅲ/Ⅳ母第一套母差	母差跳 2 号母联
M 变电站	06：37：41：975	220kV Ⅲ/Ⅳ母第二套母差	母差跳Ⅲ母
M 变电站	06：37：42：001	220kV 2 号母联断路器	断路器分
M 变电站	06：37：42：002	2A97	断路器分
M 变电站	06：37：42：002	2A95	断路器分
M 变电站	06：37：42：012	220kV Ⅰ-Ⅲ母分段断路器	断路器分
A 变电站	06：37：42：030	2A95	断路器分
B 变电站	06：37：42：044	2A97	断路器分

3. 保护装置动作情况

现场工作人员查阅 220kV Ⅲ/Ⅳ母两套母差保护装置上的动作报文，具体情况见表 8-6。

表 8-6　　保护装置动作报文

站名	间隔名称	保护装置型号	保护动作情况
M 变电站	220kV Ⅲ/Ⅳ母	RCS-915GB	母差差动保护动作
M 变电站	220kV Ⅲ/Ⅳ母	BP-2CS	母差差动保护动作

4. 故障录波器记录情况

站内部分故障录波器记录的 220kV 母线故障波形图如图 8-16 所示。由图可知，故障发生时 220kV A 相母线电压降为 0，220kV 所有间隔 A 相电流大幅增大，同时分析 220kV 各段母线上的各个间隔的矢量电流大小，可以得出 220kV 三母线发生 A 相接地故障，故障电流约为 40kA，故障持续时间为 50ms。

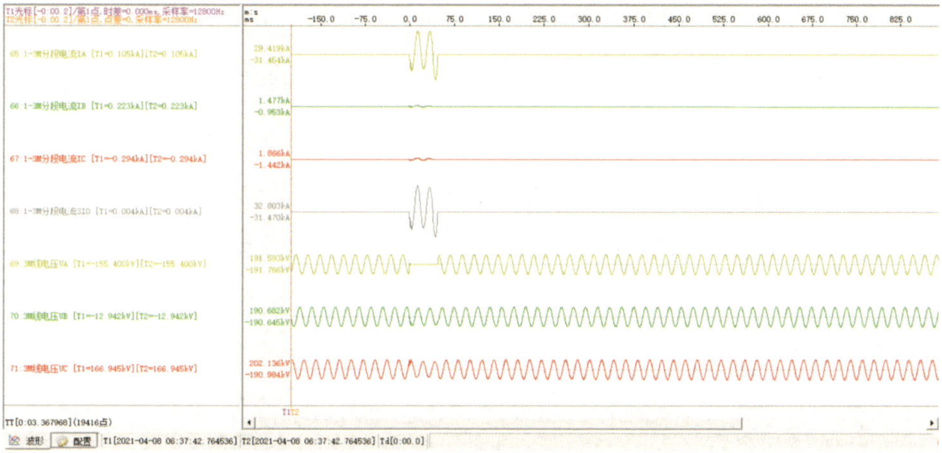

图 8-16　220kV 母线故障波形图

经检查现场设备情况，发现某间隔 220kV 三母闸刀发生 A 相接地故障，上述分析与设备实际故障情况一致。

小结

双母线接线的母线差动保护包括大差和小差，大差用于判断区内区外故障，小差用于判断具体哪条母线故障，在满足复压闭锁条件的前提下，精准切除故障母线。双母线接线的微机型母差保护集成了母联死区保护、母联失灵保护和母联充电保护，这三种保护用于解决不同情况下母联及其有关母线发生故障时的保护动作行为。本章同时比较了双母线接线和3/2接线方式下出线断路器失灵时保护动作逻辑和跳闸行为，还列举了上海电网三种母线接线方式的典型母线保护配置，最后以某变电站220kV母线故障案例分析了母差保护的动作行为。

习题与思考题

8-1 母线的常见故障有哪些?

8-2 母差保护的大差和小差是如何构成的，具体作用分别是什么?

8-3 大差的比率制动系数为什么分高值和低值?

8-4 220kV 母差保护的整定原则是什么?

8-5 在双母线接线形式的变电站中，为什么母差保护和失灵保护要采用电压闭锁元件?

8-6 断路器失灵的影响有哪些?

8-7 当对双母线上的一条线路进行倒闸操作时（采用热倒方式），若在该条线路的正、副母闸刀同时合上的情况下发生母线故障，请问母线保护的动作行为如何?

8-8 为什么设置母线充电保护?

第 9 章 CHAPTER NINE

09 电力系统安全自动装置

电力系统安全自动装置，是指在电力系统中发生故障或出现异常运行时，为确保电网安全与稳定运行，起调整控制作用的自动装置。装设安全自动装置，可防止系统稳定破坏或事故扩大，造成大面积停电及对重要用户的供电长时间中断。本章主要介绍了备用电源自动投入、低频低压减载、上海电网自愈系统、故障解列装置的基本原理，并介绍了相应的配置原则。

9.1 备用电源自动投入

随着现代电力技术的不断发展，电力网络的规模不断扩大，复杂程度越来越高，对供电可靠性要求也越来越严格。为了防止出现变电站全停或重要用户失电的情况，一般都设置有备用电源。当工作电源因故障被断开后，能自动迅速地将备用电源投入运行，保证连续供电的装置称作备用电源自动投入装置，简称备自投装置。备自投装置主要用于110kV以下的中、低压配电系统中，是保证电力系统连续可靠供电的重要设备之一。

在GB/T 14285—2006《继电保护和安全自动装置技术规程》中，规定在下列情况下应装设备用电源自动投入装置：

（1）具有备用电源的发电厂厂用电源和变电站所用电源；

（2）由双电源供电，其中一个电源经常断开作为备用的电源；

（3）降压变电站内有备用变压器或有互为备用的电源；

（4）有备用机组的某些重要辅机。

9.1.1 备自投装置的基本要求

备自投装置动作应考虑动作后负荷情况是否满足稳定性要求，如负荷过大，影响系统稳定，应采取必要的措施。保护设置与整定时，应考虑备自投装置投入到故障设备上，应有保护能瞬时切除故障。综合考虑，备自投装置的功能设计应符合下列要求：

（1）工作母线失电，且在备用电源有电时，备自投装置必须启动。

（2）当备用电源无电时，备自投装置不应动作。

（3）为了防止发生工作电源故障后，把备用电源投入到故障设备而扩大事故的情况，备自投装置应能判别在工作电源确已断开后，再将备用电源投入。

（4）备自投装置只应动作一次，以免在母线或引出线上发生持续性故障时，备用电源多次投入到故障元件上，造成更严重的事故。

（5）备自投装置应该保证停电时间最短，以满足电动机自启动的要求。

（6）若备自投装置动作后投入到故障设备上，则要求它能够快速、有选择性地将投入的备用电源断开，以保证无故障设备能继续运行。

（7）当反映电压的一、二次元件有故障（如TV的高压熔断器熔断、二次电压小开关跳闸）时，备自投装置不应误动。

9.1.2 备自投装置基本原理

1. 电源备用方式

当电网中有两个以上的电源供电，工作方式为一个为主供电源（常用），另一个为备用电源，称为明备用（常备）；若两个电源各自带部分负荷，只有当其中一个故障，通过合上分段断路器，由另一个电源继续供电时，称为暗备用（互备）。图9-1所示，其中（a）～（d）为明备用方式，（e）、（f）为暗备用方式。

2. 微机型备自投原理

图9-2是母联（分段）断路器备自投的一次接线图，这是一种典型的暗备用。正常情况母线工作在分段状态，靠分段断路器取得相互备用。

正常运行时，母联（分段）断路器在断开状态，Ⅰ、Ⅱ段母线分别通过各自的供电设备或线路供电，当某一段母线因供电设备或线路故障跳开或失电跳开时，此时，若另一条进线断路器为合位，则QF3自动合闸，从而实现供电设备或线路互为备用。

上海电网110kV及以下电压等级的备自投保护根据上海电网特点有专门的配置原则和技术原则。

（1）110kV备自投原理。

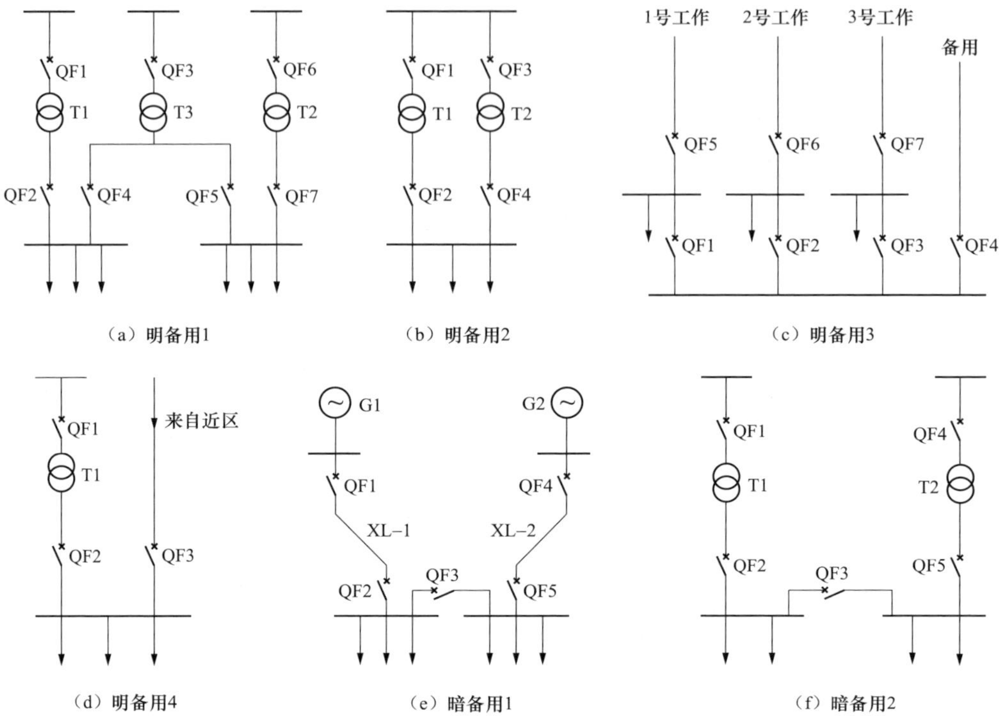

图 9-1　备用电源接线示意图

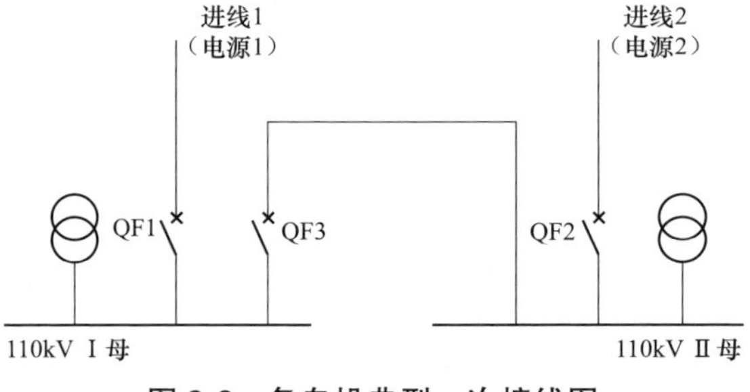

图 9-2　备自投典型一次接线图

1）备自投充电（投入）条件。两路进线电源（或两段母线）各相电压均大于有压定值，以图 9-2 为例，两段进线断路器 QF1、QF2 均在合闸位置，分段断路器 QF3 在分闸位置时，经 15s 后充电完成。

2）备自投放电（闭锁）条件｛以方式 1 为例［电源 1（或Ⅰ母）失电］，方式 2 类同｝。

（a）备自投发出合闸命令或 QF3 在合位；

（b）电源 2（或Ⅱ母）各相电压均小于有压定值时，经 15s 延时放电；

（c）本装置没有跳闸出口时，开关合后位置开入 KKJ1 或 KKJ2 变为 0（本条件可由用户退出，即“合后位置接入”控制字整定为 0）；

（d）有“闭锁自投方式 1”或“闭锁备自投”开入（含母差动作、常合断路器 QF4 分位等）；

（e）QF1、QF2 或 QF3 的跳闸位置 KTP 异常；

（f）QF1 断路器拒跳；

（g）整定控制字或软压板不允许方式 1 自投。

当满足上述条件之一时，备自投放电。

3）备自投动作过程｛以方式 1 为例［电源 1（或Ⅰ母）失电］，方式 2 类同｝。

当充电完成后，电源 1（或Ⅰ母）无压（线电压均小于电压鉴定整定值）或 QF1 偷跳，电源 1 无流，电源 2（或Ⅱ母）有压（最大线电压大于电压鉴定整定值），则启动，经［电源 1 跳闸时间］延时，跳电源 1 断路器 QF1，若［联跳Ⅰ母开关］控制字投入则联跳Ⅰ母小电源同时动作。确认 QF1 跳开后，且当“母线 TV 接入”控制字为 1 时Ⅰ母无压（各相电压均小于电压鉴定整定值），经合闸分段断路器时间延时去合闸分段断路器 QF3。

4）备自投合闸后加速保护。分段断路器配置了独立的合闸后加速保护，在备自投动作合闸于故障时加速跳闸，可选择使用过电流加速段（可经复压闭锁）或零序过电流加速段（可经零序电压闭锁），该保护开放时间为 3s。在此期间内，加速保护启动，一直开放到故障切除。

（2）35kV 及以下备自投原理。

1）备自投投入条件：两段母线电压采集正常均大于电压鉴定整定值，分段（母联）断路器在分闸位置，两进线断路器在合闸位置，备自投功能投入且无其他闭锁条件。

2）备自投闭锁条件：备用电源电压低于电压鉴定整定值、闭锁备自投开入（含母差动作、变压器后备保护动作、母线电压互感器隔离开关或二次回路自动空气开关打开、备自投电压回路自动空气开关打开等）、备自投合上备用电源断路器等。

3）35kV 备自投动作逻辑：一段母线各相电压低于电压鉴定整定值，同时确认另一侧作为备用电源的母线有电（任意一组线电压鉴定为有电压）且电源断路器在合闸的情况下，经一定延时跳开失电母线的电源断路器（判断确认此断路器在分闸位置），备自投投入合闸分段（母联）断路器。

4）10kV 备自投动作逻辑：一段母线各相电压低于电压鉴定整定值（各相电压均为低电压），且同时确认另一侧作为备用电源的母线有电（各相电压鉴定为有电压），失电母线电源侧的断路器在合上的情况下，经一定延时跳开失电母线的电源断路器。同时在备自投投入情况下，判断确认失电侧电源断路器跳开的情况下，备自投发出合闸分段（母联）断路器（与 35kV 备自投动作逻辑区别：备自投主电源开关偷跳或者主变压器保护动作跳开备自投主电源开关，不经延时合分段断路器）。

5）备自投装置一般应设有后加速保护功能，在备自投动作后备用电源投入于故障时经延时跳相应分段（母联）断路器，同时闭锁分段（母联）断路器合闸回路；后加速保护为低压闭锁过电流保护，在直接接地系统和经小电阻接地系统应增加零序电压闭锁零序电流保护；后加速保护应在备自投动作分段（母联）断路器合闸后瞬时投入，并经一段时间自动退出。

9.2 低频低压减载

电力系统频率是衡量电能质量的重要指标。为了保证用户的正常工作和产品质量，应提高供电质量，使电网频率都处在额定值附近运行，根据我国

《电力工业技术管理法规》规定，正常运行时电力系统的频率应保持在（50±0.2）Hz的范围内。

当电力系统出现功率缺额时，就会出现系统频率下降，功率缺额越大，频率降低越多。频率下降到一定值时，可能出现系统电压和频率崩溃，造成电气设备损坏和大面积停电，甚至使整个系统瓦解。另外系统频率波动会影响某些测量和控制用的电子设备的性能，使加工机械的转速不稳定，导致产品出现次品和废品。因此电力系统第二道防线采用低频减载等装置限制频率的下降，并进一步使系统恢复到正常频率。

9.2.1 低频减载原理

当系统发生严重的功率缺额时，自动低频减载装置能迅速断开相应数量的用户负荷，使系统频率在不低于某一允许值的情况下，达到有功功率的平衡，以确保电力系统安全运行，防止事故的扩大。

1. 自动低频减载装置的基本要求

低频减负荷是限制频率降低的基本措施，电力系统低频减负荷装置的配置及其所断开负荷的容量，应根据系统最不利运行方式下发生事故时，整个系统或其各部分实际可能发生的最大功率缺额来确定。自动低频减载装置的类型和性能如下：

（1）快速动作的基本轮，应按频率分为若干级。装置的频率整定值应根据系统的具体条件，大型火电机组的安全运行要求，以及装置本身的特性等因素决定。提高最高一级的动作频率值，有利于抑制频率下降幅度，但一般不宜超过49.2Hz。

（2）延时较长的特殊轮，可按时间分为若干级，启动频率不宜低于基本的最高动作频率。为了确定自动低频减载装置的级数，首先应确定装置的动作频率范围，即选定第一级启动频率f_1和最末一级启动频率f_n的数值。

2. 第一级启动频率f_1的选择

在事故初期如能及早切除负荷功率，这对于延缓频率下降过程是有利的。

因此第一级的启动频率值宜选择得高些，但又必须计及电力系统动用旋转备用容量所需的时间延迟，避免因暂时性频率下降而不必要地断开负荷的情况发生，所以一般第一级的启动频率整定在48.5~49Hz。在以水电厂为主的电力系统中，由于水轮机调速系统动作较慢，所以第一级启动频率宜取低值。

3. 末级启动频率 f_n 的选择

电力系统允许最低频率受“频率崩溃”或“电压崩溃”的限制，对于高温高压的火电厂，频率低于46~46.5Hz时，厂用电已不能正常工作。在频率低于45Hz时，就有“电压崩溃”的危险。因此，末级的启动频率以不低于46~46.5Hz为宜。

当 f_1 和 f_n 确定以后，就可在该频率范围内按频率级差 Δf 分成 n 级断开负荷，即

$$n=\frac{f_1-f_n}{\Delta f}+1 \tag{9-1}$$

级数 n 越大，每级断开的负荷越小，这样装置所切除的负荷量就越有可能接近于实际功率缺额，具有较好的适应性。

9.2.2 上海电网低频减负荷配置原则

基本功能：装置具有 df/dt 闭锁功能，以防止由于短路故障、负荷反馈、频率的异常情况可能引起的误动作；具有低压闭锁功能，低电压闭锁定值推荐为30V。

低频减负荷轮次：低频减负荷装置设置6个基本轮、2个特殊轮；基本轮按轮次动作，必须在第一轮切除后，才可以允许切除第二轮，以此类推；如果第二轮退出则判下一轮；特殊轮不按轮次动作。

低频减负荷定值：低频减负荷装置6个基本轮整定值固定为：第一轮49.0Hz 0.3s；第二轮48.75Hz 0.3s；第三轮48.50Hz 0.3s；第四轮48.25Hz 0.3s；第五轮48.0Hz 0.3s；第六轮47.5Hz 0.3s。2个特殊轮整定值固定为：第一轮49.25Hz 0.3s；第二轮49.0Hz 20s。

df/dt 频率滑差：频率滑差 df/dt 定值宜整定为 8，以保证事故后低频率减负荷装置能正常切除减负荷容量。

低频减负荷总体比率：根据上海电网的运行特点，低频减负荷比率原则上要求大于等于电网总受电比率 10~15 个百分点。

9.2.3 上海电网低压减负荷配置原则

安装配置原则：低压减负荷装置以变电站低压单母线为单位，每段母线配置一套集中式低压减负荷装置，除特殊用户外，低压出线原则上要求全部接入低压减负荷装置。对于双母线接线形式，暂不考虑配置集中式低频低压装置。

装置电压取值：低压减负荷装置测量的是 220kV 及以下变电站低压母线电压；切除的是 220kV 及以下变电站低压出线。

低压减负荷轮次及基本功能：低压减负荷装置设置 2 个基本轮、2 个特殊轮；具有 du/dt 闭锁功能、电压过低闭锁、电压突变闭锁和 TV 断线闭锁等功能。低压减负荷基本轮必须在第一轮切除后，才可以允许切除第二轮，以此类推；如果第一轮退出则直接判第二轮；特殊轮不按轮次动作。

电压滑差及低电压闭锁定值：电压判据取线电压并且三组线电压同时满足要求才可动作；电压滑差定值为线电压 $du/dt \geqslant 0.8U_N$（V/s）或低电压定值小于等于 $0.15U_N$ 时闭锁；装置闭锁后，当系统电压不小于 $0.7U_N$ 经延时 6s 后，低压减负荷装置解锁。

低压减负荷定值：低压减负荷装置 2 个基本轮定值：第一轮 $0.85U_N$3s；第二轮 $0.80U_N$1s；特殊轮可单独整定。

9.3 上海电网自愈系统

随着智能电网的迅猛发展，“自愈系统”的概念也应运而生，该方面技术近年来日趋成熟，并成功应用于110kV电网链式结构串供的“手拉手”的多个变电站和10kV双环网接线模式的变电站。其相应电网架构应布局合理、成熟稳定；相关主干线路应具备足够的备用容量，满足故障情况下负荷转移的要求。

110kV“手拉手”接线模式各变电站内开关的操动机构必须具有电动操作功能；110kV“手拉手”接线模式内各线路纵联差动、母线差动保护配置完善，能实现有选择性的快速切除故障。当串供回路发生故障时，自愈系统能够根据实时获取的区域电网全景信息进行自动识别判断，跳开紧邻故障点的失电站的原主供电源断路器，合上串供回路原处于开环点的断路器，由另一侧电源恢复对所有失电站的供电。10kV双环网接线模式站内各主干线路差动保护配置完善，能实现有选择性的快速切除故障。

9.3.1 典型110kV“手拉手”接线模式

上海电网典型110kV“手拉手”接线模式如图9-3所示，图中两侧为220kV电源站A和B，中间是3个110kV变电站C、D、E；断路器实心代表合位，空心代表分位。正常运行时有2个串供回路，分别是A1-C1-C2-D1-D2-E1-E2-B1和A2-C4-C5-D4-D5-E4-E5-B2。

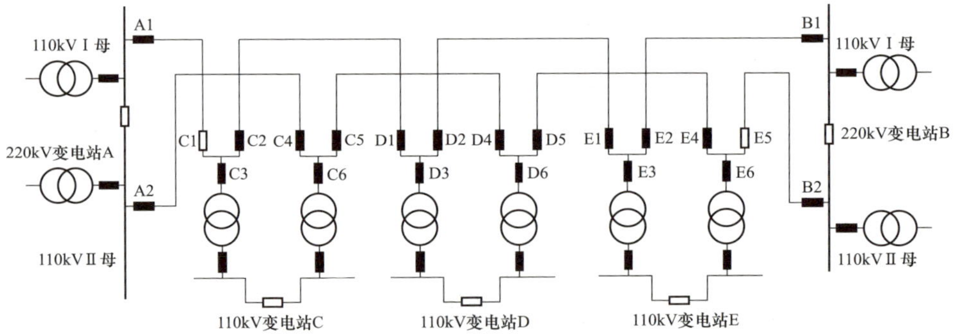

图9-3 典型110kV“手拉手”接线模式示意图

9.3.2 典型110kV“手拉手”接线模式下保护配置

110kV手拉手模式接线串内所有元件均应配置有选择性的快速主保护，

能有选择性地快速切除故障，并能将保护动作信息传送给自愈系统，防止自愈系统合于故障。故要求220kV站A、B的110kV侧配置母线保护装置，“手拉手”接线串内所有线路均应配置纵联差动保护（不包括支接的110kV终端线），并且应在110kV变电站C、D、E的每段110kV母线均配置母线保护装置。

220kV变电站内每台110kV母联（分段）断路器各配置一套备自投装置（整定动作时间一般为4~5s）；110kV变电站C、D、E的110kV侧无备自投装置，10kV侧均配置了备自投装置（整定动作时间一般为2.5~3s）；环网内的每回线路都配有光纤纵联差动保护，架空线回路有重合闸（整定动作时间一般为1s）；变电站采用自动化监控系统；保护通道采用光纤直连，站间能形成光纤互联。

对于架空线，自愈系统动作时间应躲过线路重合闸时间（1s），另外，自愈系统动作时间短于10kV备自投动作时间（2.5~3s）和10kV开关站备自投动作时间（2~2.5s）。如果在串供回路上110kV电压等级发生故障，则自愈系统应优先于10kV备自投动作。如果自愈系统动作成功，110kV失电主变压器即可恢复供电，其10kV侧备自投装置返回不应动作；若自愈系统动作不成功，110kV失电主变压器的10kV侧备自投装置会接着动作。鉴于上述两个因素，将自愈系统动作时间定为1~2s。

自愈系统对一进一出两条线路分别配置了合闸后加速保护，包括手合于故障加速跳以及自愈系统动作合闸于故障加速跳，可选择经复压闭锁。合闸后加速保护开放时间为3s，在此期间内若该保护启动，则一直开放到故障切除。

9.3.3 典型故障分析

1. 线路故障

如图9-4所示，线路纵联差动保护动作，B1、E2断开，110kV变电站C、D和E的1号主变压器失电，此时自愈系统供电分析及智能恢复供电决策模块逻辑启动，合上开环点 C1，将 C、D 和 E 的 1 号主变压器负荷转移至 A 侧电源站。图中断路器实心代表合位，空心代表分位。

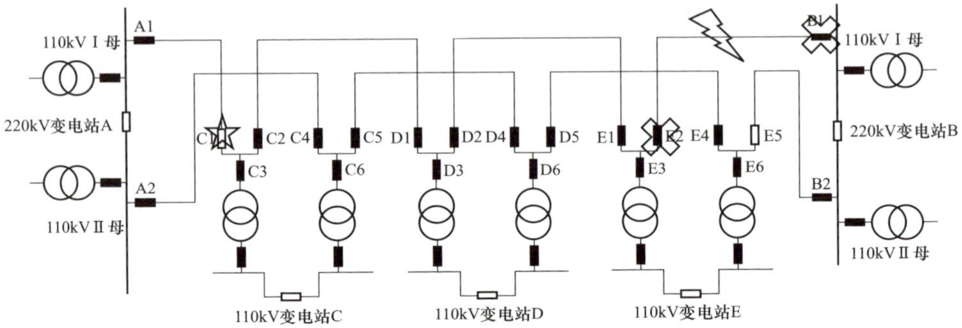

图 9-4 线路故障接线示意图

2. 母线故障（一）

如图 9-5 所示，此时 110kV 变电站 D 站母线故障，母差保护动作，D1、D2、D3 断开，此时自愈系统供电分析及智能恢复供电决策模块逻辑启动，断开紧邻故障点断路器 C2，合上开环点 C1，将 C 站的 1 号主变压器负荷转移至 A 侧电源站。D 站内的 1 号主变压器负荷只能靠 10kV 侧自切转移。图中断路器实心代表合位，空心代表分位。

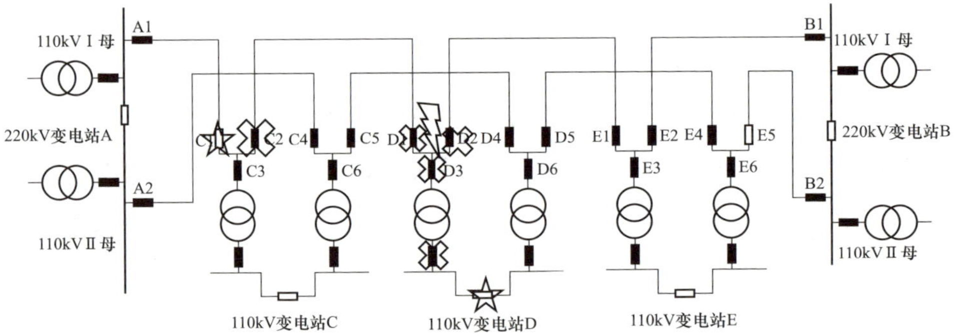

图 9-5 母线故障（一）接线示意图

3. 母线故障（二）

如图 9-6 所示，此时 110kV 变电站 C 站母线故障，母差保护动作，C1、C2、C3 断开，此时自愈系统供电分析及智能恢复供电决策模块逻辑不动作。

C 站的 1 号主变压器负荷只能靠 10kV 侧自切转移。图中断路器实心代表合位，空心代表分位。

4. 母线故障（三）

如图 9-7 所示，此时 220kV 变电站 B 站内 110kV 母线故障，此时自愈系统供电分析及智能恢复供电决策模块启动，断开 E2，合上开环点 C1，将 C、D、E 的 1 号主变压器负荷转移至 A 侧电源站。图中断路器实心代表合位，空心代表分位。

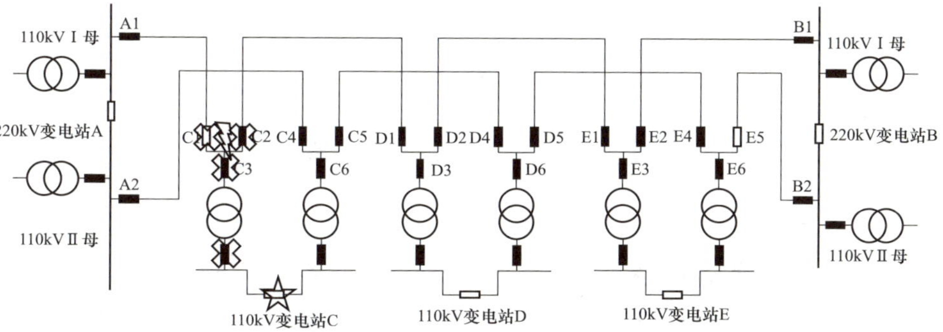

图 9-6　母线故障（二）接线示意图

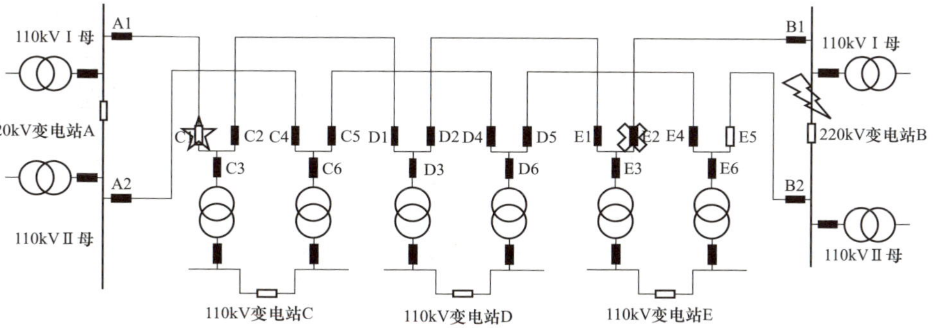

图 9-7　母线故障（三）接线示意图

9.3.4　典型 10kV 双环网接线模式

上海电网典型 10kV 双环网接线供电模式如图 9-8 所示，图中两侧为变电站 A、B、C、D，中间是 4 个 10kV 开关站 E、F、G、H。正常运行时有 2 个链式回路，分别是 A1-E1-E2-F1-F2-G2-G1-H2-H1-C1 和 B1-E3-E4-F3-F4-G4-G3-H4-H3-D1。两条链式回路均是串内任意一个断路器断开作为开环点，站内分段断路器在分位状态，其他断路器均在合位运行。

变电站按出线配置自愈测控装置，每台自愈测控装置与开关站自愈装置配合实现变电站断路器热备用自愈合闸及后加速功能。开关站按母线配置独立的自愈装置，实现该开关站开环点断路器自愈合闸、就地分段备自投、母线保护、低频低压减载及故障解列保护功能。图中断路器实心代表合位，空心代表分位。

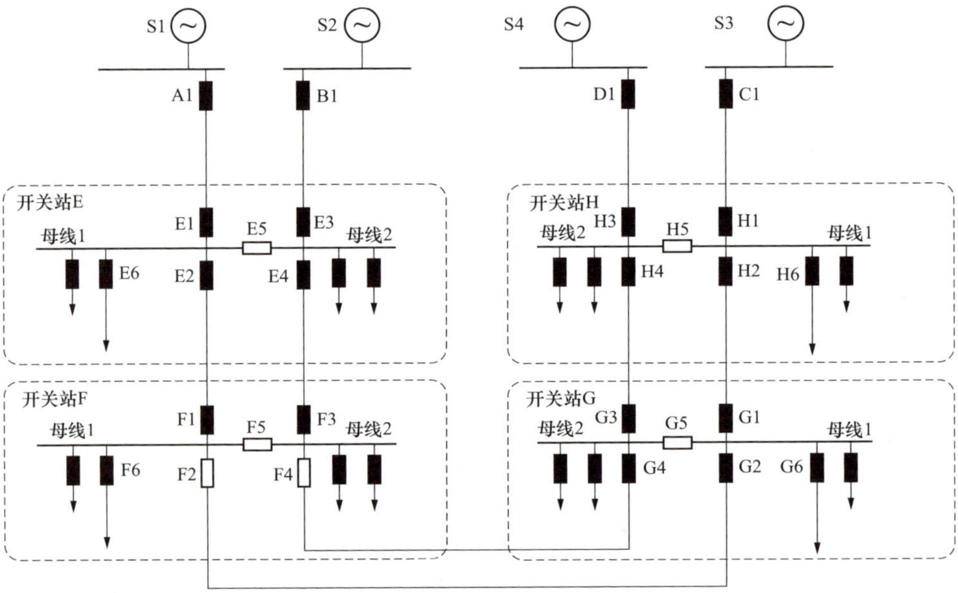

图 9-8 典型 10kV 双环网接线供电模式

9.3.5 10kV 双环网接线模式自愈系统技术要求

10kV 双环网接线模式自愈系统应实现，当双环网接线回路发生故障时，自愈系统能够根据实时获取的区域电网全景信息进行自动识别判断，跳开紧邻故障点的失电站的原主供电源断路器，合上串供回路原处于开环点的断路器，由另一侧电源恢复对所有失电站的供电。其主要功能：

（1）根据双环网接线模式变电站系统的正常运行方式，自动识别出该链式回路中处于开环点的断路器。

（2）以开环点的断路器为基本点，设置对应于该种运行方式下发生不同故障点时的自愈系统动作逻辑。随着正常运行方式的变化，若开环点不同，相应的自愈系统动作逻辑也不同。

（3）在当前正常运行方式下，若 10kV 双环网接线模式变电站系统的某处发生故障导致后级站失电时，自愈系统首先识别出该故障发生的位置，然后跳开紧邻故障点失电站的原主供电源断路器，并联跳失电站的小电源。在确认失电站母线无压后，合上双环网回路原处于开环点的断路器，由另一侧电源恢复对所有失电站的供电。

（4）当发生故障导致开关站一段母线失电时，首先实现单环串供的开环点断路器自愈，若串供自愈不成功，再实现开关站的就地分段备自投功能。

（5）10kV 双环网接线模式自愈系统的动作时间应考虑躲过保护动作时间、断路器动作时间以及相应重合闸动作时间（若配置）。

9.4 故障解列装置

随着经济的快速发展，电网建设规模发展得越来越快，越来越多的新能源、余热发电、热电项目上马，机组、接入容量也相对越来越大，接入 35kV、10kV 线路上或直接接入终端变电站的母线上。在大电源系统侧主送电源线路发生瞬时性故障情况下，由于接入终端变电站中、低压侧的小电源作用于变电站高压母线，使得大系统侧检无压重合闸条件无法满足，不能可靠重合，因此必须采取措施加以避免。

变电站有地区电源联网线时，根据需要配置独立的故障解列装置。故障解列装置动作跳地区电源联网线。其作用是：

（1）提高主网线路的重合闸成功率，在主网线路发生故障跳闸之后、重合闸之前，由故障解列装置切除地区电源联网线断路器，避免线路两侧电压因为不同期而造成重合闸失败。增加故障解列装置可以提高主网线路重合闸的成功率。

（2）提高备自投动作成功率。在主网线路发生故障跳闸后，由于存在小电源并网，失电变电站母线电压不会立即失去，备自投不满足无压条件，故一般不会启动，导致备自投动作失败，不能可靠恢复变电站供电。此时由故障解列装置动作切除小电源并网线路，母线失压，使备自投可靠动作，从而提高恢复供电的效率。

按照标准，故障解列装置应配置的保护功能有低频解列、低压解列、零序过电压解列、母线过电压解列、过频解列。不同地区根据电网特点选择使用不同的保护功能。

小结

安全自动装置是保证电力系统安全稳定运行的重要手段，本章从基本原理、配置原则、典型故障分析等方面介绍了备用电源自动投入装置、自动低频低压减载装置、110kV和10kV自愈系统、故障解列装置四种上海电网目前在用的安全自动装置。首先具体分析了备自投装置的基本要求和基本原理，并以母联（分段）断路器备自投为例，阐述了上海电网110kV及以下电压等级的备自投保护的配置原则和技术原则。其次从低频减载和低压减载两个方面介绍了作为电力系统承受大扰动能力的第三级安全稳定标准的自动低频低压减载装置，分析了低频/低压减载装置轮次的设置规则和各轮次的定值整定原则。然后重点阐明了上海电网110kV自愈系统的架构和典型保护配置，并分析了四种故障状态下的动作行为，同时介绍了10kV自愈系统的典型接线和技术要求。最后，本章介绍了故障解列装置的作用和基本的保护功能配置。

习题与思考题

9-1 备自投电源有哪些备用方式?

9-2 备自投装置的基本要求有哪些?

9-3 备自投投入条件是什么?

9-4 自动低频减载装置第一级和末级启动频率分别如何选择?

9-5 典型 110kV“手拉手”接线模式下如何配置保护?

9-6 自愈系统动作时间应如何设定?

9-7 故障解列装置配置哪些保护功能?

参考文献

[1] 张保会，尹项根．电力系统继电保护［M］．2版．北京：中国电力出版社，2010.

[2] 郭光荣．电力系统继电保护［M］．北京：高等教育出版社，2006.

[3] 国家电力调度通信中心．国家电网继电保护培训教材［M］．北京：中国电力出版社，2009.

[4] 高亮，罗萍萍，江玉蓉．电力网继电保护及自动装置原理与实践［M］．北京：机械工业出版社，2019.

[5] 江苏省电力公司．电力系统继电保护原理与实用技术［M］．北京：中国电力出版社，2006.

[6] 贺家李，李永丽，董新洲，等．电力系统继电保护原理［M］．5版．北京：中国电力出版社，2018.

[7] 黄少锋．电力系统继电保护［M］．北京：中国电力出版社，2015.

[8] 邵玉槐，秦文萍．电力系统继电保护原理［M］．北京：中国电力出版社，2010.

[9] 贺家李，宋从矩．电力系统继电保护原理［M］．北京：中国电力出版社，2004.

[10] 国家电网有限公司．国家电网有限公司十八项电网重大反事故措施（2018年修订版）及编制说明［M］．北京：中国电力出版社，2018.

[11] 杨冠城．电力系统自动装置原理［M］．4版．北京：中国电力出版

社，2007.

[12] 丁书文. 电力系统微机型自动装置 [M]. 北京：中国电力出版社，2005.

[13] 毛锦庆，赵自刚，马杰，等. 电力系统继电保护实用技术问答 [M]. 2版. 北京：中国电力出版社，1999.